国家重点研发计划"绿色宜居村镇技术创新'重点专项'村镇社区空间优化与布局研究"项目（2019YFD1100805）
陕西省创新能力支撑计划项目：县域新型镇村体系创新团队（2018TD-013）
陕西省绿色建筑与低碳城镇国际科技合作基地（2018SD0002）
共同资助项目

现代农业生产方式下的乡村聚居空间模式研究

——以陕北黄土丘陵沟壑区为例

张晓荣　著

东南大学出版社
SOUTHEAST UNIVERSITY PRESS
·南京·

内容提要

农业是乡村地区发展的核心内生动力，农业现代化是我国乡村振兴和脱贫攻坚的重要抓手，农业生产方式的转变会对乡村地区的生产、生活空间带来结构性影响。对于生态脆弱的陕北黄土丘陵沟壑区，破碎旱地梯田限制下的传统小农生产方式正向以小型机械化为主要特征的现代农林牧业生产方式转型，相应的劳动力结构、规模需求以及职住空间关系亦随之发生变化，亟须对既有沟壑型分散式小村落聚居生活系统进行结构性调整和适度集聚。

本研究打破现有"行政村—自然村"和"中心村—基层村"的乡村聚居空间组织方式，提出匹配地区现代农林牧业生产方式的"乡村基本聚居单元"概念，并以其为基本单位进行现代乡村聚居空间重构。针对黄土丘陵山区与河谷川道区两大典型地貌区，分别提出"枝状向心集聚"和"带状向心集聚"的基本聚居单元模式，以及单元空间规模、人口规模预测方法。进而提出两个地貌区内现代乡村聚居空间的等级结构模式、功能结构模式和形态结构模式，以便为新型城镇化背景下该地区乡村空间集聚发展提供指引和参考。

图书在版编目（CIP）数据

现代农业生产方式下的乡村聚居空间模式研究：以
陕北黄土丘陵沟壑区为例 ／ 张晓荣著. — 南京：东南
大学出版社，2021.8
   ISBN 978-7-5641-9665-3

   Ⅰ.①现… Ⅱ.①张… Ⅲ.①乡村规划-研究-陕北
地区 Ⅳ.①TU982.294.1

   中国版本图书馆CIP数据核字（2021）第184621号

现代农业生产方式下的乡村聚居空间模式研究：以陕北黄土丘陵沟壑区为例
Xiandai Nongye Shengchan Fangshi Xia De Xiangcun Juju Kongjian Moshi Yanjiu : Yi Shanbei Huangtu Qiuling Gouhe Qu Weili

著　　者：张晓荣
责任编辑：戴　丽
责任印制：周荣虎
出版发行：东南大学出版社
社　　址：南京市四牌楼 2 号　　邮编：210096
网　　址：http://www.seupress.com
出 版 人：江建中
印　　刷：江苏凤凰数码印务有限公司
排　　版：南京布克文化有限公司
开　　本：787mm×1092mm　1/16　印 张：17　字 数：360 千字
版　　次：2021 年 8 月第 1 版
印　　次：2021 年 8 月第 1 次印刷
书　　号：ISBN 978-7-5641-9665-3
定　　价：78.00 元
经　　销：全国各地新华书店
发行热线：025-83790519　83791830

目录

1　绪论

1.1 研究背景

1.1.1 乡村振兴战略为新时期乡村发展指明了方向

2019 年末，我国常住人口城镇化率突破 60%；到 2020 年底，我国实现了 832 个贫困县脱贫摘帽，2020 年成为脱贫攻坚的决胜之年。在整个城镇化过程中，乡村地区始终发挥着重要的支撑与贡献作用。从新农村建设到美丽乡村建设，乡村地区的发展越来越受到重视。尤其是党的十九大首次提出的乡村振兴战略，是对农村地区发展系列战略的重要提升和高度凝练，明确了"产业兴旺、生态宜居、乡风文明、治理有效、生活富裕"[①] 二十字总体要求，提出了"三个优先"，即"坚持农业农村优先发展""优先发展教育事业""坚持就业优先战略"。其根本目的在于促进乡村繁荣发展，增加农村居民的获得感、幸福感和安全感，从"输血"式扶持转向"造血"式培育，逐步形成乡村地区的自我持续发展能力，进一步夯实新型城镇化战略的根基。二十字总体要求指明了乡村地区发展的内在逻辑与关键任务，即发展的根本在于产业，持续的发展在于生态宜居，继而追求精神文明和综合治理效果的提升，最终实现生活富裕。"三个优先"更是明确了具体发展事项的重点，强调了农业产业、教育发展和就业收入的重要性。新时期乡村发展系列战略对乡村规划提出了更高、更新的要求，从城乡规划学科的角度出发，须以战略要求为指导，以现实问题为导向，面对不同地区提出适应新环境、新要求、新目标的规划策略与方法。

陕北黄土丘陵沟壑区地处生态脆弱的黄土高原中部，作为国家"两屏三带"生态安全战略重地，水土流失的防治与退耕还林的推行是该地区国民经济发展之要务。这里是全国重要的特色农林牧产品生产区，虽沟壑纵横，耕地分布零散，不具备集中连片程度较高的优质、高产基本农田建设的条件，但仍结合治沟造地、新建与加固淤地坝、节水灌溉等手段，建设与现代农业生产和经营方式相适应的非集中高标准基本农田 66 万亩[②]（约占陕西省基本农田总量的 6.4%）[③]，并将结合当地独特的光、热、土壤等基础条件继续生产苹果、红枣、黄豆、绿豆、荞麦、黄芪、小米、羊肉等在国内具有重要影响力的特色农林牧产品，并最终依据当地的现代农业资源规模与分布，支撑相应规模农业人口在特定地域内安居乐业。

---

① 根据党的十九大报告相关内容整理。
② 根据《陕西省"十三五"土地资源保护与开发利用规划》，陕西省目前与现代农业生产和经营方式相适应的高标准基本农田有1 025万亩，其中关中平原区547万亩、陕南低山丘陵盆地地区183万亩、渭北台塬区179万亩、陕北黄土高原丘陵沟壑宽谷沟道区66万亩、长城沿线风沙滩区50万亩。
③ 1亩≈666.67平方米。

然而，随着退耕还林工程的深入实施、农业现代化的逐步推广以及生态移民及迁村并点的快速推进，该地区的农业产业结构、农业生产方式、业—居空间关系已经发生了质的变化，现有乡村聚居生活空间系统已然无法适应，并成为阻滞乡村产业发展、农民收入提高、人居环境和生态环境改善等的重要症结。因此对该地区乡村聚居空间模式进行研究显得极为迫切，有着重要的战略意义和现实意义。

1.1.2 城镇化与工业化对陕北乡村发展的影响重大

随着城镇化与工业化的快速推进，乡村青壮年劳动力大量外流，导致乡村社会衰落，农业生产与农村经济日渐凋敝，乡村人居环境建设混乱，乡村聚居发展进入十分尴尬的境地。2019 年末我国城镇化率达到 60.60%，相比 2000 年提高了 24.38 个百分点，近 20 年来城镇化率年均提高 1.22 个百分点。农村常住人口由 2000 年的 8.1 亿人减少为 2019 年的 5.5 亿人，近 20 年来减少 2.6 亿人，平均每天减少达 3.56 万人（图 1-1）。全国自然村数量从 2000 年到 2011 年减少了约 90 万个，平均每天都有 200 多个自然村消失。据《榆林市国民经济和社会发展统计公报》，2011—2017

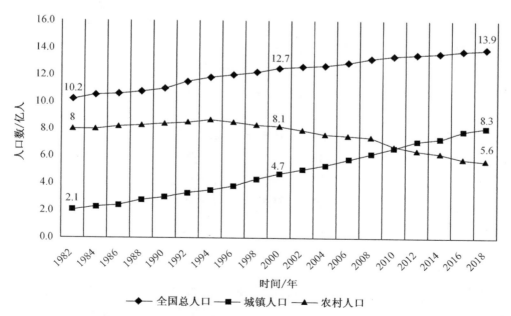

图 1-1 全国城乡人口数量变化趋势图
资料来源：《中国人口和就业统计年鉴》

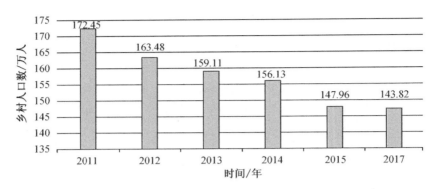

图 1-2　2011—2017 年榆林市乡村人口数量统计图

图片来源：作者自绘

年榆林市乡村户籍人口逐年递减（图 1-2），由 2011 年的 172.45 万人减少到 2017
年的 143.82 万人，与 2011 年相比减幅达到 16.60%，乡村常住人口减少更为明显。

　　大量乡村青壮年劳动力向城镇的迁移，导致乡村地区严重的"空心化"和相较
于城市更严重的老龄化，陕北地区特别是沟壑山区腹地在这方面的问题尤为突出。
根据笔者对子洲、米脂等县的村庄常住人口年龄结构进行的抽样调查，46～60 岁和
60 岁以上的人口所占比例均在 60% 以上，有的村庄甚至高达 90%。乡村人力资源匮乏，
留守村民大都因年龄或受教育程度的限制而被动选择务农，耕地被抛荒、弃耕的现
象较为普遍，受生产与管理技能的制约，农业生产经济效益极为低下，老人农业的
蔓延甚至可能会危及国家与地区的粮食安全和社会稳定。然而，与乡村常住人口减
少不对称的是，乡村人居空间需求并未减少，宅院的大量空废与村庄建设用地的无
序扩张并存，建设用地使用粗放，土地浪费严重，同时伴生着由于基础设施建设滞
后而导致的污水、垃圾随意倾倒等破坏环境的问题。另外，乡村常住人口减少还导
致公共设施配置与维护成本提升，阻碍了城乡公共服务均等化目标的实现。陕北地
区留守村民分布零散使得已有设施无法正常运营甚至荒废，而新的设施又因达不到
人口门槛而无法正常建设，不仅严重影响着农村居民生活质量的提升，还在客观上
加速了乡村人口的外流。

　　乡村振兴，归根结底是农民的振兴、农业的振兴。乡村人口外流、空心化与村
庄撤并是城镇化的必然结果，倘若乡村振兴没有准确把握乡村的未来，没有选对振
兴的对象，不能实现青年一代在乡村的实质性驻留，那么乡村也将注定没有未来。
目前我国常住人口城镇化率已经突破 60%，联合国报告与中国城市发展报告（蓝皮书）
预测 2030 年我国城镇化率将达到 70% 左右。对于经济欠发达的陕北黄土丘陵沟壑

区而言，城镇化水平的持续提升意味着乡村人口继续向城市流动，可能会进一步加剧乡村的人口资源危机，对农业与农村发展产生更严重的冲击，思考切实的地域性乡村振兴之路已经迫在眉睫。

1.1.3　既有乡村聚居空间格局与陕北地区农业生产方式变革间的不适应

陕北作为全国首批实施退耕还林生态安全工程的试点地区，在 1999—2017 年，延安、榆林两市累计退耕还林、荒山造林 211.35 万 hm^2，与当地 1999 年的林地总量大致相当。随着退耕还林生态安全工程的实施，陕北地区农用地利用结构与农业产业结构正发生着结构性改变，其中耕地面积及比例大幅降低，林草地面积及比例大幅提升，陕北地区以传统粮食种植生产为主的农业生产结构正在向农林牧有机结合的复合生产结构转变。

根据陕北黄土丘陵沟壑区的水土流失区位特征和退耕还林工程的可持续性，利用当地已有农林牧资源，以特色种植业（杂粮、黄芪）、林果业（红枣、苹果）和草畜业（牧草、山羊）、高效设施农业（蔬果、花卉、养殖）及相关附属产业为主导的现代农林牧业将成为该地区乡村振兴的支柱产业，然而与传统粮食种植方式相匹配的既有乡村聚落空间格局与退耕还林后的现代农林牧业生产方式产生了严重的不适应，主要体现在以下三个方面。

第一，传统粮食种植与现代农林牧业生产的劳动力需求差异较大，乡村现有剩余的老弱病残化人口无法匹配现代农林牧业的劳动力人口需求，极大地阻碍了地区农业现代化与乡村现代化进程。

第二，现代小型农机设备与机动化务农在现代农林牧业中广泛应用，农业生产半径大幅增加，农业生产效率大幅提升。生产半径增大为乡村居民点的空间集聚创设了条件，生产效率的提升引发了农业人口与人居空间严重剩余，亟须针对当前村庄的数量、规模与空间分布进行调整。

第三，农业生产组织管理的现代化打破了以家庭为单位的小农生产，以市场化、专业化和社会化协作大生产为基础的现代农业组织经营管理需要相应的生产性服务配套设施提供支撑。与此同时，经济收入的增加使农民对改善居住环境、提高公共设施配套水平的需求不断提升，而人口外流背景下的分散式小村落聚居格局不支撑现代化生产生活设施配置的可能性。

1.1.4 现有乡村规划方法的局限性

快速城镇化背景下,在我国城乡人居环境的城、镇、村结构体系中,乡村因其绝对弱势的地位始终处于人口持续衰减的发展态势之中,这种以减少为基本特征的发展方式,与城镇惯有的并被广泛关注和研究的增长式发展截然不同[1]3,如果误读乡村的"减式"变迁趋势及其本质,乡村规划可能会失去科学性。在生态安全首要化、退耕还林快速化、传统农业林业化、分散乡村集约化等背景下,陕北黄土丘陵沟壑区乡村聚居呈现出生产生活空间错位、移民搬迁被动失序、宅院空间严重空废、生态净化受阻等一系列问题,急需与其相适应的规划方法给予应对。然而,现行乡村规划方法和技术普遍与现状存在以下几点不适应。

第一,陕北退耕还林放量落实引发的以现代农林牧业为主导的发展方式,是新形势下产生的新问题,城乡规划行业尚无足够的技术准备。

第二,乡村规划的原理与方法未能充分考虑"农业生产方式决定乡村聚居空间模式"的客观规律,城乡规划专业技术人员并不理解现代农业生产方式的内涵与外延,城乡规划学与农学在乡村规划领域缺少学科交叉研究。

第三,现行村镇规划技术仍然仅关注村镇建设用地空间范畴,仍然延续着从村镇人居环境出发去解决人居环境发展问题的传统原理与方法,从乡村"生态—生产—生活"一体化角度进行的分析、研究和规划亟待充实。

第四,现行村镇规划仍然沿用"重点镇——一般镇——中心村——基层村"的技术模式,采用规划期末的"蓝图式"规划形式。乡村的"减式"变迁是人口减少、聚落收缩的过程,针对"减式"变迁的动态性、随机性与多变性特征,城乡规划缺乏动态引导与管控的模式与方法[2]5。

第五,乡村规划对于乡村聚落的人口规模、空间规模大都依据人居环境的发展经验及预测进行测算,在现行镇村体系规划中,镇村的空间规模通常简单地依据行政区划,人口规模预测通常沿用"增长率法",或简单地依据现状发展情况进行镇村等级划分及人口分配,对陕北黄土丘陵沟壑区"生态决定生产、生产决定生活"的发展要求缺乏认识,城乡规划尚没有适应退耕还林型现代农林牧业生产方式的乡村聚居单元规模预测原理与方法。

1.2 国内外相关研究综述

1.2.1 国外相关研究综述

1. 乡村经济发展研究

乡村经济发展是乡村居民赖以生存的前提与基础，国外乡村经济发展研究主要涉及乡村经济结构、非农经济活动特征、经济收入形式等方面。在乡村经济结构研究方面，帕特森（H. Patterson）和安德森（D. Anderson）认为北爱尔兰地区乡村经济结构和城市越来越相似，但偏远乡村与易达乡村的经济结构差异明显，偏远乡村的工厂采用生产成本导向输出战略，而易达乡村采用的是创新型输出战略[2-3]。在非农经济研究方面，近年来绝大多数学者认同非农产业发展对于乡村经济发展的积极作用，认为乡村非农部门发展在推动经济增长、促进乡村就业、加速乡村脱贫、促进人口空间平衡方面作用明显[4-5]，由于乡村非农机会增多以及高水平的机动性，农民的生活范围更广[6]，同时乡村非农化背景下的经济重构也带来了深刻的社会组织结构变化[7]。在乡村地区的非农产业中，小规模旅游业在提升乡村经济活力、刺激社会更新、改善乡村公共设施等诸多方面具有重要作用，欠发达地区农村拥有保护较好的文化、历史和自然资源，拥有很大的潜力去探寻未开发的自然和文化以发展乡村旅游业[8]。而在乡村农业生产方式转型背景下，进行小规模农耕的农民由于缺少资本、存在技术难题以及缺少与国际公司讨价还价的能力而生活贫困，进行大规模农耕的农民则享受着较好的生活条件[5,9]。城镇化背景下我国乡村经济结构快速转型，深入分析陕北乡村地区的主导产业类型及适宜的发展路径，对于乡村聚居空间模式研究具有重要意义。

2. 乡村社会研究

19世纪下半叶到20世纪中叶，农村社会学相继在美国、苏联、西欧、日本、韩国逐渐发展起来，早期研究内容包括乡村社会的社会组织及其分支系统、乡村社会与其他社会（特别是城市地域）之间的相互关系[10-11]。20世纪60年代以来，由于受机械化、快速都市化、农业企业化和工业化的影响，乡村社会研究大致经历了从现代主义到新乡村社会学，再到乡村社会文化的流变。20世纪60到80年代，乡村社会研究主要集中在对城市居民移居乡村、全球化经济生产对乡村的冲击以及传统乡村社会秩序、运行机制和独特分化模式的探究[12]。70年代以后，发达国家乡村社会出现新情况，如城市周边通勤地区出现第二、三部门的城乡流动就业改变着城乡二元结构，现代农业部门的重构导致农业对乡村的影响减弱，旅游、环境保护、休闲等在乡村空间的持续扩张引发了乡村居住区人口的职业构成和价值观念等的改变，这些新现象催生了"新乡村社会学"的产生①，以期改变传统社会学理论的孤立状态，实现对乡村经济、社会重建以及乡村社会关系的整体性研究。20世纪90年代后，乡村社会学进入后现代社会学的"文化转向"②，面对发达国家乡村发展的多元性和复杂性，后现代社会学的乡村研究者更为重视将社会关系与乡村社会、空间变迁分析相结合[12]，他们提出了"后农业""后生产主义乡村""消费乡村"等概念，认为发达市场经济下的农业—社区耦合不复存在，乡村将主要为非乡村居民提供服务，农村社区将在自然和社会意义上重新形构[12]，这虽具有强烈的城市中心主义之嫌，但却是对复杂多样的乡村变迁现象进行抽象性和质性概括的必要尝试。

我国正在经历工业化进程所带来的农业份额持续减少、乡村聚落消解和农民迁移至城市等巨大变迁，在此背景下，乡村社会网络与组织结构的质变已成定局。然而，我国的乡村社会转型不能被简单地理解为去农业化或去社区化，现代农业生产有多种形式，与农业转型对应的乡村社会组织结构重构也非单一模式的，陕北地区乡村聚居空间建设必须针对地域的社会经济变迁做出积极的回应。

3. 乡村人口迁移与景观变化研究

国外相关文献针对该领域的研究主要集中于农业生产现代化背景下乡村人口外迁与乡村景观变迁之间的关联。在过去的几十年里，农业现代化背景下的农耕人口减少，但国外发达地区乡村人口的统计数据却在明显地增长[13]，研究乡村景观变迁有助于解释乡村人口数量的复杂变化[14]，这种复杂现象源于城镇化过程中乡村社会重组过程与大规模农业土地利用改造的紧密联系，乡村地区景观的丰富多样性和特殊性吸引了大量城市移民迁入乡村，迁入移民增加了新的居民点，乡村景观也呈现出浓郁的非农趣味[5,13-14]。

4. 乡村聚落类型与形态研究

针对乡村聚落的类型划分，国外相关学者围绕分类标准及类型划分的指标体系开展了大量研究，总体上经历了从定性描述向定量分析的转变，以及从运用单一指标向运用多元化、综合性指标进行分析的发展过程。

---

① 新乡村社会学是古德曼（D. Goodman）于1980年提出的，新乡村社会学的代表人物是古德曼和沙宁（T. Shanin），加入新乡村社会学讨论的著名社会学家还有纽比（H. Newb）、曼恩（M. Mann）、费里德曼（H. Friedmann）和弗里德兰（W. H. Friedland）。
② *Journal of Rural Studies* 主编克洛克（Cloke）在1997年第4期上发表了 "*Country Backwater to Virtual Village? Rural Studies and 'The Cultural Turn'*"，对乡村研究的文化转向做了比较系统的理论说明。

国外的聚落分类研究始于 20 世纪初期，研究之初主要单纯依据聚落个体形态特点进行类型划分。如迈岑（A. Meitzen）在研究聚落的形成、发展过程基础上划分了德国北部的农业聚落形态[15]；德芒戎（A. Demangeon）将聚落类型划分为聚集和散布两种个体形态，并在此基础上将法国聚集型聚落再细分为线形、团状和星形村落[16-17]。考虑到仅依据聚落个体形态划分聚落类型的局限性，学者们开始运用多种指标综合的方法进行聚落类型的划分。苏联学者良里科夫和科瓦列夫提出应综合考虑社会经济基础、技术经济条件、聚落人口规模与密度、聚落地形位置、聚落之间的联系及空间组合形式、聚落典型平面形态等因素进行聚落分类，同时提出社会经济因素是最重要的因素[17]。克里斯泰勒（W. Christaller）把乡村聚落划分为不规则的群集村落和规则的群集村落，规则村落又细分为街道村落、线形村落和庄园村落等[18]。罗伯茨（B. K. Roberts）根据乡村聚落的形状、规则度及有无开阔地提出了村庄分类计划[11, 19]。希尔（M. Hill）则将农村聚落划分为随机型、规则型、线型、集聚型、高密度型和低密度型等空间分布类型[20]。国际地理联合会提出了包括功能、形态位置、起源及未来发展等四个基本标准的乡村聚落一般类型的划分方法[11]，四个基本标准可细分为 66 个亚标准，并初步提出了乡村聚落的分类指标体系，弥补了乡村聚落分类指标设计的不足[21]。然而，该方法蕴含的高度技术性和抽象性，以及不同地域乡村聚落在地形地貌、发展历程、社会经济条件、形态、功能结构等方面的独特性，使其可操作性和实用性受到较大限制和影响，但其通过构建多变量分类指标体系进行乡村聚落类型划分的方法对于本研究而言具有重要的借鉴意义。

5. 乡村聚落布局与土地利用研究

乡村聚落布局与土地利用研究经历了由关注自然因素到综合考虑社会、经济和自然多因素的发展过程。除了土地的富饶程度和先前居民点的类型影响外[22]，乡村聚落空间分布还受到经济发展、生产方式、政府决策、乡村交通、公共设施服务、人口密度和社会文化等诸多因素的影响。埃弗森（J. Everson）和菲茨杰拉德（B. Fitzgerald）分析了大不列颠地区圈地运动中土地利用类型以及生产方式变化与之后居民点的分布之间的关系[11, 23]。鲁伊加（Ruhiiga）指出，居民点分布在空间上的低效性即居民点分布离散会使农村地区的零售贸易业受到严重限制[24]。鲁滨逊（P. S. Robinson）分析了南非地区居民点分布对农村地区基础设施、服务和发展机遇的影响，得出居民点分布形态是影响地区基础设施可达性的主要因素[25]。此外，居民点分布状态还受到经济力及当地政府对所在地区村庄规划的影响，如通过发展当地集镇带动居民点的发展，通过地方专门化发展形成中心村庄，制定政策限制个别地区发展以及通过政策扶持所有村庄发展等方式[11, 20]。针对当前陕北乡村正处于社会经济转型期，聚落空间布局应更多地考虑农业生产方式的改变、社会组织结构的重构、公共设施的配置等带来的影响和作用。

6. 乡村聚落等级结构与空间组织研究

在乡村聚落等级结构与空间组织研究方面，中心地理论、扩散理论为近代乡村聚落模式分析奠定了重要基础。克氏的"中心地理论"认为，聚落作为一个地域体系整体，存在着级别和层次，级别、层次愈高，其职能愈复杂，中心性愈强，受其影响的聚落数量愈多，腹地也愈广[17]。拜隆德（E. Bylund）在对瑞典聚落中心进行研究的基础上提出了聚落扩散的6个假设模式。在此基础上，廖什、艾萨德分别从市场分布的角度提出了相应的居民点分布模型。罗伯特（M. Robert）更是从农村居民点的角度，通过"半径—成本—距离"图分析了居民点成本、与市场的距离和居民点半径之间的相互关系。博纳帕切（U. Bonapace）对意大利南部地区的农村居民点等级进行了研究，认为"集聚—分散"混合型地区村庄分布等级特征与克氏的中心地理论较为契合，而单纯"集聚"型或"分散型"地区村庄等级体系的特征则不明显。

针对乡村聚落镇村体系规划，二战以来国外学者争论的核心仍主要在于"集中与分散"以及关键聚落战略，问题的实质集中于"有限的财政资源是应该集中于少量优势聚落还是分散于各级聚落"。在此之后，也有学者认为没有单一的政策可以适用于所有类型的乡村地区。陕北黄土丘陵沟壑区脆弱的自然生态环境与滞后的社会经济发展水平交叠，乡村聚落的空间规划难以直接套用其他地区的经验，应结合自身特征开展具体研究。

7. 乡村基础设施研究

乡村的基础设施建设水平直接影响乡村地区的发展，国外乡村基础设施研究主要关注乡村道路交通体系和通信设施建设。研究表明，良好的道路交通体系不仅有利于地区经济的发展和土地资源的有效利用，也有利于提升乡村地区的可达性[26]。传统的乡村交通工程主要关注机动交通，近年来有学者提出应注重非机动交通，以改善乡村的交通网络体系[27]。还有学者关注于机动交通对于乡村的负面影响，如尾气、噪音和交通安全隐患等，并提出交通平静乡村地区（traffic calm rural area，TCRA）这一空间概念，旨在通过交通重组减少交通噪音和改善交通安全[26]。

通信及网络设施既是乡村与外界联系的重要手段[5]，也是促进乡村脱贫的重要途径。发展中国家在这方面进行了大量尝试，印度等国借助远程 ICT（infor-mation and communication technology，信息与通信技术）为乡村居民跨越数字鸿沟（digital divide）、为乡村社区克服地理障碍提供了机会，从而提升了乡村社会福利，鼓励了乡村社区的发展[5,9]。孟加拉国财政组织通过"乡村付费电话"将电话服务转变成产品，电话服务在为村民带来实际利益的同时，也有效降低了乡村发展中的不平等[28]。

1.2.2　国内相关研究综述

1. 城乡关系演化与农村城镇化模式研究

国内学者在城乡关系演化阶段研究方面已经基本达成共识，认为城乡关系演化的一般过程包括前工业化时期（农业革命、农业社会时期）、工业化前期（工业革命时期）与后工业化时期三个阶段[29]，三个阶段的城乡关系特征可分别归纳为"乡育城市""城乡分离"和"城乡融合"[30]。结合关于城乡关系演化阶段的分析，学者们也进行了相应的乡村发展阶段及乡村生产生活方式变迁的相关研究。刘自强等分析了前工业化、工业化和后工业化发展阶段城市地域功能与乡村地域功能的转型轨迹，并以此将乡村发展阶段划分为维持生计型、产业驱动型与多功能主导型三个阶段[31]。邵帅等以不同时期的城乡关系、城乡要素流动和劳动力就业空间变化为背景，从从业结构、从业地点、从业者归家频率等方面对农村生产方式的变迁进行探讨，将农村地区的发展划分为"务农""兼业""转型"三个阶段[32]。目前我国虽在整体上处于工业化中期后半段，并进入以工促农、以城带乡的发展阶段，但国内各地历史基础、自然环境和经济发展水平差异巨大，应科学判断和认知各地的城乡关系发展阶段，以有效推进地区的城乡统筹。

城镇化是指伴随着经济发展，人口和非农产业向城镇聚集并导致人们生活方式发生变化的过程[33]，具体包括以城市地域经济和人口集聚而呈现的扩展型城市化以及农村地域以乡镇企业为主体的经济与劳动力转化和建立农村城市（小城镇）而呈现的集聚型城市化。后者即通常所称的农村城镇化[33]。近年来，我国有过多种新型城镇化的改革尝试，如华北地区以宅基地换房集中居住的天津模式、西南地区以大城市带大郊区发展的成都模式、华南地区通过产业集聚带动人口集聚的广东模式、华东地区以乡镇政府为主组织资源的苏南模式以及以个体经济为主的浙江模式，这些模式的共性主要为工业向产业园区集中、农地向集约经营集中、村民向新型社区集中和土地有偿转让使用[2]14。上述改革试点没有覆盖陕北地区，已有的城镇化模式较难直接应用于陕北地区。

2. 乡村聚落规模研究

乡村聚落规模一般体现在聚落人口、用地与经济总量上[34]。在定性研究方面，学术界主要针对乡村聚落规模的影响因素、不同地区乡村聚落的规模差异、乡村聚落规模的演变特征与趋势等方面进行研究。在乡村聚落规模的影响因素研究方面，金其铭、陆玉麒认为乡村聚落规模既受气候、地形等自然因素的影响和经济社会发展条件的制约，也反映居民聚居习惯方面的差异[35]。李红波等认为乡村聚落的空间规模受耕作条件、农业生产水平的影响，特定聚落所控制的耕地面积是一定的，即其所耕种的耕地面积或影响的范围是有限的[36]。赵思敏认为耕作半径影响农村聚落重构中各等级农村聚落的最大规模。陈晓键、陈宗兴认为聚落腹地（聚落土地拥有量、耕作半径）由主体运输方式的时间距离决定，我国农村居民一般以步行运输方式为主，时间距离为 15 ～ 30 min，聚落半径为 1.5 ～ 5 km[37]。

乡村聚落规模测算的相关研究较少，部分学者引入人均耕地量、耕作半径和垦殖指数预测乡村聚落人口规模；有学者从耕地需要出发，根据单位耕地所需劳动力工日投入和各种农作物的种植面积进行人口规模预测；也有学者从收入角度出发，根据农户在追求家庭收入最大化条件下的生产要素配置为前提预测农业劳动力规模；还有学者将耕地收益与劳动力收入相结合，预测特定地域内土地资源的农业劳动力承载量[38-39]。更多的研究将聚落规模与形态、区位、选址等空间要素进行结合，针对黄土丘陵区[40]、关中地区[37]、华北平原[41]、长江沿岸[42]、苏中苏北[43-44]等地区乡村聚落选址与空间分布特征、空间演变特征等进行实证研究。

3. 乡村聚落体系研究

乡村聚落体系指在一定的区域范围内，一些在地域与职能方面紧密相关的聚落形成的具有功能分工和层级结构的聚落群体，乡村聚落体系研究主要包括聚落职能、等级规模以及空间分布结构等[34]。我国乡村聚落中小规模的乡村聚落比例较大，聚落等级规模呈现"小""散""乱"的分布状态[45]。受中心地理论影响，学者们就各地情况进行了实证研究或修正，如李立等认为江南地区传统聚落体系与中心地理论具有较大的一致性[45]，杜国明等认为黑龙江省垦区与农区居民点体系虽都具有明显的层级体系，但却不完全符合中心地模式[46]。

乡村聚落体系在一定条件下相对静止，但伴随着城乡关系演化背景下社会经济环境的快速变化，乡村聚落体系也在剧烈演化甚至面临重构。在乡村聚落体系的优化与规划研究方面，国内大量学者依据中心地理论大力提倡"迁村并点""居住集中"和"居民点整理"，如张京祥等认为乡村聚落体系规划应通过中心镇建设实现乡镇的合并与重组，以建设中心村实现农业空间的集约化经营，通过配套支撑体系来实现对乡村聚落体系优化的引导[47]。曹恒德等认为苏南地区可采取异地城市社区模式、就地城市社区模式、"就近并点"乡村社区模式、"迁弃归并"乡村社区模式来实现农区居民点的适度集中[48]。也有学者对盲目的迁村并点持反对态度，认为粗劣模仿城市经验的做法是对农村聚居特色与乡土文化的漠视和破坏，如仇保兴认为基于城市经验的"整齐划一"的规划思想是新农村建设与规划易陷入的误区[49]。娄永琪指出长三角"三集中"农村居住形态与农民基于交往互动的生活世界日益脱离[50]。集聚效益和乡村聚居特征是乡村聚落体系优化模式与规划研究中必须考虑的，但基于不同地区差异化明显的农村生产方式、生活方式及生态环境本底，各地应开展针对性研究。

4. 乡村聚落类型研究

近年来，国内乡村聚落类型划分主要从地形地貌、聚落形态、区位、规模、产业经济特征等多角度进行，研究大都基于县域及以上单元的宏观尺度进行类型划分和空间区划。在聚落分类的定性研究方面，马晓冬等从形态角度将江苏省乡村聚落划分为团块型、条带型、宽带型、弧带型、散点型等[51]。马利邦等从规模角度将乡村聚落划分为大聚落、中等聚落、小聚落和独院聚落[52]。潘娟等从农户兼业程度角度将乡村聚落划分为非农主导型、农业主导型和农工兼具型[53]。刘灵坪从地形地貌角度将乡村聚落划分为沿河聚落、平坝聚落和山麓聚落[54]。龙花楼等运用社会经济指标将东部沿海乡村聚落划分为农业主导、工业主导、商旅服务和均衡发展四种类型[34,55]。贺文敏从产业发展模式角度将陕北丘陵沟壑区乡村聚落划分为以维护生态修复成果为主、以设施农业及设施养畜为主和以旅游开发为主三种类型[56]。在定性研究与定量研究相结合方面，杨贵庆在考虑建筑气候区划、地形条件、空间布局三个主要因素，结合村庄密度、经济、社会和文化等因素进行修正，利用GIS空间数据叠加，初步确定了我国农村住区的类型谱系[57]。郭晓东等将基于乡镇单元的乡村聚落经济发展水平系统聚类分析应用于黄土丘陵区乡村聚落基本类型划分中，认为河谷川道区与黄土丘陵山区的地形条件差异是导致地区乡村聚落经济发展水平差异的根本原因[58]。

5. 乡村聚落空间演变及其影响因素研究

在乡村聚落演变空间过程及机理研究方面，张小林从空间结构、关系、过程及动力机制对苏南乡村空间系统演变进行研究，并深化了农村空间系统理论研究[29]90-260。李立从自然生态、近代工业化、国家意识、乡镇工业发展等影响因素出发，阐述了江南地区乡村聚落的演变轨迹[59]。雷振东尝试运用整合与重构的系统方法论，剖析城市化与现代化进程中关中乡村聚落的空间形态结构异化现象，以期针对性地解决经济欠发达地区乡村聚落由传统型向现代型演变过程中的问题[60]。与此同时，大量学者就不同区域开展实证研究，通过同一地域内乡村聚落的分布、功能组织及形态等特征进行纵向对比，借助 GIS、统计分析等现代方法与技术总结演变规律，在透析其内在演变机制的基础上探索适宜的优化模式。

乡村聚落空间演变的影响因素较为复杂，范少言认为农业生产技术、新方法的应用和居民对生活质量的追求是导致乡村聚落空间结构变化的根本原因[61]。郭晓东等将乡村聚落的空间演变因素归纳为自然因素和人文社会因素[62]。随着工业化与城镇化的不断深入推进，学者们认为城镇化、农村工业化与产业转型、交通条件、收入结构与水平、宏观政策及土地制度等因素成为乡村聚落空间演变的主要推动力[36,63]。关于乡村聚落演变各影响因素之间的复杂作用机制，周国华等构建了乡村聚居演变的基础因子、新型因子和突变因子"三轮"驱动机制，从聚居体系、聚居规模、聚居形态、聚居功能、聚居文化、聚居环境等角度探讨我国农村聚居演变[64-65]。

6. 乡村聚落空间重构模式研究

随着我国工业化、城镇化背景下社会经济的全面快速转型，乡村聚落的转型与重构研究已迫在眉睫，目前已有研究主要涉及乡村聚落转型与重构的原因、特征、内容、类型与模式等[20]。龙花楼系统地从耕地和宅基地转型角度研究了农村聚落转型[66]。朱一中、隆少秋将广州城市边缘区的乡村聚落的转型动因归纳为城市扩张、经济发展、村镇规划建设和人口迁移[67]。李红波等[68]、邢谷锐[69]认为乡村聚落重构包括经济、社会和空间重构，空间重构包括政策性的村落重构和自发性的村落重构。王勇、李广斌认为苏南乡村聚落功能转型包括由工业、农业、生活一体到工业和农业、生活分离，再到工业、农业、生活三者相互分离 3 次转型[70]。韩非、蔡建明提出半城市化地区乡村聚落的重建途径包括城镇化整理、迁建以及保留发展，发展模式包括农业专业村镇、农民新村和民俗旅游村[71]。邢谷锐将快速城市化地区乡村聚落划分为散点型、带状绵延型和块状集中型 3 种空间分布类型，并分别提出重构模式[2]。

周国华等构建了由农村聚居模式的研究理论与方法体系、类型、功能与结构、发展过程与机理、调控与优化等五个方面组成的农村聚居模式研究框架体系[72]，并提出未来乡村聚居体系将呈现开放化、网络化和城乡一体化，区位选择由原来的资源指向型转向设施依附型，规模趋向理性化，功能由均质化向异质化转变等一般趋势[64]。彭鹏、周国华提出从"城—郊—乡""山—丘—平""发达—欠发达—落后"3个不同视角进行不同类型农村聚居模式的划分[73]。贺艳华等在TOD理论与实践基础上，以乡村聚居适度集中为前提构建了一种乡村聚居空间结构优化模式——乡村公路导向发展模式，同时结合设施门槛、耕作半径、邻里交往以及出行距离感知等综合论证了乡村聚居单元的合理规模与结构[38]。

综上，乡村聚落空间重构研究仍主要针对城市化水平较高的发达地区，同时，相关研究主要集中于乡村聚落空间重构的原因、特征、内容与类型分析，较少涉及乡村聚落空间重构的一般模式的构建，对于中西部欠发达地区而言，这方面的研究成果相对较少。

7. 黄土沟壑区乡村聚居的相关研究

已有黄土沟壑区乡村聚居研究主要集中在农学、经济学、地理学和城乡规划学等领域，相关研究成果对于陕北乡村聚居空间模式研究具有重要借鉴意义。

（1）农业经济学视角下的乡村聚居研究

黄土沟壑区乡村农业经济发展因其生态环境治理的客观现实而呈现出明显的特殊性，相关研究主要集中在退耕还林工程与农业发展的互动关系，以及退耕还林后乡村经济发展模式两个方面。关于前者，虎陈霞等认为退耕还林工程促进了农民收入的增加和劳动力就业结构的变化，加速了地区农村经济结构的调整[74]。崔绍芳、王继军明确了退耕还林工程实施对黄土沟壑区商品型生态资源与产业系统、农村社会进步产生的明显正效应，认为商品型生态农业的发展一定程度上巩固了退耕还林（草）的成果[75]。关于后者，王继军等研究了退耕还林背景下黄土沟壑区商品型生态农业模式的类型及其适应性，探讨了商品型生态农业的战略布局[76]。徐勇等、董锁成等提出了黄土沟壑区生态适宜型农村经济发展模式，认为该地区应在实现生态系统良性循环的基础上，形成由畜牧业、林果业及其配套的后续加工业和服务业组成的生态适宜型农村产业结构和农村经济模式[77-78]。与此同时，伴随着国家农业现代化进程的加速推进，该地区正在发生农业生产物质条件与农业生产组织管理方式的全面快速转型，乡村聚居空间系统研究对此新趋势缺乏理论与技术方法的回应，针对黄土沟壑区的特殊性，此方面的研究更为缺乏。

（2）地理学视角下的乡村聚居研究

1990 年代以后，地理学视角下的黄土沟壑区乡村聚居研究成果迅速丰富。在聚落区位特征研究方面，李雅丽、陈宗兴归纳了陕北乡村聚落趋向水源分布、向阳分布及局限于特定地貌部位的分布特征[79]。侯继尧、王军将黄土丘陵沟壑区传统窑居聚落的分布区位归纳为分布于沟底溪岸的线型乡村聚落、位于沟岔交汇处的乡村聚落、在较大沟坡上聚集的弧形乡村聚落三类[80]。甘枝茂等将黄土丘陵沟壑区乡村聚落划分为河谷平原型、坡麓台地型、支毛沟型和梁峁坡型四种类型，聚落分布具有规模小、密度小、分布不均匀、向阳、向路、向沟等特点，聚落密度由河谷平原—川台地—支毛沟—梁峁坡呈树枝状水系递减[81]。

在聚落空间分布特征方面，学者们普遍运用 RS、GIS 技术和数学建模等定量分析方法，得出了一定的研究结论。尹怀庭、陈宗兴借助临近指数分析，将陕北乡村聚落归纳为均匀分布、随机分布和集中分布三种形式[82]。汤国安、赵牡丹以 GIS 技术为基本技术手段，量化分析了陕北榆林地区乡村聚落的空间分布特征，分析了聚落密度相对于地貌类型、水系水源、海拔高度、交通线和中心地（城镇）的分布特点[83-84]。牛叔文等运用 RS、GIS 技术和数学方法，论证了以农业生产为主的丘陵山地乡村聚落斑块分布的离散性特征，分析了河谷川道、丘陵和山地三种地形区域在平均村域面积、平均乡村聚落面积、平均劳作半径和村间距离方面的差异[84-85]。郭晓东等论证了乡村聚落的不同类型与聚落空间分布特征之间的密切对应关系，大中型、集聚型、商品经济型和半商品经济型乡村聚落主要分布在河谷川道地区，而小型、分散型、传统农业型和劳务输出型乡村聚落主要分布在黄土丘陵山区[58]。

在聚落空间演变过程及成因机制方面，学者们开始将研究内容拓展到地理学以外的社会学、经济学等领域。尹怀庭、陈宗兴分析了 20 世纪 90 年代以前的陕北地区乡村聚落的空间迁移特征，认为改革开放后乡村聚落的空间结构因农户土地承包经营，农村二、三产业的发展和交通设施的改进而发生了显著变化[82,86]。郭晓东等针对人口增长压力下乡村聚落发展演变的基本规律进行了探讨分析，认为葫芦河流域乡村聚落空间扩展分为连续扩展和跳跃扩散两种类型[87]。惠怡安、郭晓东等、李骞国等分析了黄土丘陵沟壑区乡村聚落空间演变的驱动因素与机制，认为地形等自然条件决定了乡村聚落分布格局，但城镇化与工业化、农业产业化、土地经营方式的转变、农户生计的改变、政策制度的实施等社会经济因素是乡村聚落空间演变的主要驱动力[88-90]。

在聚落单元规模研究方面，目前相关研究还相对薄弱。惠怡安等认为聚居中心地的规模及辐射范围可以根据公共产品的门槛规模、服务半径及最优耕地半径确定[91]，同时通过对乡村公共服务设施的"经济门槛"进行分析，论证了陕北黄土丘陵沟壑区农村聚落规模达到2 000人以上才能健全聚落功能[39]。

（3）城乡规划学视角下的乡村聚居研究

黄土沟壑区乡村规划研究起步较晚，研究结论集中于2000年后，相关研究在多学科融合视角下做出了有益的探索。首先，在融合生态学的乡村空间结构模式研究方面，周若祁探讨了建立绿色建筑体系的框架与模式，提出了黄土高原小流域绿色住区模式，并对传统窑居建筑经验进行了科学总结[92]。周庆华重点从生态动因角度研究了黄土高原河谷沟壑地貌条件人居环境空间结构演化及其规律，提出宏观层面河谷城镇递阶扩张模式、中观层面城乡空间统筹发展模式、微观层面小流域乡村枝状空间模式[93-94]。刘晖建构了以小流域土地空间单元为核心的"黄土高原人居生态单元"模型，并总结出山地、川道和台塬三种人居生态环境安全模式[95]。于汉学提出以"黄土塬单元"作为人居环境生态化建设协调单元的构想，建构了黄土高原沟壑区人居环境生态化基础理论体系框架和规划方法[96]。李钰系统剖析了生态脆弱地区乡村人居环境中蕴含的"营造规律"，提出基于地域特征的生态脆弱区"适应性"乡土建筑发展理论模式[97]。

针对陕北黄土沟壑区的特殊分形地貌，以周庆华为代表的相关学者对该地域城乡聚居体系空间形态及其规划方法进行了研究。周庆华系统探究了分形地貌与河谷聚落的形态耦合关系及适宜模式，提出陕北特殊地貌中的城、镇、村空间形态应顺应地貌呈枝状发展，并展望了引入分形视角的城乡规划理论与方法创新[98]。许五弟、魏诺借助GIS技术及数学模型，首次提出了城乡聚居体系空间结构维数耦合原理与方法，对陕北地貌与城镇的分形研究提供了系统的技术与方法支持[99]。田达睿借助分形数理模型，通过揭示陕北地区城镇空间形态的分形规律，研究该地域与自然环境相协调的城镇用地发展形态，并尝试构建引入分形理论后的城乡空间规划新思路与新方法[100]。

同时，城乡规划学在融合农学、经济学、地理学等学科理论的基础上，对地域乡村聚居演变态势及镇村体系的重构思路进行了探索。雷振东对黄土沟壑区乡村聚落转型中的聚落空废化进行了量化分析指标研究，提出整合与重构的有机更新转型思路，并基于此建构了村镇体系结构关系[60]。于洋基于黄土沟壑区基层村的现实问题与发展态势，提出"消解""消解期"的概念，并基于"绿色"基础理论，提出基层村面向"人口减量化"发展的绿色消解模式及相应的规划对策[1]16-19。惠怡安等运用社会学人际流动分析方法及社会网络分析方法，对黄土沟壑区新型农村社区的位置选择、辐射范围划定进行研究，为迁村并点及农村社区单元的划分提供了理论指导[91][101]39-40。贺文敏系统分析了退耕还林后陕北丘陵沟壑区乡村聚落的变化特征，以不同产业模式为依据构建了以维护生态修复成果为主、以设施农业及设施养畜为主、以旅游开发为主三种乡村聚落发展建设模式[56]。

8. 小结

国内已有相关研究涉及乡村聚居区位、形态、类型、功能、规模与等级、空间演变与重构模式等方面[68]，总体来说研究成果主要集中于经济发达地区，相关研究更注重转型期社会经济环境对乡村发展的影响，在视角上越来越强调多学科交叉融合，在方法上更强调借助 GIS、3S 等分析技术和方法进行定量研究。

陕北黄土丘陵沟壑区乡村聚居发展的自然地理、社会经济条件特殊，经济发达地区的已有成果较难直接应用，已有研究主要集中于地理学科，在乡村聚落空间分布、空间形态、空间演变过程及成因机制等方面积累了较为丰富的成果。城乡规划学视角下的黄土沟壑区乡村聚居研究注重地域生态保护、社会与经济转型对乡村聚居物质空间规划的重要影响，在多学科交叉与融合上取得了初步的进展；但相关研究多从某一角度进行一般性的规律解释和理论总结，综合、系统的空间模式研究与理论方法体系构建仍较为缺乏，关于规模测算、空间布局、设施配置等方面的具体研究较少。

1.3 研究目的与意义

1. 研究目的

基于乡村振兴实现农业强、农村美、农民富的战略目标，结合陕北黄土丘陵沟壑区水土流失严重、生态环境脆弱、社会经济落后的地域性特征，针对城镇化与工业化背景下该地区乡村"传统农业型聚居空间模式"与"退耕还林型现代农林牧业生产方式"的严重失配，遵循农业生产方式决定乡村聚居空间模式的基本原理，研究与现代农林牧业生产方式相匹配的乡村基本聚居单元的概念、类型、功能结构、空间模式和规模预测方法，构建基于乡村基本聚居单元的现代乡村聚居空间模式，革新地区乡村规划编制技术，促进地区乡村"生态—生产—生活"一体协调发展，巩固退耕还林生态安全工程成果，促进该地区乡村人居环境的持续提升与发展。

2. 研究意义

（1）理论意义

城乡规划学现行的以规模测算与空间布局为主要内容的乡村规划方法与技术，与农业经济学交叉不足，呈现出重形式、轻内容，重空间、轻产业，有蓝图、缺动力等现象，在一定程度上加剧了乡村地区的问题与矛盾。本研究回归"农业生产方式决定乡村聚居空间模式"的基本科学规律，以多学科统筹融合为基础，针对陕北黄土丘陵沟壑区乡村聚居在自然生态、产业经济与社会生活方面的现实与科学问题，研究适应该地区退耕还林后现代农林牧业生产生活方式的乡村基本聚居单元的概念、类型、功能结构、空间模式和规模预测方法，是对特定地域环境下乡村规划方法的优化与补充。

（2）现实意义

由于现有乡村规划原理与方法缺乏多学科的交叉支撑，对陕北黄土丘陵沟壑区乡村规划的研究更是明显滞后，以致在现有村镇体系规划编制技术指导下，从社会主义新农村建设、新型农村建设到美丽乡村建设，从迁村并点到移民搬迁等规划建设实践，往往事倍功半，造成极大的建设性浪费，故基于多学科交叉的适应该地区的乡村规划方法亟待补充。本研究探索的适应陕北黄土丘陵沟壑区现代农林牧业生产方式的乡村聚居空间模式与规划方法，将为该地区的乡村发展建设提供具有针对性和可操作性的规划技术方法，对于促进该地区镇村体系健康持续发展具有重要的现实意义。

1.4 研究的主要内容

本研究以沟壑纵横、水土流失严重、社会经济落后、乡村生产生活方式与既有乡村聚居空间格局严重失配的陕北黄土丘陵沟壑区乡村地区为研究对象，综合运用城乡规划学、农学、经济学的学科基础理论，遵循农业生产方式决定乡村聚居空间模式的客观规律，借助实地调查与分析、学科交叉分析、GIS 量化模拟和规划实践验证等方法，研究陕北黄土丘陵沟壑区现代乡村聚居空间模式与规划方法，主要研究内容如下。

1. 陕北黄土丘陵沟壑区乡村聚居发展特征与问题

从地区自然生态环境、现代农业、村庄空间分布与发展等方面的现状和趋势特征出发，总结乡村聚居发展面临的主要问题，为现代乡村聚居空间模式研究奠定基础。

2. 陕北黄土丘陵沟壑区乡村聚居空间重构的理论基础与动因分析

从乡村聚居空间重构的基础理论出发，通过梳理乡村聚居空间演变的影响因素及作用机制，同时基于农业生产方式主导影响要素的阶段性转变与各阶段的基本特征，分析农业生产方式与乡村聚居空间关系的演变特征，揭示陕北黄土丘陵沟壑区乡村聚居空间重构的根本动因。

3. 陕北黄土丘陵沟壑区乡村基本聚居单元的概念、主要类型、功能结构与空间模式

结合陕北黄土丘陵沟壑区的地域性特征，远期阶段现代农林牧业主导生产方式下的乡村聚居空间模式必然要重构，本研究提出与现代农林牧业生产方式相匹配的"乡村基本聚居单元"概念，研究了乡村基本聚居单元重构的内在机制，以及乡村基本聚居单元的主要类型、功能结构和空间模式，旨在最终实现以其为基本细胞的现代乡村聚居空间模式的构建。

4. 陕北黄土丘陵沟壑区乡村基本聚居单元的规模

乡村基本聚居单元的规模是陕北现代乡村聚居空间系统的量化基础，也是现代乡村聚居空间模式研究的重要前提。

在空间规模预测方面，本研究提出了农机化导向下的与现代农林牧业生产半径、生产空间尺度及生产组织方式相匹配的乡村基本聚居单元空间规模测算方法。

在人口规模预测方面，本研究提出了基于农产品收益与农民预期收入基准的农业人口规模预测方法、基于农业资源劳动用工需求量的农业人口规模预测方法、基于旅游就业人口需求量的旅游服务人口规模预测方法，同时预测了基于公共设施经济效益的人口规模门槛值，以此作为标准对不同乡村的基本聚居单元进行相应公共服务设施配置的经济性校核。

5. 陕北黄土丘陵沟壑区现代乡村聚居空间模式

"基于乡村基本聚居单元的现代乡村聚居空间模式构建"是本研究针对陕北乡村特殊的社会经济地理环境提出的乡村空间重构新思路。本研究在界定现代乡村聚居空间模式的构建内容与关键控制指标的基础上，根据关于黄土丘陵山区、河谷川道区两个典型地貌区内不同类型乡村基本聚居单元的规模预测与空间模式结论，分别提出了两个地貌区的现代乡村聚居空间的等级结构模式、功能结构模式和形态结构模式，以及支撑现代乡村聚居空间模式的关键控制指标。

6. 陕北黄土丘陵沟壑区现代乡村聚居空间模式案例研究

基于以上的概念、方法与空间模式探讨，在研究乡村聚居空间重构的技术路线和方法基础上，以米脂县杜家石沟镇为例进行案例研究，通过理论与实践的循环推动研究成果的优化与完善。

1.5 研究方法与研究框架

1. 研究方法

第一，数据调查分析法。面对庞杂的研究对象，在类型化基础上，为保证基础资料的客观性与科学性，本研究采用面上抽样调查与典型示范研究对象系统调查相结合的数据调查分析方法。

第二，学科交叉分析法。遵循农业生产方式决定乡村聚居空间模式的基本原理，以及乡村生态、生产与生活统筹发展的基本原则，本研究采用以城乡规划学与农学、经济学、社会学等学科交叉的研究方法。

第三，GIS 分析法。面对陕北黄土丘陵沟壑区如枝干和叶脉般错综复杂的破碎地貌形态，在陕北地区乡村基本聚居单元的空间规模与人口规模测算方法研究中，需要借助 GIS 地理信息技术将空间数据定量化。

第四，规划实践验证法。研究将结合实际规划设计对象，在规划实践中验证模拟、调整、优化，并实现与现有工作体系的对接。

2. 研究框架

本书研究框架如图 1-3 所示。

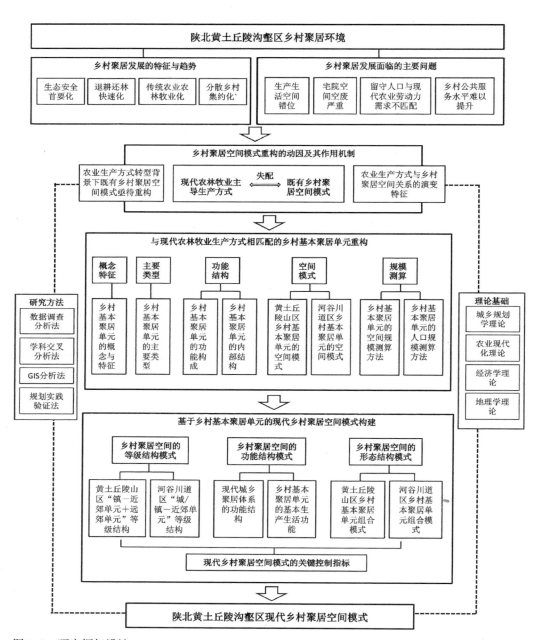

图 1-3　研究框架设计

图片来源：作者自绘

1.6　相关概念释义

1. 现代乡村

本书中的"现代乡村"即"现代化乡村"，具体对应未来城镇化水平较高且城乡人口相对稳定，农业、农村和农民基本实现现代化的乡村发展阶段。该阶段是本书进行乡村聚居空间模式研究的时间范畴。

城镇化背景下，乡村由于与城镇相比处于绝对弱势地位，因而一直处于人口衰减、聚落收缩的过程，这种以减少为基本特征的消解过程将会长期存在，直至城镇化水平较高且平稳的最终发展阶段。城乡劳动力收入与公共服务水平相对均衡，城乡劳动力流动趋于相对稳态时，乡村才能重新进入相对稳定的发展期并完成现代化转型。乡村消解期内其人口、空间、生产、生活均处于长期持续不稳定的量变状态[1]4，对于乡村聚居空间的长远规划应以劳动力平衡后的乡村发展情况和剩余人口为基础，以避免因短视而造成的重复建设[2]。故本研究将研究时间界定在可预见的远期乡村现代化发展阶段，针对现代乡村聚居空间模式进行研究，为未来相当长的一段动态过渡期的乡村发展提供规划方法指导。

2. 乡村聚居

道萨迪亚斯认为，若按最重要的功能和性质，人类聚居可以划分为乡村型聚居和城市型聚居两大类。乡村型聚居与城市型聚居是相对的，乡村型聚居是指一定规模以从事农业生产为主的人群，在一定地域范围内集中居住的现象、过程与形态[102]，其形成过程以村庄、集镇（市）等居民点及周边环境为载体。城市聚居则是以从事第二、三产业的非农业人口为主的人群高度集聚的现象、过程与形态，其形成过程以建制镇及以上等级居民点及周边环境为载体。

依据《村庄和集镇规划建设管理条例》（国务院令第 116 号），村庄，是指农村村民居住和从事各种生产的聚居点；集镇，是指乡、民族乡人民政府所在地和经县级人民政府确认由集市发展而成的作为农村一定区域经济、文化和生活服务中心的非建制镇。城镇，是指我国市镇建制和行政区划基础上划定的城市和建制镇[103-104]。从城市化角度来看，集镇和村庄都是非城市化地区，主要是农业生产者（农民）居住和从事农业经济活动的地方[105]。本书所探讨的乡村聚居是指相对于城市化地区而言的乡村地域，指除城镇（直辖市、建制市和建制镇）之外的乡村聚居形态。

3. 乡村聚居空间模式

首先，模式是一种重要的科学操作与科学思维的方法，它是为解决特定问题，在一定的抽象、简化、假设条件下，再现原型客体的某种本质特性。其次，模式是一种认识和改造原型客体、构建新型客体的科学方法，它是对实物的相似模拟（实物模式）、是对真实世界的抽象描写（数学模式）、是思想观念的形象显示（图像模式）[106]。

　　由人居环境的发展历史看，从人类的无组织原始聚居到村落、集镇和城市，由于受到当地自然环境、生产环境及社会文化环境的交互影响，各个时期的聚居发展都被赋予了相应的自然烙印和人文内涵，其空间结构、功能和形态均在一定地域内体现出共性特征，聚居空间模式就是这些共性特征抽象的结果。由此，乡村聚居空间模式具体指一定地域内乡村居民在生存和发展中所形成的聚居空间结构、功能与形态特征，是对乡村聚居空间结构、功能与形态等方面本质特征的高度概括，体现了乡村聚居空间形成、发展及分布规律的共性特征与区域差异。

4. 基本聚居单元

　　单元（unit）指整体中自为一组或自成系统的独立单位，它不可再分，也不可叠加，否则就会改变其性质。这一定义涉及两个关键点："系统"与"自成、独立"。"系统"强调整体性和层次结构性；"自成、独立"强调内部结构的完整性和功能的独立性。由此，单元即系统的子集，既是系统中上一层级的构成要素，又是相对于下一层级拥有独立特定功能的系统。

　　人类聚居是由相互联系且具有等级层次的聚居单元构成的多级层次系统，高一级聚居单元为若干个低一级聚居单元提供服务。基本聚居单元是人类聚居的基本细胞，是一个社区的实体空间表现，这个单元具有正常的功能且不能再分割，基本聚居单元决定了聚居系统的规模和总体空间肌理[107]。基本聚居单元是人类聚居研究的基本概念，基本聚居单元的组成、结构、组织与聚集规律是分析与研究聚居空间模式的基础。

1.7　研究区域与概况

　　陕北黄土丘陵沟壑区地处黄土高原腹地、陕北中部地区，地跨黄河干流的峡谷两侧，是陕北黄土高原的主体部分，总面积约 4.47 万 km²，约占陕西省土地总面积的 21.7%。该区域介于北纬 36°03′～39°35′与东经 107°28′～111°15′之间，北接长城沿线风沙区，南连黄龙山与桥山林区，西接宁夏与甘肃，东与山西隔黄河相望[56, 108-110]。

根据陕北黄土丘陵沟壑区的地理区域限定，研究区具体包括榆林市和延安市辖区内的 21 个县（市、区）（图 1-4），其中全部位于研究区内的县（市、区）共 13 个，分别为榆林市的米脂县、绥德县、吴堡县、佳县、清涧县和子洲县，延安市的延川县、延长县、子长市、宝塔区、安塞区、志丹县和吴起县；部分位于研究区内的县（市、区）共 8 个，具体为榆林市的榆阳区、神木市、府谷县、定边县、靖边县和横山区，延安市的甘泉县和宜川县。

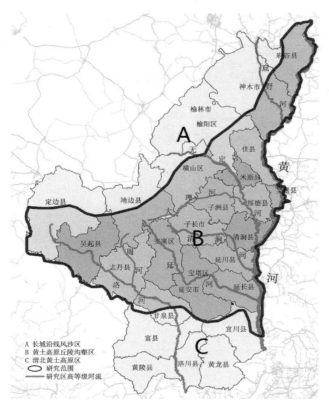

图 1-4　研究区范围图

图片来源：作者在标准地图 [审图号：GS(2019)3333号] 基础上绘制

本研究区以梁、峁、沟为基本地貌类型（图 1-5），外部表现为以黄土梁、峁为主体的正地形和各等级侵蚀沟谷负地形，并形成了密集的树枝状河谷沟壑体系，这一体系以无定河、延河和洛河干流等大型河谷为骨架，以其他中型河谷和大量小流域沟道为枝干。在由不同等级河流形成的密集沟壑体系中，地面支离破碎，沟壑密度达到 3 ~ 8 km/km^2，切割深度多为 100 ~ 250 m，坡度大于 25% 的面积超过 50%，土壤侵蚀模数多在 10 000 ~ 30 000 t/（km^2·a），水土流失面积达 90% 以上，是黄河中游地面最为破碎、水土流失最为严重的区域[110]。

黄土丘陵沟壑地貌	黄土梁
黄土峁	黄土沟

图 1-5 黄土丘陵沟壑区的梁、峁、沟基本地貌

图片来源：网易新闻网站，http://dy.163.com/v2/article/detail/DTCOORH805441GT1.html

2 陕北黄土丘陵沟壑区乡村聚居发展特征与问题

　　陕北黄土丘陵沟壑区位于黄土高原中部，密集交错的黄土沟壑及其水系生成了独特的乡村聚居系统，并体现出特有的农耕、社会和经济特征。本章分析了该地区乡村在自然生态环境、现代农业、村庄空间分布与发展等方面的现状和趋势特征，总结了乡村聚居发展面临的主要问题，为现代乡村聚居空间模式研究奠定了基础。

2.1　乡村聚居发展的自然环境特征

2.1.1　自然生态特征

　　陕北黄土丘陵沟壑区处于从平原向山地高原、从沿海向内陆、从森林向草原、从农业向牧业转变的过渡性地理位置，属由湿向干过渡的大陆性半干旱季风气候，年降水量 350 ～ 600 mm，区域气温 7 ～ 12 ℃，无霜期只有 136 ～ 200 d，年均日照 2 000 ～ 3 100 h。这里农林牧皆宜，但由于降水较少，蒸发强烈，因而气候干燥，基本属旱作农业区，由于各种自然要素相互交错，自然环境条件不够稳定，自古以来风沙、干旱、严寒、冰雹等自然灾害频发。

　　该地区又是全国重要的特色农林牧产品生产区。这里大部分被土质肥沃的黄土所覆盖，黄土层主要包含黄绵土、黑垆土等土类，易溶盐特征明显，土壤中的可溶盐和适宜的酸碱度为植被生长和农业发展提供了较好的物质基础。与此同时，这里太阳辐射较强，日照时间长，光照资源优势突出，太阳年辐射量为 90 ～ 154 kcal/cm^2，丰富的光能和充足的日照为该地区特色农业的发展和优质农林牧产品的生产提供了重要条件，是我国玉米、谷子、糜子、高粱、薯类最适生长区之一，粮食以杂粮杂豆为主，果树以红枣、苹果为主，畜牧业以羊为优势种[94]30。

　　然而，黄土丘陵沟壑区土质疏松，风力强劲，暴雨频发，新构造运动活跃，直接导致了该地区严重的水土流失特征。历史上该地区不断增加的人口为了生存而进行的粗放的农业垦殖活动，特别是广种薄收、乱垦滥伐的农业生产方式，对土地资源进行掠夺式索取，导致植被被破坏殆尽，土壤侵蚀严重，总体趋势是水土流失加剧，生态环境日益恶化。1999 年退耕还林生态安全工程实施至今，该区域通过退耕还林、宜林荒山荒地造林，切实改善了地区生态环境质量，并取得了良好的社会效益和经济效益。

2.1.2　地貌特征

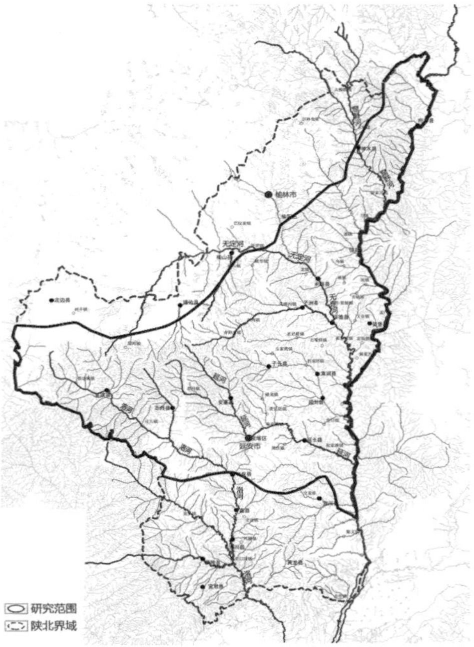

　　陕北黄土丘陵沟壑区的河流川谷和沟壑地貌具有明显的树枝状等级层次特征和枝状分形自相似特征。

1. 树枝状等级层次特征

　　该地区地势自西北向东南倾斜，流经该区域的黄河一、二、三级支流体系自下而上逐级汇流形成典型的树枝状水系结构，无定河、延河、洛河等黄河一级支流大型流域河谷形成骨架，清涧河、大理河、秀延河等黄河二级支流流域中型河谷以及小水溪等形成的小流域沟道形成枝干。从系统论的等级层次原理出发，黄土丘陵沟壑区可以看成是由相互作用的各级流域系统组成的有机整体（图 2-1）。

2. 枝状分形自相似特征

　　除了等级层次特征，该地貌区还具有明显的分形自相似特征，即地貌的组成部分以某种特定形式排列，并与整体形态相似[111]。陕北地区的水系由黄河大、中、小支流系统构成，这些大、中、小不同规模等级的河流奠定了不同等级河谷沟道的基本骨架，层次分明又彼此相似，分形特征显著。如以黄河一级支流为依托的河谷与其延伸出的二级沟道形成枝状形态，二级沟道与其延伸出的三级沟道同样呈现出相似的枝状形态，而三级沟道与其延伸出的更低级别的支毛沟亦显现出枝状形态[100]（图 2-2）。

图 2-1　陕北地区树枝状水系分布示意图
图片来源：作者在标准地图［审图号：GS（2019）3333 号］基础上绘制

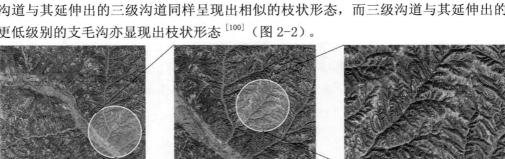

图 2-2　陕北黄土丘陵沟壑区的枝状分形自相似特征
图片来源：作者自绘

2.1.3　典型地貌类型

从不同等级河流（沟）宽度带来的坡度和土地利用差异出发，可以将本研究区划分为黄土丘陵山区、河谷川道区2个典型地貌类型。

1. 典型地貌类型划分

陕北黄土丘陵沟壑区内黄河一、二级支流与三级及以下支流（沟）较大的宽度差异，形成该地区河谷川道区与黄土丘陵山区两大典型地貌类型。其中，黄河一级支流（延河、秀延河、无定河、洛河）、二级支流（周河、西川河、大理河）等高等级河流流经区域为河谷川道区，而三级及以下支流切割与侵蚀所形成的沟壑体系为黄土丘陵山区。整体而言，黄土丘陵山区面积占研究区全域比例较大，是该地区地貌的构成主体（图2-3）。

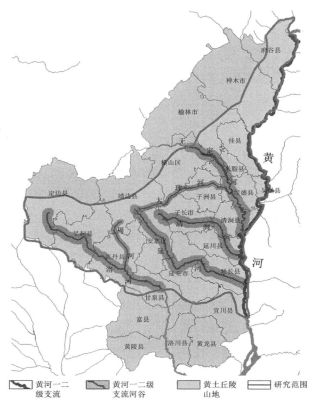

图 2-3　陕北黄土丘陵沟壑区典型地貌类型分区示意图
图片来源：作者在标准地图［审图号GS：(2019) 3333号］基础上绘制

借助卫星遥感影像，对河谷川道区内城镇村聚居区的河谷宽度进行测量和统计得出，宽度基本在300～2 000 m，少数区域可达近3 000 m（表2-1）；黄土丘陵山区河流（沟）宽度大多在100～300 m，最窄处仅几十米。总体而言，河谷川道区内河流阶地较为宽阔，便于开展人居建设；黄土丘陵山区河沟较为狭窄，人居建设极为受限（图2-4）。

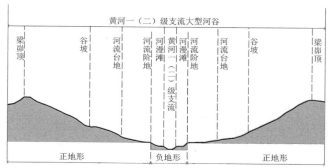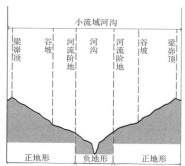

图 2-4　黄河一（二）级支流河谷与小流域河沟横剖图对比示意图

图片来源：作者自绘

表 2-1　河谷川道区城镇村聚居区域河谷宽度统计

县（市、区）	所在河流	河流等级	城区所在河谷宽度范围（m）	县（市、区）	所在河流	河流等级	城区所在河谷宽度范围（m）
延长	延河	一级	150～800	延川	清涧河	一级	100～850
安塞	延河	一级	80～1 100	清涧	清涧河	一级	120～760
绥德	无定河	一级	300～2 150	子长	清涧河	一级	400～1 000
米脂	无定河	一级	850～1 560	子洲	大理河	二级	260～850
吴起	洛河	一级	90～800	志丹	周河	二级	120～880
甘泉	洛河	一级	400～800	宜川	西川河	二级	90～870

资料来源：根据参考文献[149]整理

2. 典型地貌类型的可利用土地特征

2 个典型地貌区所对应河谷（沟）宽度与坡度的不同，带来土地利用潜力与潜在建设用地量的巨大差异，下文选取分别位于本研究区中部、西部、东部的子洲县、志丹县和佳县为例，根据 3 个县的最新谷歌卫星影像（空间分辨率为 30 m×30 m），借助 GIS 进行坡度分析，基于 3 个县域范围内的坡度分析结果总结两个地貌类型的可利用土地特征。

（1）黄土丘陵山区的可利用土地特征

陕北黄土丘陵山区属低山区，以沟壑密度大、地表破碎、陡坡地形面积较大为典型特征，海拔一般在 900～1 200 m，相对高程 100～300 m。根据分析结果，子洲县、志丹县、佳县 3 个县域内的坡度分区较为相似，总体来说坡度区分布较为零碎，坡度主要分布在 50% 以下，在 0～50% 范围内，坡度的累计百分比几乎呈直线上升趋势，5% 以内的平坦地区占比很小，且主要分布在高等级河谷川道内。坡度统计数据详见表 2-2～表 2-4。

表2-2 子洲县坡度分布概况

土地类型	坡度（%）	面积（km²）	百分比（%）
平地／平坡地	≤5	603.77	12.81
缓坡地	>5～10	241.46	5.12
中坡地	>10～15	612.86	13.00
陡坡地	>15～25	1 334.19	28.30
极陡坡地	>25～50	1 821.54	38.64
	>50	100.44	2.13
合计		4 714.26	100

资料来源：作者自绘

表2-3 志丹县坡度分布概况

土地类型	坡度（%）	面积（km²）	百分比（%）
平地／平坡地	≤5	207.36	2.58
缓坡地	>5～10	885.42	11.03
中坡地	>10～15	2001.37	24.95
陡坡地	>15～25	3 707.13	46.20
极陡坡地	>25～50	1 222.66	15.24
	>50	0.59	0.01
合计		8 024.53	100

资料来源：作者自绘

表2-4 佳县坡度分布概况

土地类型	坡度（%）	面积（km²）	百分比（%）
平地／平坡地	≤5	367.35	6.33
缓坡地	>5～10	321.67	5.54
中坡地	>10～15	1 704.82	29.41
陡坡地	>15～25	2 284.74	39.40
极陡坡地	>25～50	1 102.92	19.02
	>50	17.72	0.31
合计		5 799.22	100

资料来源：作者自绘

　　3个县域单元内的黄土沟壑山区占绝对主体，主要坡度集中在"＞10%～15%""＞15%～25%"和"＞25%～50%"，分别对应中、陡和极陡坡地，坡度为5%及以下的平地／平坡地极少。具体来说，子洲县坡度为"＞25%～50%"的极陡坡地区域占比最大，坡度为"＞15%～25%"的陡坡地区域占比次之，坡度为"＞10%～15%"的中坡地区域占比再次之。志丹县、佳县均是坡度为"＞15%～25%"的陡坡地区域占比最大，坡度为"＞10%～15%"的中坡地区域占比次之，坡度为"＞25%～50%"的极陡坡地区域占比再次之。这样的陡坡地貌极大地限制了该区域的土地利用潜力，其农地类型与分布、人居点规模和分布都呈现出极强的地域性。

根据土地资源学提出的地形坡度与城市建设的相互关系（表2-5），将25%的坡度作为可建设用地的临界值，坡度为25%以上的山地、坡地不宜作为建设用地，黄土沟壑区坡度为"＞10%～25%"的可建设用地主要零散平坦分布于小流域主沟台地或梁峁缓坡上。

表2-5　地形坡度与城市建设关系一览表

土地类型	坡度（%）	对土地利用的影响及对应措施
低平地	≤0.3	地势过于平坦，排水不良，须采取机械提升排水能力
平地	＞0.3～2	是城市建设的理想坡度，各项建筑、道路可自由布置
平坡地	＞2～5	铁路需要有坡降，工厂及大型公共建筑布置不受地形限制，但需要适当地平整土地
缓坡地	＞5～10	建筑群及主要道路应平行于等高线布置，次要道路不受坡度限制，无须设置人行堤道
中陡坡地	＞10～25	建筑群布置受一定限制，宜采取阶梯式布局。车道不宜垂直于等高线，一般要设人行堤道
极陡坡地	＞25～50	坡度过陡，除了园林绿化外，不宜作为建筑用地，道路需要与等高线锐角斜交布置，应设人行堤道

资料来源：参考文献[149]

与此同时，地貌限制下的黄土丘陵山区农地以"旱地梯田＋山坡地"为主要类型，与平原地区相比，农地空间分布较为零散。根据傅伯杰等关于黄土沟壑区土地利用空间分布格局的研究结论，该地貌区以山坡地、梯田为主要农地类型，坡耕地主要集中分布在坡度为8°～25°的区域；梯田主要集中分布于坡度为0°～15°的区域，坡度为15°～25°的区域也有部分分布；果园主要分布于坡度为3°以上的区域，各个坡度段均有较多分布；林地主要分布在坡度为8°以上的区域，且随着坡度的增大面积也不断增加（表2-6）。

表2-6　黄土丘陵山区主要地貌部位及坡度范围一览表

类型		坡度范围（°）
主要地貌部位	梁峁顶	＞6～15
	梁峁坡	＞15～25
	沟坡	＞35～45
	沟底	＞2～6
主要土地利用类型	坡耕地	＞8～25
	梯田	＞0～15
	果园	＞3～25
	林地	＞8

资料来源：作者自绘

（2）河谷川道区的可利用土地特征

3个县域单元内的河谷川道区占较小比例，子洲县主要包括大理河和淮宁河河谷区域，志丹县主要包括洛河和周河河谷区域，佳县主要包括佳芦河河谷区域。河谷区域以坡度为 0 ～ 10% 的平地和缓坡地为主，因河谷区域较为宽阔平坦，人居建设用地条件受限小，农地以"川坝地＋山坡地"为主要类型，川坝地利于灌溉且产量较高。

2.2 退耕还林后乡村聚居发展的变化与趋势

陕北是我国"两屏三带"生态安全战略格局中的重要组成部分，从国家生态安全战略需求出发，其生态主体功能是防治水土流失和维护生态安全[①]，退耕还林的推行是该地区国民经济发展之要务。自1999年退耕还林工程实施以来，延安、榆林两市林地面积大幅增加，1999—2017年，延安市退耕还林、造林育林共计109.91万 hm^2，榆林市退耕还林、造林育林共计101.44万 hm^2（表2-7～表2-9）。

表 2-7　陕北延安、榆林两市退耕还林、造林育林总量一览表　　单位：万 hm^2

地区	1999—2009 年	2010—2017 年	合计
延安市	59.29	50.62	109.91
榆林市	53.66	47.78	101.44
陕北地区	112.95	98.40	211.35

资料来源：延安市、榆林市政府网站

表 2-8　1999—2009 年延安市、榆林市退耕还林、育林造林面积统计表　　单位：万 hm^2

年份	延安市			榆林市		
	退耕还林	荒山荒地造林	封山育林	退耕还林	荒山荒地造林	封山育林
1999	9.29	1.70	—	2.45	2.39	—
2000	1.00	0.08	—	0.77	0.08	—
2001	1.27	1.78	—	0.47	0.67	—
2002	9.49	6.29	—	5.85	9.23	—
2003	6.67	6.67	—	6.47	9.31	—
2004	1.33	6.40	—	0.51	6.01	—
2005	3.77	0.40	0.20	2.00	1.30	0.75
2006	0.67	0.67	—	0.08	1.77	—
2007	—	0.53	—	—	2.71	—
2008	0.27	0.33	—	0.49	0.00	—

---

① 根据《陕西省主体功能区规划》相关章节整理。

年份	延安市			榆林市		
	退耕还林	荒山荒地造林	封山育林	退耕还林	荒山荒地造林	封山育林
2009	0.27	0.21	—	0.28	0.07	—
合计	34.03	25.06	0.20	19.37	33.54	0.75
总计	59.29			53.66		

资料来源：陕西省发改委下达的各年度计划文件

表 2-9 2010—2017 年延安市、榆林市造林面积统计表   单位：万 hm²

市域	2010 年	2011 年	2012 年	2013 年	2014 年	2015 年	2016 年	2017 年	总计
延安市	5.73	5.49	5.15	7.77	8.25	8.47	5.77	3.99	50.62
榆林市	6.89	6.93	7.77	4.77	6.72	5.17	4.89	4.64	47.78

资料来源：延安市、榆林市统计年鉴

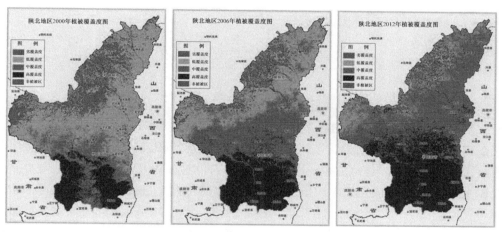

图 2-5 2000、2006、2012 年陕北地区植被覆盖度变化示意图

图片来源：地理国情监测云平台

林草地面积的明显增长带来陕北地区自然生态环境的显著改善，国家测绘地理信息局 2000—2012 年针对陕北地区植被覆盖的卫星影像监测数据显示，该地区植被覆盖度由 31% 提升至 53%（图 2-5、图 2-6），中、高覆盖度植被面积所占比例明显增加，由 33% 提升至 83%，耕地、荒漠与裸露地面积呈减少趋势，园林地、草地面积持续增加[112]。与此同时，植被覆盖度的快速增长还实现了抑制地区水土流失、改善气候条件、促进生物多样性恢复与保护等多项生态效益。2009 年延安市主要河流年平均含沙量下降了 8 个百分点，年径流量增加了 1 000 万 m³，水土流失综合治理程度达到 45.5%，比 10 年前提高了 25 个百分点[56] [113]22。

退耕还林生态安全工程不仅切实改善了陕北地区的生态环境质量，还改变了该地区的农用地利用结构与农业产业结构，加速了农村剩余劳动力的释放，推进了该地区的传统粮食种植业向现代农林牧业的转型。

银州镇高西沟村　　　　　　　　　　　印斗镇对岔村

图 2-6　退耕还林后米脂县林草覆盖情况实景
图片来源：作者自摄

2.2.1　土地利用结构变化

退耕还林工程的实施对区域土地利用结构与格局形成了显著的影响，主要表现在耕地、林地、草地面积及比例的变化上。1997—2009 年，陕北黄土高原耕地面积及比例不断减少，林地面积及比例持续上升，草地面积及比例先增加后减少。陕北黄土高原 1997 年农用地中耕地、林地、草地面积占全区土地总面积的比例分别为 30.03%、19.82%、42.04%；2006 年农用地中耕地、林地、草地面积占全区土地总面积的比例分别为 24.27%、20.55%、48.67%[114]；2009 年农用地中耕地、林地、草地面积占全区土地总面积的比例分别为 21.80%、42.69%、24.74%（表 2-10、图 2-7）。①

表 2-10　1997、2006、2009 年陕北黄土高原耕地、林地、草地面积及比例一览表

土地利用类型	1997 年		2006 年		2009 年	
	面积（km²）	比例（%）	面积（km²）	比例（%）	面积（km²）	比例（%）
耕地	23 983.5	30.03	19 380.5	24.27	17 756.8	21.80
林地	15 828.1	19.82	16 416.0	20.55	34 767.4	42.69
草地	33 574.0	42.04	38 868.0	48.67	20 152.2	24.74

资料来源：1997、2006 年数据来源于参考文献 [114]，2009 年数据根据陕西省自然资源厅 2009 年分县标准时间土地利用现状分类面积整理

① 根据陕西省自然资源厅 2009 年分县标准时点土地利用现状分类面积整理。

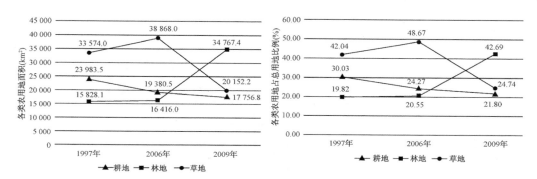

图 2-7　1997、2006、2009 年陕北黄土高原耕地、林地、草地面积及占比变化趋势图

图片来源：作者自绘

2.2.2　农业产业结构变化

国家生态安全格局下陕北地区退耕还林工程具有可持续性，地区土地利用结构还将持续优化，这也势必会带来农业产业结构的逐步调整。退耕还林前，陕北地区农业生产以粮食种植业、畜牧业为主，林业生产不成规模。退耕还林工程实施后，耕地面积锐减，生态林地面积大增，在经济收益的驱动下，退耕农户改变了传统单一的粮食种植产业结构，不仅结合经济林的建设积极发展特色林果产业，通过人工种草发展规模化畜牧产业，还将有限的耕地流转为园地进行林果种植，同时增加大棚蔬菜等经济作物的种植面积，积极发展多种特色农业，使退耕还林区逐步由以传统粮食种植为主的农业种植结构向粮食、林果、蔬菜有机结合的复合农业产业结构转变（表 2-11）。

退耕还林工程实施之初，陕北榆林、延安两市农业以种植业、畜牧业尤以粮食种植为主导。2004 年，榆林市种植业、畜牧业产值分别占农业总产值的 53.15% 和41.64%，延安市种植业、畜牧业产值分别占农业总产值的 69.97% 和 18.75%，榆林、延安两市粮食作物产量占种植业总产量的比例分别为 83.43% 和 66.03%。

表 2-11　2003—2017 年榆林市、延安市农林牧渔业产值统计

市域	年份	种植业		畜牧业		林业		渔业		农林牧渔服务业		总产值（亿元）
		产值（亿元）	比例（%）	产值（亿元）	比例（%）	产值（亿元）	比例（%）	产值（亿元）	比例（%）	产值（亿元）	比例（%）	
榆林市	2003	—	—	—	—	—	—	0	1	—	—	34
	2005	24	49	22	45	—	—	0	0	—	—	49
	2007	42	51	33	40	2	2	0	0	5	6	82
	2009	66	55	46	38	2	2	0	1	5	4	119
	2011	93	50	82	44	4	2	1	0	7	4	187
	2013	125	54	92	40	6	3	1	0	8	3	232
	2015	129	51	102	41	9	4	2	1	9	4	251
	2017	162	55	105	36	12	4	2	1	11	4	292
延安市	2003	26	70	8	20	3	9	0	0	0	0	37
	2005	43	75	9	15	2	4	0	0	3	5	57
	2007	54	76	11	16	2	3	0	0	4	5	71
	2009	73	76	17	17	3	3	0	0	3	3	96
	2011	118	78	26	17	4	3	0	0	3	2	151
	2013	146	78	30	16	7	4	0	0	4	2	187
	2015	154	78	30	15	8	4	1	0	5	3	198
	2017	170	79	31	14	8	4	1	0	6	3	216

资料来源：榆林市、延安市统计年鉴

　　退耕还林工程实施至今，由于封山禁牧政策的实施，陕北榆林、延安两市畜牧业产值比例均有所下降，农业中种植业的主导地位更为明显，种植业内部林果、蔬菜种植面积与产量所占比例明显提升。2005—2017 年，榆林、延安两市农林牧渔业总产值中种植业产值所占比例分别提升约 6 个百分点和 4 个百分点，种植业产值比例提升主要源于种植业内水果、大棚蔬菜种植面积与产量大幅增长。榆林市种植业总产值中，水果、蔬菜产量所占比例分别由 2005 年的 9% 和 22% 上升至 2017 年的 30% 和 25%，粮食作物产量所占比例由 69% 下降至 45%；2005—2013 年延安市水果、蔬菜产量所占比例分别由 45% 和 22% 上升至 58% 和 24%，粮食作物产量所占比例由 33% 下降至 17%（表 2-12）。

表 2-12　2001—2017 年榆林市、延安市主要作物产量及所占比例统计表

榆林市							延安市							
年份	粮食		水果		蔬菜		总产量	年份	粮食		水果		蔬菜		总产量（万t）
	产量（万t）	比例（%）	产量（万t）	比例（%）	产量（万t）	比例（%）			产量（万t）	比例（%）	产量（万t）	比例（%）	产量（万t）	比例（%）	
2001	—							2001	57	47	50	42	14	12	121
2003	—							2003	57	40	60	42	27	19	144
2005	106	69	14	9	34	22	154	2005	74	33	101	45	50	22	225
2007	133	68	19	10	43	22	195	2007	76	28	143	52	55	20	275
2009	153	58	63	24	47	18	263	2009	77	22	207	58	71	20	355
2011	142	—			56			2011	68	16	257	61	93	22	418
2013	155	54	62	21	71	25	287	2013	74	17	254	58	106	24	434
2014	158	55	61	21	71	24	289	2014	79	—			113		—
2015	143	—			80			2015	72	—			121		
2017	166	45	111	30	93	25	370	2017	77	—			138		

资料来源：榆林市、延安市统计年鉴

2.2.3　农业劳动力就业与农业收入结构变化

退耕还林前，陕北乡村长期依赖于粮食种植，农业产业结构单一，大规模的粮食生产将农业劳动力固定于农业生产中，农村外出务工人员相对较少。退耕还林后，耕地总面积与人均耕地面积大幅下降，林草地的面积大幅增加，而在单位面积上进行植树种草所耗工时不足粮食种植所耗工时的 1/7，土地对农户的约束力大幅下降，农户脱离土地寻找新收入来源的机会大增，再加上退耕还林补贴为农户基本生活提供了保障，进一步促进了农村剩余劳动力的释放与转移，如安塞县的农业劳动力比重由 1998 年的 85.83% 减少到 2009 年的 64.45%。

耕地对农民的限制力持续减弱，农民从事经济活动的时空范围扩大了，外出务工、种植大棚蔬菜和瓜果等经济作物的农户比例越来越大，农民从业方式渐趋多元化，农业产业结构与农户收入结构都产生了较大改变，人均耕地面积虽大幅度减少，但乡村居民收入却保持着稳步的增长。如延安市乡村居民人均收入由 2000 年的 1 444 元提升为 2017 年的 11 525 元，年均增长率约 41%，榆林市乡村居民人均收入由 2000 年的 1 062 元提升为 2017 年的 11 534 元，年均增长率约 58%（图 2-8）。

农户调查显示，退耕后剩余劳动力外出务工、从事经济林果菜种植、畜牧养殖与农产品加工等是农户增收的主要原因。退耕前农户以粮食种植业和畜牧业为家庭

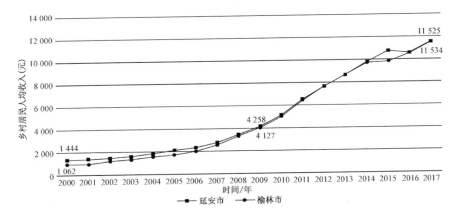

图 2-8 2000—2017 年延安、榆林两市乡村居民人均收入增长趋势图
资料来源：延安、榆林两市统计年鉴

主要收入来源，退耕后打工收入成为农户家庭收入的主要来源，农业生产收入中林果菜等特色种植业收入所占比例与贡献率大幅上升，粮食种植业所占比例与贡献率却大幅下降。根据杜英在安塞县北部、中部和南部进行的农户调查数据，退耕前粮食种植业为家庭生产收入的主要来源，占比高达 31.59%，退耕后所占比例降至 9.58%，在变化收入中的贡献率为 − 36.04%；退耕后林果菜等特色种植业成为家庭农业生产收入的主要来源，占比由 8.9% 提升至 11.67%，在变化收入中的贡献率为 17.43%，成为农业生产中贡献率最高的产业[115]（表 2-13），其次为副业。由此，退耕还林后农林牧综合生产趋势已较为明显，林果菜等特色农产品成为农业生产经营增收的关键。

表 2-13 安塞县退耕农户退耕前后各项收入变化情况

类型		粮食种植业	林果菜等特色种植业	牧业	副业	打工	退耕补助	合计
退耕前	人均收入（元）	387	109	243	127	359	0	1 225
	所占比例（%）	31.59	8.90	19.84	10.37	29.31	0	100
退耕后	人均收入（元）	174	212	189	186	870	185	1 816
	所占比例（%）	9.58	11.67	10.41	10.24	47.91	10.19	100
退耕前后收入变化（元）		− 213	103	− 54	59	511	185	591
在变化收入中的贡献率（%）		− 36.04	17.43	− 9.14	9.98	86.46	31.30	—

资料来源：参考文献[115]

2.2.4　现代农林牧业综合发展趋势

陕北黄土丘陵沟壑区是我国重要的特色农林牧产品生产区，该地区虽沟壑纵横、耕地分布零散，但仍拥有相当规模的非集中高标准基本农田，结合当地独特的光、热、土壤条件，可继续保证特色农林牧产品的供给。

根据《陕西省"十三五"土地资源保护与开发利用规划》，本研究区高标准基本农田约 66 万亩，其土地面积占陕西省土地总面积的 21.7%，基本农田总量约占陕西省农田总量的 6.4%，不具备陕西省粮食主产区发展条件（图2-9）。然而，这里光、热资源丰富，雨热同季，黄土覆盖层厚，适宜杂粮杂豆、林果、白绒山羊等特色农林牧业发展，是我国谷子、糜子、玉米、高粱、苹果、红枣、黄芪等作物的最适生长区之一。

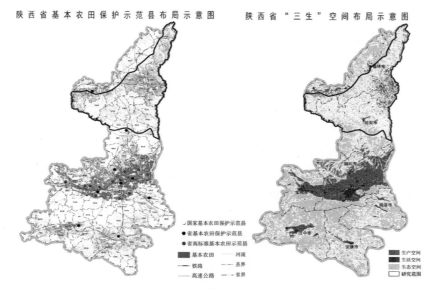

图 2-9　陕西省"十三五"基本农田示范县与"三生"空间布局示意图
图片来源：《陕西省"十三五"土地资源保护与开发利用规划》

目前，本研究区已形成名山地林果和养殖等特色农业产业带，所辖县（市、区）共拥有 14 个国家地理标志保护产品（表2-14），"延安苹果""延川红枣""子长洋芋""子洲黄芪""横山羊肉""定边红花荞麦""府谷黄米""米脂小米""横山大明绿豆""靖边苦荞"已成为全国具有影响力的地理标志商标品牌，优质品牌的农产品价格均高于市场价，在国内及国际市场具有较强的竞争力。其中，延安市以山地苹果产业为龙头，杂粮、枣、羊等特色产业同步发展；榆林是陕西省杂粮主产区之一，主要培育和发展羊、枣、薯、小杂粮、果、黄芪六大特色产业，预计 2020 年将建成 200 万亩小杂粮基地、200 万亩红枣产业带、350 万亩山地苹果产业带和 800 万只肉羊产业带[1]。

表 2-14 陕北黄土丘陵沟壑区各县（市、区）特色农产品统计表

县（市、区）	名优特色农产品	县（市、区）	名优特色农产品
横山区	横山羊肉、大明绿豆已被列为国家地理标志保护产品	佳县	被誉为"全国绿色、有机双认证红枣生产基地"，佳县红枣已被列为国家地理标志保护产品
定边县	全国四大荞麦产区之一，定边马铃薯、荞麦、羊肉已被列为国家地理标志保护产品	子洲县	子洲黄芪、黄豆已被列为国家地理标志保护产品，子洲黄芪成为"陕西十大秦药"之首，是国家六大中药材基地中完全符合出口标准的产品
府谷县	府谷县被认证为"中国黄米之乡"	安塞区	安塞小米已被列为国家地理标志保护产品
靖边县	靖边荞麦、小米、马铃薯已被列为国家地理标志保护产品	子长市	被誉为全国首个"中国洋芋之乡"
米脂县	被誉为"中国绿色生态小米之乡"，米脂小米已被列为国家地理标志保护产品	甘泉县	甘泉红小豆已被列为国家地理标志保护产品

资料来源：作者自绘

随着退耕还林带来的农业产业结构的调整，陕北乡村正在由传统的以粮食（玉米、马铃薯等）生产为主，突出经济效益的结构，向以特色农产品（小米、黄花菜、黄豆等）、经济林果种植（苹果、红枣等）和草畜业（牧草、山羊等）为主导的现代农林牧有机结合、强调生态经济效益并重的结构转变。从国家生态安全战略需求出发，立足于地区特色农业资源禀赋，陕北现代乡村主导功能只能以生态安全、水土流失防治为前提[2]，利用与现代农林牧业生产和经营方式相适应的高标准基本农田，继续发挥特色农林牧产品供给与旅游休闲功能，积极发展现代农林牧业及乡村旅游业。

以研究区中部的典型农业县——米脂为例，米脂县中部为无定河所在的河谷川道区，东西两侧为黄土丘陵山区，川道区谷宽地平，基本农田比例大，是粮食高产区。根据该县最新版土地利用总体规划，1996 年末全县耕地面积为 56 314 hm²，1996—2005 年，全县累计生态退耕面积 17 435 hm²，2006—2010 年退耕面积为 2 413 hm²。截至 2005 年，全县耕地面积共减少 9 804.12 hm²，总量为 46 509.88 hm²，占农用地总面积的 42.42%；园地 14 440.04 hm²，占农用地总面积的 13.17%；林地 12 844.07 hm²，占农用地总面积的 11.72%；牧草地 30 802.56 hm²，占农用地总面积

---

① 根据《陕西省"十三五"现代农业发展规划（2016—2020年）》《陕西省现代果业发展规划（2015—2020年）》相关内容整理。

② 根据《陕西省"十三五"土地资源保护与开发利用规划》，陕北地区"十三五""三生"空间调控目标为：生产空间占比为 24.93%，生活空间占比为2.18%，生态空间占比为72.89%。

的 28.10%；其他农用地 5 033.83 hm²，占农用地总面积的 4.59%。

退耕还林前，米脂县农业以玉米、马铃薯、谷子、糜子、黄豆等粮食作物为主，退耕还林后，在县城周边的无定河川道扩大蔬菜、杂粮等特色农产品种植，黄土沟壑区扩大红枣、葡萄、苹果、酥梨、长扁核桃、山杏等特色果木种植以及畜牧养殖。2006—2015 年，该县顺应退耕还林带来的农业资源结构的改变，积极扩大蔬菜、水果、小杂粮的种植，取得了较好的经济效益，其中蔬菜、水果、杂粮的产量分别提高了 71.27%、449.72%、88.33%，产值分别提升了 5.82 倍、17.76 倍、1.11 倍（表 2-15），在农业产业结构调整的同时促进了经济、社会、环境三大效益的平衡。

表 2-15　2006、2015 年米脂县蔬菜、水果、杂粮产量和产值对比一览表

年份	蔬菜		水果		杂粮	
	产量（t）	产值（万元）	产量（t）	产值（万元）	产量（t）	产值（万元）
2006	9 165	677	6 992	953	104 355	1 706
2015	15 697	4 620	38 436	17 875	196 533	3 606

资料来源：米脂县统计年鉴

陕北乡村振兴仍依赖于这些农林牧业资源，以及少量高素质农民的回流和实质性驻留。乡村规划的关键就是预测驻留农民的规模，并确定这些农民在哪里集聚并安居乐业。这些问题能否解决主要取决于地区现代农林牧业资源的规模、分布以及农业生产方式。

图 2-10　米脂县及杜家石沟镇基本农田及村庄现状分布图

图片来源：作者自绘

　　以米脂县为例，根据该县最新版土地利用规划，2005 年全县基本农田为 37 430.55 hm², 占耕地面积的 80.4%，占农用地面积的 34.14%。这些基本农田散布于整个县域，主要分布于河谷川道及支流沟谷区、适宜耕种的梁峁涧地区、淤地坝形成的平坦耕种区和小流域综合治理示范区，以龙镇镇、沙家店镇、杜家石沟镇、印斗镇、郭兴庄镇布局最为集中。根据农业资源分布，该县域内耕地质量好，基本农田分布集中的乡镇未来支撑的农业人口也较多。在某一镇域内同样如此，如米脂县杜家石沟镇，该镇域内基本农田主要分布于镇域的中南部、西部，东北部较少，未来镇域内的乡村人口自然集中分布于中南部和西部，东北部人口自然较少（图 2-10）。

2.2.5　小型机械化主导下的农机化生产趋势

　　陕北地区农业现代化趋势明显，小型拖拉机、收割机、农用运输车、农业水泵等现代农机设备，化肥、农药、机械等现代工业生产资料的使用已很常见；秸秆还田、化肥深施、地膜覆盖等土壤改良技术，雨水集流水窖建设及现代灌溉技术逐步推广；种粮大户、家庭农场、农民合作社、农业公司等新型经营主体也不断涌现。

　　农业机械化是农业现代化的重要标志，但破碎起伏的地貌极大地限制了该地区的农业机械化发展。根据陕西省农业机械管理局对于省内农业全程机械化程度的初步调研结论 [1]，和 2001—2010 年的农机化作业水平统计数据，以及王志刚等关于陕西省农业机械化作业水平的灰色关联分析 [2]，由于陕北农地面积偏小且分散，同时伴有坡度，该地区大中型机械设备的推广应用和作用效果受到较大限制，小型拖拉机等机械设备的保有量和总动力、配套农具的保有量与农机化综合作业水平的关联度，相较于大中型机械设备而言较高 [116]。故陕北地区整体机械化水平比关中地区低（表 2-16、表 2-17），且较适宜于以小型机械化为主导的农机化生产方式，下文以米脂县为例对两个典型地貌区内的农机化生产特征进行解析。

---

①　陕北丘陵沟壑区适宜使用小型机械化技术，机械化技术示范推广时间短，机械化水平低。其中，玉米全程机械化技术基本成熟，但玉米机收、田间管理（追肥、植保）等机械化程度较低；苹果、梨机械作业技术主要应用于耕作、除草、开沟、施肥、植保、选果、保鲜贮藏等环节；蔬菜种植机械化难度较大，整体机械化水平较低，露地菜机械作业主要应用于耕整地、育苗移栽、植保环节，设施蔬菜培育中的设施主要用于耕整地、育苗、灌溉、补光、气肥增施、卷帘等环节。
②　选取典型农业机械装备中的大中型拖拉机保有量、总动力、单位功率，小型拖拉机保有量、总动力、单位功率，大中型拖拉机配套农具保有量，小型拖拉机配套农具保有量，农用柴油机保有量、总动力、单位功率，农用电动机保有量、总动力、单位功率，联合收割机保有量、总动力、单位功率共 17 项指标，来计算陕西省农业机械装备与农机化综合作业水平的关联度。

表 2-16　2015 年陕西省陕北、关中两大区域农机化综合水平对比　　单位：%

地区	关中	陕北
2015 年农机化综合水平	80	58

数据来源：《陕西省"十三五"农业机械化发展规划（2016—2020年）》

表 2-17　2012—2015 年延安、榆林两市农业机械总动力情况一览表　　单位：亿瓦特

市域	2012 年	2013 年	2014 年	2015 年
延安市	181.34	196.08	215.05	223.6
榆林市	288.51	311.64	350.81	364.87

注：榆林市辖区内黄土丘陵沟壑区①以北的农牧交错区①地形平坦，适于使用大中型农机设备，故榆林市农业机械动力总量明显高于延安市。

资料来源：陕西省农业厅

表 2-18　2012—2016 年延安、榆林两市农业机械化详情一览表

市域	年份	大中型拖拉机（台）	小型拖拉机（台）	大中型拖拉机配套农具（部）	小型拖拉机配套农具（部）
延安市	2016	7 037	49 194	10 294	10 294
	2015	6 475	47 912	9 716	58 058
	2014	5 892	44 907	8 350	54 546
	2013	5 042	40 426	7 206	51 013
	2012	4 426	36 736	6 668	47 438
榆林市	2016	25 620	19 737	21 164	21 164
	2015	22 348	19 992	18 901	25 469
	2014	19 048	20 363	14 909	24 865
	2013	13 659	22 552	9 436	26 750
	2012	12 809	21 394	8 348	24 347

注：榆林市北部的农牧交错区地形平坦，适于使用大中型农机设备，故榆林市大中型机械及配套农具的保有量明显高于延安市。

资料来源：陕西省农业厅

第一，黄土丘陵山区以"梯田＋山坡地"为主要土地类型，主要利用小流域主沟道淤地坝形成的坝地和标准化宽幅梯田开展现代化农业生产（图 2-11），而对于不具备小型机械化、适度规模化、水利化等现代农业发展条件的大量零碎坡耕地应逐渐实施退耕还林还草。

根据前文2.1.3节的研究结论，丘陵山区以大于15%的坡度为主，适宜发展"果—

① 榆林市农牧交错带位于陕西省北部毛乌素沙地与黄土丘陵沟壑区的过渡地带，具体包括榆阳、神木、府谷、横山、靖边、定边、佳县7个县（市、区）。

农、草—牧"型农业①，以农特产品（小米、黄芪）、林果业（苹果、红枣）和草畜业（牧草、羊）为主导产业。如米脂县印斗镇马家铺村、惠家沟村和对岔村等5个行政村，利用梯田建成省级现代农业示范园区 14 956 亩②，突出红葱以及小杂粮和特色果品种植。目前园区内小型拖拉机、收割机、农用运输车、农业水泵等现代农机设备的使用已不鲜见，以粮食、小杂粮为代表的农作物综合农机化水平可达到50%，农机化水平提升潜力较大。但在苹果、梨、桃等特色果品种植中，仅在土地耕整、灌溉环节实现了部分机械化，修剪、授粉、疏果、套袋、采摘等环节只能以人工作业为主，较难实现机械化。与此同时，羊等特色畜牧业以家庭养殖为主，现状机械化程度较低，未来可在饲草种植收获、加工储藏环节提升机械化水平，但动物喂养、畜产品采集加工等环节机械化难度较大。

米脂印斗现代农业园区（陕西省级）宽幅梯田

米脂高西沟淤地坝与水平梯田

图 2-11　米脂县小流域主沟道淤地坝与梯田实景

图片来源：作者自摄及凤凰网资讯

　　第二，河谷川道区以"川地＋山坡地"为主要土地类型，主要利用相对平坦且沿河谷带状分布的川坝地开展现代农业生产（图 2-12）。根据前文 2.1.3 节的研究

① 根据农业对自然物候的依赖性，陕北黄土丘陵沟壑区农业的类聚化趋势明显，其中，以大河、川沿岸为主的区域，重点发展优质马铃薯、荞麦以及外向型无公害蔬菜产业和油料作物产业，为特色种植业区；坡度为15%以下的缓坡区，重点发展小杂粮、杂果和以黄芪为主的中药材产业，为旱作农业区；坡度为15%以上的陡坡区，重点发展红枣、蚕桑以及小杂果产业，为特色林果区；无定河沿岸的缓坡地和沙灌地，水肥条件较好，牧草生产效益优于粮食生产，为牧草种植和畜牧区。

② 目前建成标准塑料大棚26座，标准热镀锌钢架日光温室6座，其中阴阳棚2座，标准化种猪场8栋3 000 ㎡，酱醋加工厂1处，实施了1 000亩小杂粮、1 000亩特色果品、1 000亩山地红葱和水土保持生态林等标准化生产示范区和农业高新技术试验研究园建设，成功引进4家专业合作社入驻园区。

结论，该地貌区以 0 ～ 10% 的坡度为主，适宜发展"农—副"型农业，以玉米等杂粮和高效设施农业（蔬菜、瓜果或养殖）为主导产业，同步发展农产品加工、销售。如米脂县银州镇部分村落（井家沟村、杨家砭村、孙家沟村、班家沟村等），主要依托无定河川地建设了 1 000 亩农业示范基地，突出大棚蔬菜、瓜果和杂粮等特色农产品种植，并形成一批农产品加工企业。这里推广小型机械化的基础条件较好，玉米等粮食作物的农机化水平较高，但川地内的设施蔬果和设施养殖业，因棚室空间体量限制，农机化水平提升较慢，采摘等环节实现农机化的难度较大，尚需要人工完成。

图 2-12　米脂县城周边无定河河谷川坝地春季航拍实景

图片来源：西安建大城市规划设计研究院

2.3　村庄分布及其演变的整体特征

2.3.1　村庄分布的基本特征

1. 规模小、分布散

　　由于千沟万壑的地形和较差的自然地理条件，陕北可耕土地的数量和质量决定了其传统农业生产无法承载过高的人口密度，乡村聚落呈现明显的小而散的分布特点，聚落规模及密度均明显低于东中部地区及条件较好的平原地区（表 2-19）。

表 2-19　关中平原区与陕北黄土高原区乡村聚落分布状况对比

地区	自然村密度（个/km²）	自然村平均人口规模（人/个）	自然村的主要分布形态
关中平原区	0.80	300 ～ 400	团聚状
陕北黄土高原区	0.20	100 ～ 200	集中与散居并存，以小型团聚状为主

资料来源：参考文献[82]

2. 向路、向水分布

特殊地形限制下，陕北传统村落一般考虑趋向水源、向阳、向路选址，首选地表水及地下水都比较丰富的河川道，或各级主沟、支沟、河流交汇处，沟谷连接处及支沟源头处[117]。由于研究区域较大但村庄数量多且规模小，在研究全域内无法直观展示村庄分布特性，本书以子洲县、志丹县为例进行分析。对高德地图内的村庄POI①数据、道路数据进行提取，并结合实际调研进行校对，借助GIS技术进行村庄分布可视化输出，可看出两个县域内村庄明显的向路、向水分布特征（图2-13）。

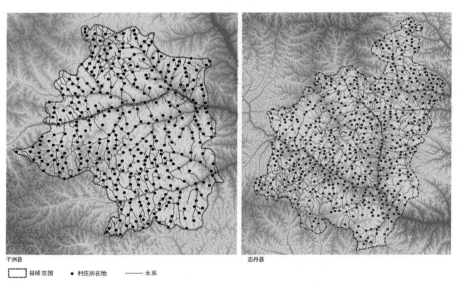

子洲县　　　　　　　　志丹县
□ 县域范围　● 村庄所在地　—— 水系

图2-13　子洲县、志丹县村庄分布图
图片来源：作者自绘

3. 不同地貌类型的村庄分布差异

河谷川道区和黄土丘陵山区因可利用土地类型和规模不同，使得各自区域内的村庄分布密度与规模有着明显差异。

在村庄分布密度方面，河谷川道区明显高于黄土丘陵山区。以子洲、志丹两县为例，结合高德地图内的村庄POI数据进行提取，并分别计算两个县域内不同地貌

---

① POI是"Point of Interest"的缩写，可翻译为"兴趣点"，在地理信息系统（GIS）中，POI数据是真实地理实体的点状空间大数据。POI是有分类的，它可以是房子、商铺或设施等，该数据覆盖范围广、更新快、分类详细且实效性强，目前已在城市人口密度、城市空间结构、城市用地混合度研究中得到应用。

类型的村庄分布密度。其中，子洲县内河谷川道区村庄平均密度为 0.44 个 /km²，黄土丘陵山区村庄平均密度为 0.19 个 /km²；志丹县内河谷川道区村庄平均密度为 0.29 个 /km²，黄土丘陵山区村庄平均密度为 0.14 个 /km²（表 2-20）。

表 2-20　子洲、志丹两县不同典型地貌类型村庄分布密度对比

区域		面积（km²）	村庄数量（个）	村庄分布密度（个 /km²）
子洲县	河谷川道区	61.35	27	0.44
	黄土丘陵山区	1 870.35	358	0.19
志丹县	河谷川道区	317.73	92	0.29
	黄土丘陵山区	3 493.10	501	0.14

资料来源：作者自绘

在村庄规模方面，河谷川道区因地势平缓、交通及用水便利，村庄规模也远大于建设用地零碎的黄土丘陵山区。以米脂县为例，县域内无定河沿线的乡镇（如银州镇、十里铺镇），自然村中人口规模在 200 人以下的较少，规模较大的可达 1 000 人以上；而位于丘陵山区的乡镇（如印斗镇、桃镇、杜家石沟镇），自然村人口规模基本在 200 人以下，即使是行政村，人口规模也基本在 800 人以下（表 2-21）。

表 2-21　米脂县不同地貌类型乡镇的行政村人口规模占比统计表　　　　　单位：%

地形地貌	镇名	500 人以下	501～800 人	801～1 500 人	1 500 人以上
河谷川道区	银州镇	0	22.5	52.5	25.0
	十里铺镇	0	27.2	54.5	18.3
黄土丘陵山区	杜家石沟镇	31.0	47.6	21.4	0
	印斗镇	33.3	51.5	15.2	0
	桃镇	30.0	55.0	15.0	0

资料来源：根据2011年米脂县统计年鉴及相关调研数据整理

2.3.2　村庄分布的低密度化

随着城镇化推进背景下乡村常住人口的减少，以及迁村并点与移民搬迁政策的逐步实施，陕北黄土丘陵沟壑区村庄分布密度呈下降趋势。针对该地区 2005、2010、2015 年陕西省 POI 村庄数据进行提取，借助 GIS 技术的核密度估计（kernel density estimation，KDE）方法对该地区村庄分布密度进行量化分析，可以看出该地区村庄分布的低密度化趋势。

利用核密度估计（KDE）方法，分别生成陕北黄土丘陵沟壑区村庄 2005、2010、2015 年的密度分布图（图 2-14），统计该地区村庄的 POI 数据点数量，可以得到以下结论：第一，2005、2010、2015 年该地区村庄的 POI 数据点总量从 28 805 个减少

到 22 766 个；第二，2005、2010、2015 年该地区村庄空间分布密度逐步降低，2005 年分布密度为 0.60 个/km²，2010 年分布密度为 0.47 个/km²，2015 年分布密度为 0.48 个/km²；第三，2005—2010 年的村庄数量与分布密度变化较为明显，2010—2015 年的村庄数量与分布密度相对稳定（表 2-22）。

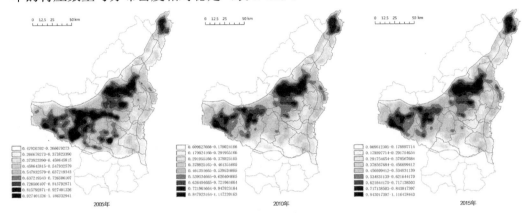

图 2-14 2005、2010、2015 年陕北黄土丘陵沟壑区村庄密度分布示意图
图片来源：作者自绘

表 2-22 2005、2010、2015 年陕北黄土丘陵沟壑区村庄数量与分布密度对比一览表

年份	2005 年	2010 年	2015 年
村庄总量（个）	28 805	22 752	22 766
村庄分布密度（个/km²）	0.60	0.47	0.48

资料来源：作者自绘

2.3.3 村庄分布的集聚化

在乡村人口大量外流、村庄空间逐渐收缩的背景下，为了追求更好的生产生活条件，村庄空间分布趋向于集聚化。本书仍借助 GIS 技术，利用 2005、2015 年的陕西省 POI 村庄数据进行对比分析。

1. 村庄分布趋向集聚

采用宏观分布的邻近指数分析方法，通过测度邻近指数值（R）来判断陕北黄土丘陵沟壑区村庄的聚集或随机分布特征。计算公式为：

$$R=r_i/r_E$$

其中：r_i 为最邻近点距离的平均值；

r_E 为随机分布点的最邻近点之间的平均距离。

$R<1$ 时，乡村聚落分布格局趋向于聚集分布模式；$R>1$ 时，乡村聚落分布格局趋向于随机分布模式[82]。

借助 GIS 空间分析技术，计算得出 2005、2010、2015 年陕北地区村庄邻近指数值分别为 0.72,0.69,0.69（表 2-23、图 2-15），表明该地区村庄分布呈集聚化趋势。

表 2-23　2005、2010、2015 年陕北黄土丘陵沟壑区村庄邻近指数值一览表

年份	2005 年	2010 年	2015 年
最邻近点距离的平均值（r_i）（m）	737.37	801.127	800.34
随机分布点的最邻近点距离的平均值（r_E）（m）	1 025.28	1 153.63	1 153.27
邻近指数值（R）	0.72	0.69	0.69

资料来源: 作者自绘

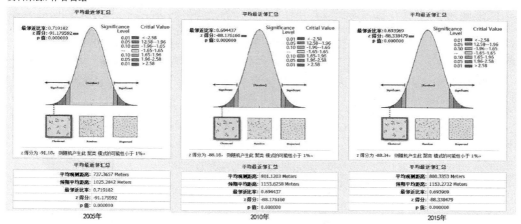

图 2-15　2005、2010、2015 年陕北黄土丘陵沟壑区村庄最邻近距离要素汇总图

图片来源: 作者自绘

2. 村庄空间集聚趋近于路网高密度区

为呈现空间演变特征，本书选择 2005、2015 年的相关数据进行对比。根据 2005、2015 年陕北黄土丘陵沟壑区村庄空间分布图，参考相关研究[118]59-61，选择该区域内的国道、省道、县道、乡镇道路等等级以上道路对缓冲区进行分析。考虑道路等级差异带来的交通可达性差异，将国道与省道划分为高等级道路，将县道、乡镇道路划分为低等级道路，高等级道路选取"<1 000 m""1 000~<2 000 m""2 000~<3 000 m"和"≥3 000 m"四个缓冲距离取值，低等级道路选取"<500 m""500~<1 000 m""1 000~<2 000 m"和"≥2 000 m"四个缓冲距离取值，通过 GIS 计算结果量化分析该地区村庄分布演变与道路网系统之间的关系。

　　总体来说，该地区村庄在空间分布上呈现出较强的道路指向性，随着与道路距离的增加，村庄分布密度不断减小，村庄数量不断增多。村庄数量增多主要源于地形的制约，一般来说，距离河流、道路或城镇越远，地形就越破碎，农地与建设用地就越零散，高质量的耕地数量也越少，故村庄规模越小、数量越多。

　　与2005年相比，2015年陕北地区道路网密度明显增大，道路交通条件大幅改善。针对2005、2015年的相关数据进行对比（表2-24、图2-16、图2-17），可以看出该地区村庄空间分布具有明显的趋向于道路网高密度区分布的趋势。具体如下：第一，从村庄分布密度变化看，各缓冲区的数据都有所降低。第二，从村庄数量变化看，各缓冲区的村庄数量均有所减少，距离道路越近，村庄数量减少幅度越小。第三，从村庄数量占比变化看，高等级公路"＜1 000 m""1 000～＜2 000 m"与低等级公路"＜500 m""500～＜1 000 m"缓冲区域内的数据有所增长，且距离道路越近，增长幅度越大；高等级公路"2 000～＜3 000 m""≥3 000 m"与低等级公路"1 000～＜2 000 m""≥2 000 m"缓冲区域内的数据有所下降，且距离道路越远，下降幅度越大，呈现了村庄更趋于高等级公路分布的特征。

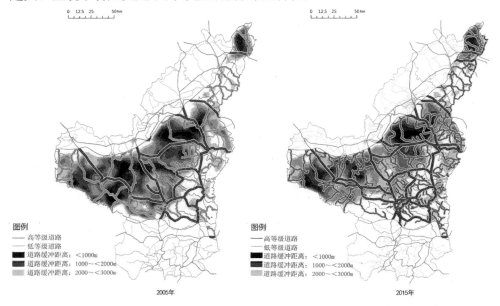

图2-16　2005、2015年陕北黄土丘陵沟壑区村庄密度分布与各等级道路缓冲区关系图
图片来源：作者自绘

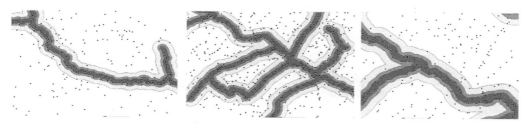

图 2-17　村庄分布与道路缓冲区关系局部放大图（2015 年）

图片来源: 作者自绘

表 2-24　2005、2015 年不同等级道路不同距离缓冲区村庄分布密度、数量及数量占比一览表

道路等级及缓冲距离（m）	村庄分布密度（个 /km²）		村庄数量（个）		村庄数量占比（%）	
	2005 年	2015 年	2005 年	2015 年	2005 年	2015 年
高等级道路＜1 000 低等级道路＜500	0.85	0.67	6 053	5 222	21.01	22.94
高等级道路 1 000 ～＜2 000 低等级道路 500 ～＜1 000	0.53	0.39	3 437	2 737	11.93	12.02
高等级道路 2 000 ～＜3 000 低等级道路 1 000 ～＜2 000	0.54	0.41	5 137	4 046	17.83	17.77
高等级道路 ≥ 3 000 低等级道路 ≥ 2 000	0.57	0.46	14 178	10 761	49.22	47.27
合计	—	—	28 805	22 766	100	100

资料来源: 作者自绘

3. 村庄空间集聚趋近于城镇

根据 2005、2015 年陕北黄土丘陵沟壑区村庄空间分布图，参考相关研究[118]62-64，选取 "＜1 000 m" "1 000 ～＜3 000 m" "3 000 ～＜5 000 m" "5 000 ～＜7 000 m" "≥ 7 000 m" 五个与城镇的缓冲距离取值，通过 GIS 计算结果量化分析该地区村庄分布演变与城镇之间的关系。

总体来说，城镇的引力与辐射作用对该地区村庄发展的影响较大，随着与城镇距离的增加，村庄分布密度降低幅度较为明显（图 2-18、图 2-19）。对比 2005、2015 年的相关数据（表 2-25），可以在一定程度上看出村庄分布趋向于城镇的空间演变特征。具体如下：第一，从村庄的分布密度与村庄数量的变化看，各缓冲区 2015 年的数据都明显低于 2005 年，其中，"＜1 000 m" 缓冲区的下降趋势最为明显，这一明显变化主要源于位于城镇近郊区域村庄的就地城镇化趋势加强，其他各缓冲区的下降幅度基本相同，与缓冲距离没有明显的相关性；第二，从村庄数量的占比变化看，与城镇距离较近的 "1 000 ～＜3 000 m" "3 000 ～＜5 000 m" 与 "5 000 ～

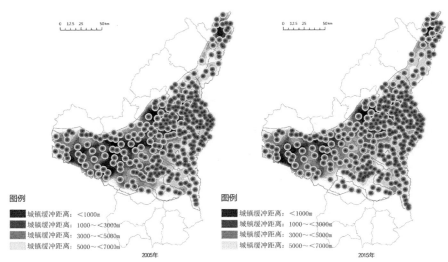

图 2-18　2005、2015 年陕北黄土丘陵沟壑区村庄密度分布与城镇缓冲区关系图

图片来源：作者自绘

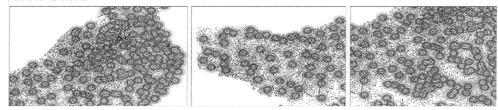

图 2-19　村庄分布与城镇缓冲区关系局部放大图（2015 年）

图片来源：作者自绘

＜ 7 000 m"缓冲区数据有所增长，"≥ 7 000 m"缓冲区的数据明显下降，体现了村庄趋近于城镇聚集的演变特征。

表 2-25　2005、2015 年城镇不同距离缓冲区村庄分布密度、数量及数量占比一览表

缓冲距离（m）	村庄分布密度（个 /km²）		村庄数量（个）		村庄数量占比（%）	
	2005 年	2015 年	2005 年	2015 年	2005 年	2015 年
＜ 1 000	0.95	0.56	893	571	3.10	2.51
1 000 ～＜ 3 000	0.62	0.50	4 568	3 844	15.86	16.88
3 000 ～＜ 5 000	0.58	0.48	7 172	6 099	24.90	26.80
5 000 ～＜ 7 000	0.55	0.44	6 826	5 539	23.70	24.33
≥ 7 000	0.62	0.49	9 346	6 713	32.45	29.49
合计	—	—	28 805	22 766	100	100

资料来源：作者自绘

4. 村庄趋近于河流的特性减弱

根据 2005、2015 年陕北黄土丘陵沟壑区村庄空间分布图，参考相关研究，选

择黄河一级支流、二级支流[①]为主的较高等级河流对河流缓冲区进行分析,分别选取"＜1 000 m""1 000～＜3 000 m""3 000～＜5 000 m""≥5 000 m"四个缓冲距离取值,通过GIS计算结果量化分析该地区村庄分布演变与河流之间的关系。

　　根据2005、2015年的相关数据进行对比可以看出,随着与河流距离的增加,村庄分布密度、村庄数量与村庄数量占比在各缓冲区的数据都在下降,各缓冲区下降幅度基本持平,但下降幅度与缓冲距离没有明显的相关性(表2-26、图2-20)。这在一定程度上说明技术进步使村庄分布对于水源的依赖性降低,村庄趋近于河流的特性在逐步减弱。

表2-26　2005、2015年不同等级河流不同距离缓冲区村庄分布密度、数量及数量占比一览表

缓冲距离（m）	村庄分布密度（个/km²）		村庄数量（个）		村庄数量占比（%）	
	2005 年	2015 年	2005 年	2015 年	2005 年	2015 年
＜1 000	0.61	0.48	3 777	2 953	13.11	12.97
1 000～＜3 000	0.60	0.47	6 989	5 515	24.26	24.22
3 000～＜5 000	0.59	0.47	6 194	4 942	21.50	21.70
≥5 000	0.60	0.48	11 845	9 356	41.12	41.10
合计	—	—	28 805	22 766	100	100

资料来源:作者自绘

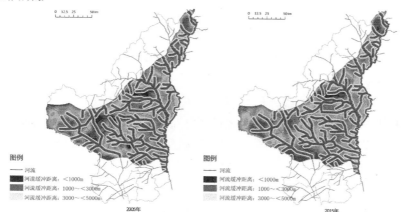

图2-20　2005、2015年陕北黄土丘陵沟壑区村庄密度分布与河流缓冲区关系图
图片来源:作者自绘

　　陕北黄土丘陵沟壑区内村庄空间分布的低密度化,以及趋向于道路网高密度区和城镇集聚的整体特征,不仅印证了乡村人口减少、居住空间消解的大趋势,也证实了新时期乡村居民对交通线路、公共设施与非农就业的明显趋向性,乡村空间集聚研究应充分考虑这些趋向。

---

① 黄河一级支流河谷包括延河河谷、洛河河谷、无定河河谷、清涧河河谷、窟野河河谷等;二级支流河谷包括周河河谷、西川河河谷、沮河河谷、芦河河谷、大理河河谷等;三级支流河谷遍布陕北地区。

2.4　不同地貌类型的村庄发展现状与特征

全部或部分位于本研究区的 21 个县（市、区），除佳县、府谷县、吴堡县、宜川县、定边县和靖边县外①，其他各区县均包含黄河一、二级支流等较高等级河流流经的河谷川道区，以及黄河三级及以下支流（沟）流经的黄土丘陵山区（表 2-27），且以黄土丘陵山区为主体。

表 2-27　研究区内各县（市、区）流经的主要较高等级河流一览表

县（市、区）	流经的主要较高等级河流	县（市、区）	流经的主要较高等级河流	县（市、区）	流经的主要较高等级河流
延长县	延河	横山市	无定河	清涧县	清涧河
宝塔区	延河	吴起县	洛河	子长市	秀延河
安塞区	延河	甘泉县	洛河	延川县	清涧河
绥德县	无定河	志丹县	洛河、周河	子洲县	大理河、淮宁河
米脂县	无定河	定边县	洛河	神木市	窟野河

资料来源：作者自绘

本书采用抽样调查法，选择子洲县、米脂县的典型村庄进行具体调查。子洲县和米脂县位于研究区腹地，在全部位于研究区的 13 个县（市、区）中，这两个县的常用耕地面积和农林牧渔业增加值均处于中游②，近年来坚持"果业为主、多业并举"的特色农业发展思路，积极发展以山地苹果、核桃为主的林果业，以黄芪、黄芩为主的中药材业和以羊、牛、鸡为主的畜牧养殖业，农林牧业综合发展特征和发展水平在研究区中具有典型性和代表性。根据两个县的村庄发展现状普查，选择县域内具有一定农业发展基础和现代农业发展潜力的村庄进行详细调查，分别为位于河谷川道区的焦家渠村、营盘村、赵场村和孟岔村，位于黄土丘陵山区的阳湾村、川崖根村、张家渠村、砖庙村、对岔村、党坪村、高西沟村和柳家洼村。

根据抽样调查发现，由于河流（沟）宽度差异带来的土地利用差异，两个地貌类型区内的村庄在规模、选址、产业构成、公共服务、村庄建设等方面存在较大不同，下文将结合子洲县内分别位于两个地貌类型区内的阳湾村、川崖根村、张家渠村和焦家渠村，主要从人口、产业、村庄建设和设施配置四个方面进行对比分析。

---

① 佳县、府谷县、吴堡县、宜川县仅有黄河流经，定边县、靖边县仅有黄河一、二级支流的末梢流经。
② 根据2018年延安市和榆林市统计公报，子洲县、米脂县的常用耕地面积分别为30 630 hm²、27 870 hm²，农林牧业增加值分别为16.93亿元、10.06亿元。

2.4.1 黄土丘陵山区村庄的发展现状与特征

子洲县辖1个街道11个镇1个乡，共270个行政村。村庄主要分布于高等级河谷平原、小流域河流（沟）的台地或沟道缓坡上，少量分布于较高的梁峁区。其中，在县域内大理河、淮宁河所在的河谷川道区，面积占比约5%，共分布约56个村庄；南北两侧的黄土丘陵山区，面积占比约95%，共分布约214个村庄。

整体而言，黄土丘陵山区村庄的综合发展条件比河谷川道区差。由于小流域河沟内谷地狭窄，地质灾害易发，交通条件与建设用地条件严重受限，村庄分布的零散特征更为明显；与此同时，以"梯田＋山坡地"为主的旱地农业生产效率与收益还有待提升，交通条件限制下非农经济更为滞后，村民收入普遍偏低，青壮劳动力外流现象明显，公共设施、基础设施缺乏且优化提升难度大。

本书以子洲县三川口镇的阳湾村、川崖根村和老君殿镇的张家渠村为例，阳湾村、川崖根村分布于小流域主沟内，两村毗邻，分别辖2个自然村，距县城15 km；张家渠村位于支毛沟末梢，下辖3个自然村，距镇政府驻地10 km，距县城45 km。这些村庄拥有黄芪种植业或羊养殖业发展基础，在分布区位、产业构成和村庄建设等方面具有典型性和代表性。

1. 常住人口锐减，人口老龄化严重

城镇化背景下，欠发达的黄土丘陵山区村庄青壮年人口外流明显，导致常住人口逐年锐减，人口老龄化现象极其严重。

2019年，阳湾村总人口数为916人，全村常住人口550人，常年外出打工人数为366人，外流人口占37%；川崖根村总人口数为1 438人，全村常住人口500人，常年外出打工人数为938人，外流人口占65%；张家渠村总人口数为1 220人，全村

图2-21 村庄公共活动中心聚集的老人实景

图片来源：作者自摄

常住人口 541 人，常年外出
打工人数为 679，外流人口
占 56%。总体来说，3 个村
庄平均有半数以上的人口常
年外出打工，农村留守人群
中，妇女、儿童、老人占有
相当大的比例，其中 50 岁
以上的老人占留守人群的近
70%。留守村民的老龄化与
弱龄化导致老人农业现象蔓
延，村内人际关系淡化，乡
土社会网络濒临断裂，同时
严重阻碍着乡村的现代化进
程（图 2-21）。这些具有一
定农业发展潜力的山区村庄
尚且如此，其他缺乏产业发
展条件的村庄人口外流问题
会更严重。

**2. 农业产业结构复合化，农
业综合生产效率不高**

黄土丘陵山区村庄以
农林牧业综合发展为主（图
2-22、图 2-23），生产经营
以个体为主，虽某些小型农
机设备的使用一定程度上提
升了生产效率，但由于缺乏
规模经营和农业组织管理的
现代化，农业生产效率和单
劳动力农业收益仍偏低，亟
待对现有农业生产方式进行
现代化升级。

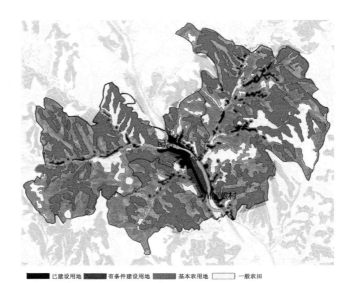

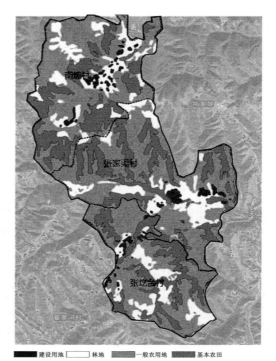

图 2-22 阳湾村、川崖根村的土地利用现状
图片来源：西安建大城市规划设计研究院

图 2-23 张家渠村的土地利用现状
图片来源：西安建大城市规划设计研究院

2019 年阳湾村、川崖根村两村共拥有耕地 6 500 亩,以土豆、玉米和黄芪种植,多种动物养殖为主,村民人均年收入为 6 650 元,以劳务输出为主要收入来源,农业收入中以养殖业为主,预借助农业企业承包的方式推进农地流转,形成子洲黄芪的规模化、产业化特色种植区,并在此基础上发展黄芪、醋、酒等农副产品初加工业,在优化农业产业结构基础上逐步实现农业增收。现已完成 1 200 亩黄芪种植土地流转,两村还将联动流转 1 000 亩,为现代农业发展带来新契机。

2019 年张家渠村拥有耕地 4 200 亩,草地 40 亩,农业以核桃和玉米种植、羊养殖为主,村民人均年收入为 4 000 元。该村以龙头企业为主体推动"公司+农户"养殖项目,计划规模为存栏 3 万只羊,发展农户 1 500 户,推动羊养殖与羊绒相关产业的发展。

3. 村庄布局分散且建设规模小,空废现象普遍

黄土丘陵山区村庄建设用地受限严重,村庄规模小且布局分散,大多不超过 50 户,有的仅有 10 余户,甚至三五户零散分布。一般来说,位于小流域主沟的村庄规模比位于支毛沟的村庄规模大。

阳湾村、川崖根村位于三川口镇所在的小流域主沟,河沟沿线拥有少量线形台地,村庄建设用地主要沿河流呈线状布局,因台地宽度有限,仅能形成一条街道,街道两侧建筑为 1～2 层,村民宅院一般采用窑洞元素,主要包括砖石独立式窑洞和黄土靠崖式窑洞(图 2-24、图 2-25)。

张家渠村位于小流域支毛沟,可建设用地散布在沟道两侧的梁峁坡上,村民宅院一般为依山坡而建的黄土靠崖式窑洞,多为散户,呈散列状或散点状分布,建筑与山体丘陵融为一体(图 2-26、图 2-27)。由于人口大量外流,村宅空废现象较普遍。

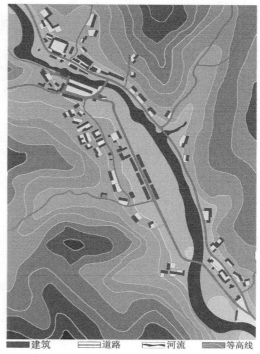

建筑　　道路　　河流　　等高线

图 2-24　阳湾村、川崖根村现状总平面图
资料来源:作者自绘

小流域主沟航拍实景

废弃建筑

窑居建筑

图 2-25　阳湾村、川崖根村所在小流域主沟春季航拍及建设现状照片
图片来源: 西安建大城市规划设计研究院

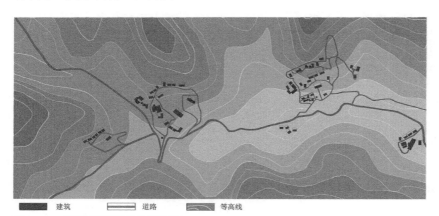

█　建筑　▭　道路　▰　等高线

图 2-26　张家渠村现状总平面图
资料来源: 作者自绘

4. 公共设施缺乏，基础设施落后

黄土丘陵山区村庄规模小、数量大、分布散，公共设施较缺乏，基础设施建设落后，公共设施与基础设施改善诉求迫切。

在公共设施建设方面，教育、医疗、老年人服务设施一般在镇区配置，行政村主要配置行政办公、文化广场、商业服务等设施，自然村内一般不配置公共设施。其中，阳湾村作为镇政府所在地，主要配置卫生院、幼儿园、超市、文化礼堂、供销社、信用社、电商服务点等服务设施，川崖根村建设有村委会、便民服务中心和文化戏台。这些现状服务设施质量普遍不高，教育设施和老年人服务设施缺位。

小流域支毛沟航拍实景

黄土窑居建设现状

图 2-27　张家渠村所在的支毛沟春季航拍及建设现状照片

图片来源：西安建大城市规划设计研究院

阳湾村文化礼堂

川崖根村村委会及广场

张家渠村未硬化路面

图 2-28　村庄公共设施与基础设施建设现状照片

图片来源：西安建大城市规划设计研究院

在基础设施建设方面，道路建设质量还有待提升，宅间道路和生产道路待硬化。水电供应满足基本需求，缺乏排水、供热燃气及环卫设施（图 2-28）。

电力电信方面，供电覆盖率 100%，电缆以架空敷设为主，存在一定安全隐患；村民通信以手机为主，光纤未形成环路，沟道内 4G 信号未能全面覆盖，亟须扩大信号覆盖率。

供水方面，阳湾村建有供水站 1 座，供水覆盖率 100%；川崖根村和张家渠村无集中供水站，以分散供水及村民自备井供水为主，水源为地下水，水量和水质不能完全保证。

排水方面，村庄内无污水处理设施及管网，污、废水就近排放至河道、农田或闲置区域，环境污染问题严重。

环卫环保方面，村庄已初步建立了垃圾收集、清运体系，部分道路设有垃圾桶，厕所基本为旱厕，垃圾及粪便对生态环境影响极大。

供热燃气方面，村庄内均无天然气供应，以煤、电、太阳能和液化石油气为主要能源；无供热管网及设施建设，大部分村民生活采暖不能得到保障。

2.4.2 河谷川道区村庄的发展现状与特征

相比于沟壑山区，河谷川道区建设用地较为宽阔平坦，是陕北主要的城镇化区域，城／镇区分布密度大且非农产业较为发达，用水、交通和非农就业条件均优于山区。具体来说，这里的村庄分布密度和规模大于山区，因以"川坝地＋山坡地"为主的农地利于灌溉且产量较高，同时便于就地（近）兼业，村民收入水平普遍高于山区，青壮年人口外流比例低于山区。再加上城／镇区分布密度大，很多村庄都临近城／镇区，故而公共设施、基础设施优化提升潜力较大。

本书以位于子洲县大理河河谷的苗家坪镇焦家渠村为例进行具体解析。焦家渠村临近镇政府所在地苗家坪村，拥有黄芪种植业和动物养殖业发展基础及农副业发展条件，在分布区位、产业构成和村庄建设等方面具有典型性和代表性。

1. 外流人口比例和老龄化程度比山区低

河谷川道区村民可就近从事非农兼业，外流人口比例和老龄化程度比山区低。

焦家渠村隶属于苗家坪镇，临近镇政府所在村苗家坪村，并与该村共同构成镇区，2019 年，户籍人口 1 676 人，常住人口有 1 420 人，常年外出打工人数为 256 人，外流人口占 15%，常住人口中老人和儿童比例比山区低。

2. 农业产业结构复合化，拥有就近非农兼业机会

河谷川道区村庄仍以种植业、果业和养殖业复合发展为主，由于临近城镇区，交通便利，该地区村庄大多拥有农副业（农产品加工、销售）发展条件，村民就近从事非农兼业便利，人均年收入高于丘陵山区，为人口稳定奠定了经济基础。

2019 年焦家渠村有耕地 2 690 亩，农业生产以黄芪种植、多种动物养殖为主，生产经营规模仍偏小。镇区有 1 家能源企业和 6 家农副产品加工企业（黄芪、油脂、枣泥加工），可为当地村民提供多种非农兼业机会，村民人均年收入 11 500 元。未来将逐步形成 750 亩规模化、产业化的黄芪种植基地，推动农业现代化转型。

3. 村庄呈块状集中分布，空废现象普遍

由于河谷川道地势平缓，村庄大都呈块状集中分布，规模比山区大，单个村庄平面多为方形，也可能受河流、道路、地形限制呈带形、弧形、"L"形、"T"形或其他多边形，主要为行政村或大的自然村。

焦家渠村与所在镇区联系紧密，虽被过境公路分隔，但基本连成一体，建成区沿大理河呈带状分布，川道平坦区建设的新村以2层楼房为主，内部建筑物布局较为集中、紧凑，一般成片密集布局。靠近黄土山体及两侧梁峁坡区域为老村所在地，主要建设黄土或砖石接口窑洞，现大多已废弃（图2-29、图2-30）。

河川道区村庄常住人口规模虽相对稳定，但宅院空废现象仍普遍，20世纪80年代前建设的以梁峁坡黄土接口窑洞为主体的老村基本完全废弃，80年代后建设的川道区新村也有部分空废。宅院空废主要源于二十世纪八九十年代的乡村建设热潮，由于河川道区建设用地受限较小，乡村建设热潮中居住宅院空间急速扩张，甚至2000年后仍有新的宅院建设需求，村庄"一户多宅"现象较为普遍，城镇化背景下宅院自然空废。

4. 便于共享城／镇区公共设施，基础设施有待提升

河川道区村庄大多与城／镇区距离较近，有条件共享城／镇区较为齐全的公共设施，但各项基础设施条件还有待提升。

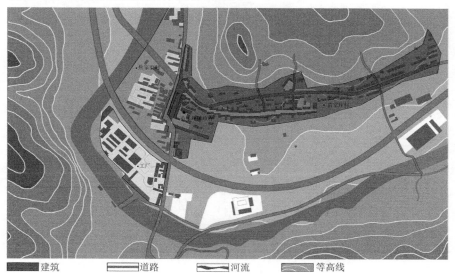

图2-29　焦家渠村与镇区（苗家坪村）现状总平面图
图片来源：作者自绘

焦家渠村及其临近的镇区配置了医院、中小学、幼儿园、邮政代办所、银行、电商服务点和集贸市场等公共设施，老年人服务设施、文化体育设施缺失，未来还应加强相关设施建设。

基础设施建设与山区相似，但因靠近城/镇区，提升难度比山区小。村庄内生产道路和宅前道路尚未硬化，供电覆盖率100%，网络覆盖率100%，有供水管网但供水量有限，基本无天然气和暖气供应，排水管网系统和垃圾收集系统还未形成。其中，水和供热燃气供应问题可通过与县城主管线连接来解决，排水和垃圾处理问题仍亟待解决。

新村实景

老村空废实景

焦家渠村及镇区航拍实景

图 2-30　焦家渠村春季航拍及建设现状照片

图片来源：西安建大城市规划设计研究院

2.5 乡村聚居发展面临的主要问题

2.5.1 生产生活空间错位

农业经济依赖的土地资源分布，以及主要由农业生产半径决定的乡村"职住地"空间距离，从根本上决定着乡村聚居的生活空间分布。在传统农业时期，陕北地区土地资源的非集中性、人力和畜力生产工具下的较小耕作半径，以及起伏地貌对"职住地"空间距离的限制，共同决定了该地区村庄分布的分散性。

然而，该地区"传统农业转向现代农林牧业"的趋势将从根本上改变这一切，现代农林牧业生产采用的小型化的农机车、拖拉机、电动机、收割机和脱粒机等机械设备，将带来农业生产半径的倍增。其中，农机车时速（20～25 km/h）是步行速度（4～5 km/h）的4倍，这意味着相同出行时间内出行距离增至原来的4倍；与此同时，小型农机设备应用可极大缩短农民的田间作业时间，降低田间作业强度，也将一定程度上延长农业生产出行距离，增大农业生产半径。

现代农林牧业生产半径（即乡村"职住地"空间距离）倍增后，农地与村庄之间的空间距离不再受限于传统农业生产工具下较小的耕作半径，这意味着耕作地与居住地之间的距离可以增大，村庄之间的距离也可随之增大，村庄数量和布点密度将大幅降低，现有分散式小村落空间格局无法支撑以上变化，农业生产空间和生活空间必然出现错位，二者的重新匹配迫切需要乡村空间系统的结构性调整。

以米脂县杜家石沟镇为例，根据该县土地利用总体规划（2006年—2020年），该镇域内已有自然村、行政村分布如图2-31所示，根据惠怡安、赵恺、惠振江的已有研究成果，当地村民能接受的耕作出行时间为半小时[1]，传统人畜作业基础下的耕作半径取值为2.5 km（步行速度取值为5 km/h），但使用农机设备后，人机作业条件下半小时耕作半径可达10 km（农机车车速取值为20 km/h）[88][119]。考虑到起伏地形对两点间距离产生的影响，参考梁国华对陕西省不同平均坡度下山地地形起伏修正系数的测算结果，陕北地区平均坡度取值为20%，地形起伏修正系数取值为1.57，即实际出行距离为10 km时，其水平直线距离约为6.4 km。借助GIS的缓冲区分析技术[2]进行分析，以镇政府所在地杜家石沟村、黑彦青村、艾渠村为中心地，以6.4 km为半径生成缓冲区，发现缓冲区基本可以覆盖整个镇域，这意味着现代农业生产半径支撑下，保留少量发展条件较好的村庄即可保证现代农业生产绩效，大量自然村、

---

① 地貌限制下，历史上陕北农民务农时要跨河爬坡，民众可以接受的农业生产半径较平原地区更大。

② 在镇域层面的生产、生活空间相关分析中，对空间精度要求不高，因此本书采用缓冲区分析法。

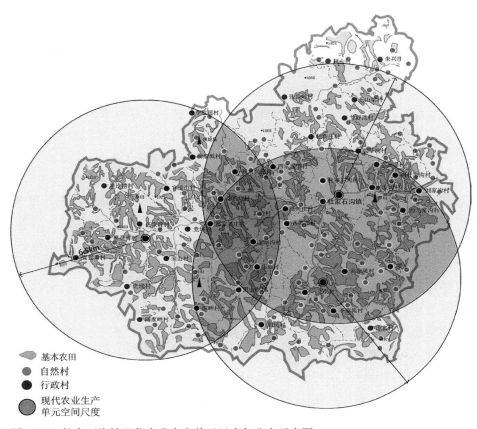

图 2-31　杜家石沟镇现代农业生产单元尺度与分布示意图
图片来源：作者自绘

部分行政村有条件撤并，特别是支毛沟末梢且不具备现代农业生产条件的村庄，更应顺应农业现代化趋势逐步消解。

2.5.2　宅院空间空废严重

新中国成立至今，陕北乡村人口总量增长了 2.66 倍，人口增长必然带来宅院空间和村庄建设用地的增大，再加上小家庭化及当地普遍存在的"一户多宅"现象，居住空间增大的幅度会远高于人口增长。然而城镇化背景下，1990 年代后该地区乡村人口开始外流，常住人口持续减少，但 20 世纪 90 年代后甚至到 2000 年以后，该地区乡村特别是河谷川道区乡村仍有新的宅基地申请和宅院新建，宅院空废问题较为严重。

以米脂县孟岔村为例，该村位于无定河与杜家石沟河交叉河谷地带，距米脂县城4 km，村民非农兼业条件较好，户籍人口962人中，90%左右的村民以打短工的方式常住于农村，但由于"一宅多户"现象的普遍存在，村庄宅院空废率仍在30%～40%。孟岔村村宅建设大致经历了如下四个阶段。

第一阶段：人民公社化运动前（1949—1958年）。该阶段孟岔村居住用地规模增长极为缓慢，从20世纪50年代孟岔村的空间分布图可以看出（图2-32），新中国成立前后该村选址于杜家石沟河北岸的坡脚线上（当地村民称之为"后坪"），以黄土靠崖式窑洞为主，大致呈多层散列状分布，形态结构紧凑。

第二阶段：人民公社化运动时期的缓慢增长阶段（1959—1978年）。该阶段乡村人口和户数都大幅增长，但受经济条件限制，村庄居住用地增长仍较为缓慢。从20世纪70年代末孟岔村的空间分布图可以看出（图2-32），村庄开始由坡脚线向坡下区域扩散，人民公社化运动末期已填充至乡村公路北侧，扩散后的居住空间呈扇形集中分布，这个阶段宅院用地较为紧张，仅能满足最基本的居住生活需求，一个宅院至少住2户，最多的住六七户。

第三阶段：改革开放后的急速扩张阶段（1979—1990年）。改革开放后我国农村经济收入水平快速提升，人民公社化运动时期被压制的住宅需求极度释放，村庄人口持续增长和家庭继续分裂使得户数持续增加[62, 58]，建房热潮兴起后居住空间以填充式扩展与外溢式扩张的方式先后展开。从20世纪90年代初孟岔村的空间分布图可以看出（图2-32），公路的便利性吸引了当地村民选择在杜家石沟河西北侧的带状区域（当地村民称之为"后川"）新建联排式的砖、石砌

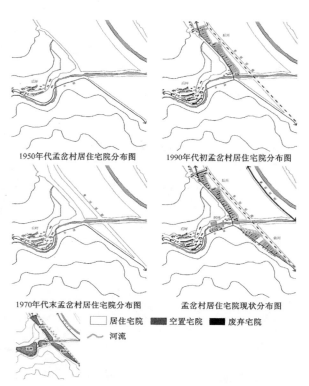

1950年代孟岔村居住宅院分布图　　1990年代初孟岔村居住宅院分布图

1970年代末孟岔村居住宅院分布图　　孟岔村居住宅院现状分布图

□ 居住宅院　■ 空置宅院　■ 废弃宅院　～ 河流

图2-32　新中国成立后孟岔村居住空间扩散演变图
图片来源：作者自绘

窑洞，建设用地越来越分散，建设规模远大于"人民公社化"运动时期的宅院面积，"人民公社化"运动时期的老宅院逐渐被废弃。

第四阶段：1991年至今的转型发展阶段。该阶段村庄居住空间发生着复杂变化。一方面，农民工的大量出现加速了宅院的空废，宅院空废已不止于老村区域；另一方面，经济上较为富裕的村民为改善居住条件继续新建宅院并趋向交通线路或平坦区域，居住空间的外溢性扩张仍然明显[62]。

1990年代至2000年前后，杜家石沟河东南侧乡村公路沿线的带状区域（当地村民称之为"前川"）已经被完全占满。自2000年以来，孟岔村的宅基地申请与宅院建设需求相对缩减，但仍未停止，直至2017年8月笔者在孟岔村实施调研时，新的宅院建设还在杜家石沟河南侧的狭小区域（当地村民称之为"河坪"）内进行着（图2-33、图2-34）。至此，孟岔村"人民公社化"运动时期的老村已基本被废弃，20世纪80至90年代的新宅院也已出现了空废（图2-35）。

孟岔村仅为陕北乡村宅院空废现象的一个缩影。城镇化进程中，伴随着乡村人口大量外流，宅院空间的消解与收缩本应是顺势而为的，但与人口衰减不对称的是，村庄建设用地却在持续增长，其中还包括一些刚建成就空废的"新农村"。城镇化背景下乡村人口减少已成定局，现代农业生产方式转型也迫切需要对乡村生活空间进行结构性调整，故科学合理地预测未来乡村地区人口规模，并对现有村庄生活空

图 2-33　2017 年前后孟岔村新建的居住宅院实景
图片来源：作者自摄

图 2-34　孟岔村 1990 年代后建设的居住宅院生活实景
图片来源：作者自摄

废弃老村　　　　　　　　　废弃老村　　　　　　　　　空置新村

图 2-35　孟岔村新、老村宅院空废实景

图片来源：作者自摄

间实施有效集聚，已经成为本区域乡村规划当前和未来所面临的关键问题。

2.5.3　留守人口与现代农业劳动力需求不匹配

1999 年以来随着退耕还林政策的放量落实，陕北乡村传统农业的要素与功能结构发生质变，由传统梯田小农生产方式向现代农林牧业生产方式转型。陕北传统农业生产劳动对象主要包括小麦、玉米等粮食作物，而现代农林牧业生产劳动对象主要包括特色种植业、经济林果业、养殖业及其相关附属产业。与传统粮食生产相比，现代农林牧业的生产劳动对象发生了质变，小型农机设备的使用导致单位农业资源用工需求量大幅减少，但对劳动力素质要求却大幅提升，而优势人口大量外流引发乡村剩余人口老弱化，剩余人口年龄结构与知识结构无法匹配现代农林牧业的劳动力人口需求，严重阻碍着地区的农业现代化进程。

根据笔者在米脂县印斗镇对岔村、杜家石沟镇党坪村和柳家洼村、银州镇高西沟村等村落的常住人口年龄结构进行的调查，16 ～ 25 岁的常住人口所占比例基本在 5% 以内，主要以外出务工和在外念书两种形式流动在外；26 ～ 45 岁以外出打工为主，除对岔村外，常住人口比例在 10% 以内；46 ～ 60 岁和 60 岁以上的人口所占比例在 60% 以上，柳家洼村与高西沟村因位于丘陵山区小流域支毛沟末梢，交通条件差且缺乏优势产业资源，45 岁以上人口比例高达 90%（图 2-36、表 2-28）。

农村地区 70 岁以上的老人已经基本失去劳动能力，目前 50 ～ 65 岁的留守农民是乡村务农者的主体，老人农业问题已成事实，若不能通过农业振兴吸引高素质农民的回流与驻留，乡村振兴只会是一纸空谈。

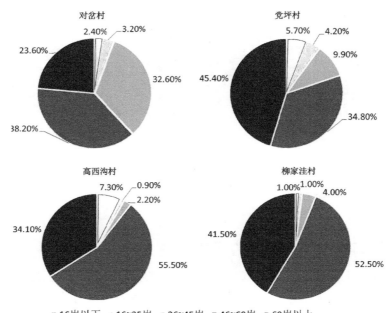

图 2-36　米脂县典型村落常住人口年龄结构统计图

图片来源: 作者自绘

表 2-28　米脂县典型村落常住人口年龄结构统计表　　　　单位: %

村名	16 岁以下	16 ～ 25 岁	26 ～ 45 岁	46 ～ 60 岁	60 岁以上
对岔村	2.40	3.20	32.60	38.20	23.60
党坪村	5.70	4.20	9.90	34.8	45.40
柳家洼村	1.00	1.00	4.00	52.50	41.50
高西沟村	7.30	0.90	2.20	55.50	34.10

资料来源: 作者自绘

2.5.4　乡村公共服务水平难以提升

陕北乡村常住人口日益减少, 但留守人群公共服务需求却在提升, 公共设施供给数量及质量与人口规模及分布之间存在结构性矛盾, 导致"供非所求、需不能供"的尴尬局面, 村民最关注的教育、医疗、养老等方面的公共设施服务水平均难以提升。

在教育设施配置方面, 以小学为例, 随着 2001—2011 年全国村小的撤点并校大规模调整, 延安和榆林两市小学数量减少近 7 成, 如榆林市的农村小学从 2000 年的 5 574 所减少为 2012 年的 549 所。农村地区普遍推行寄宿制, 但学生往返学校的安全问题、家长陪读增加的经济负担、小学生缺失家庭关爱导致的心理问题等现象越来越凸显。

针对这些问题，国家于 2012 年下发了《国务院办公厅关于规范农村义务教育学校布局调整的意见》，明确要求农村小学一至三年级学生原则上不寄宿，就近走读上学[120]；人口相对集中的村寨，要设置村小或教学点。目前，陕北多县（市、区）针对有就近入学需求地区的乡村小学（或教学点）进行了恢复，但恢复的教学点仅能辐射局部地域，且这些教学点仅招收一二年级甚至只招收一年级学生，一个教学点学生数小于 10 人，教育质量更无从谈起。

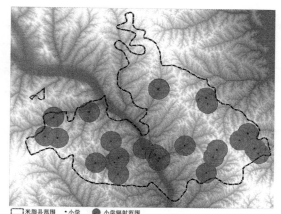

□ 米脂县范围　·小学　● 小学辐射范围

图 2-37　米脂乡村小学分布及辐射范围示意
图片来源：作者自绘

以米脂为例，2017 年春季米脂县共有 31 所乡村小学进行招生。在辐射范围方面，借助 GIS 缓冲区分析法①，以这些村小为中心、2.5 km② 为直线距离半径生成缓冲区范围（如图 2-37 所示），因较多村小距离较近，缓冲区范围重叠，仅能辐射乡村局部地区。在教学质量方面，31 所村小中仅招收一至三年级学生的占 60%，这些教学点学生数都小于 10 人；办学规模相对较大的 6 个村小，都位于发展条件较好的河谷川道区乡镇（如银州镇、十里铺镇），这些小学都招收了一至六年级学生，但办学规模都在 80 人以内，班均规模不超过 15 人（表 2-29）。为了追求较好的教育资源，部分农村家庭仍继续选择让孩子寄宿或陪读，乡村小学配置方面的问题并没有得到根本改善。

表 2-29　2017 年米脂县乡村小学春季年级数及学生人数构成

项目	年级数						学生人数			
	1 个年级	2 个年级	3 个年级	4 个年级	5 个年级	6 个年级	≤10 人	11～30 人	31～50 人	51～80 人
学校数量（个）	9	5	4	1	3	9	17	4	2	8
比例（%）	29	16	13	3	10	29	55	13	6	26

资料来源：米脂县教育局

———————

① 县域层面的公共设施服务区范围分析对空间精度要求不高，因此本文采用缓冲区分析法。

② 考虑了沟壑山区地形起伏所导致的非直线系数，地形起伏修正系数取值 1.57，2.5 km 直线距离相当于 3.75 km 实际距离，15 min 的电动车车行距离。

表 2-30　榆林市、延安市乡村公共文化服务设施建设标准一览

项目	榆林市	延安市
室外文体广场	面积≥600 m²，并配建乡村戏台、篮球架，配备音响、服装、乐器等文化活动器材	面积≥600 m²，并配建有文化墙，设置有阅报栏等，配备体育健身路径、一副篮球架、一张乒乓球台
文化戏台	—	面积≥120 m²，配备灯光、音响等演出设备
文化服务中心	建筑面积≥150 m²，配备音响、棋牌、文化、图书阅览、教育培训及电教设备	常住人口＞2 000 人，建筑面积≥300 m²；1 000≤常住人口≤2 000 人，建筑面积≥200 m²；常住人口＜1 000 人，建筑面积≥150 m²。配备音响、棋牌、文化、图书阅览、教育培训及电教设备

资料来源：《榆林市基本公共文化服务实施标准（2016—2020年）》《延安市基本公共文化服务实施标准（2016—2020）年》

　　在医疗、养老、文体设施配置方面，延安、榆林两地各县（市、区）正积极依据地方标准（表2-30），在行政村内新建文体设施和医疗卫生设施，但村庄零散分布的客观现实，使新建设施仍无法摆脱辐射范围过小、服务低效等问题。根据笔者在延川县、米脂县、绥德县典型村落进行的实地调研，新建设施并不能满足当地居民的实际需求。首先，村卫生室仅能购买药品，不具备最基本的医疗服务功能；其次，极少数行政村配置老年人服务设施，这对于老龄化明显的乡村而言极不适宜；再次，文体设施（综合文化服务中心、文化广场、乡村戏台或篮球架）辐射范围小，现状使用率并不高，远离行政村的大量居民仍无法使用这些设施，居民的满意度仍较低（图2-38、表2-31）。

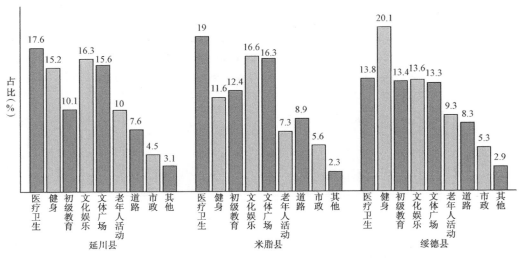

图 2-38　延川县、米脂县、绥德县典型村落居民认为最需增加（或改善）的公共设施占比统计图
图片来源：作者自绘

表 2-31　延川县、米脂县、绥德县典型村落居民认为最需增加
（或改善）的公共设施占比一览表

单位：%

县名	医疗卫生设施	健身设施	初级教育设施	文化娱乐设施	文体广场	老年人活动场所	道路设施	市政设施	其他
延川县	17.6	15.2	10.1	16.3	15.6	10.0	7.6	4.5	3.1
米脂县	19.0	11.6	12.4	16.6	16.3	7.3	8.9	5.6	2.3
绥德县	13.8	20.1	13.4	13.6	13.3	9.3	8.3	5.3	2.9

资料来源：作者自绘

　　现有传统分散式小村落空间格局已无法支撑和匹配现代宜居城镇所要求的医疗、教育、基础设施配置标准。一方面，大量外流人口对乡村公共设施需求并不高，若按照户籍人口配置公共设施，公共设施闲置就成为必然。另一方面，剩余老弱病残化常住人口对医疗、养老、初级教育设施需求度较高，但常住人口数量逐年减少且极其分散，即便不考虑设施配置的经济因素，在每个行政村都布置相应公共设施，仍存在因服务半径过大而导致的居民使用不便等问题，故只能通过乡村聚居生活空间系统与人口分布的结构性集聚调整进行改善。

2.6　小结

　　城镇化与农业现代化背景下，面向陕北乡村生态安全首要化、退耕还林快速化、传统农业现代农林牧业化、分散乡村集约化等急剧发展的趋势与特征，以小型机械化为主导的现代农林牧业生产方式与既有沟壑型分散式小村落聚居空间模式的失配问题日益加剧，导致生产生活空间错位、宅院空间空废严重、剩余人口与现代农业劳动力需求不匹配、乡村公共服务水平难以提升等突出问题，现有乡村聚居空间模式难以为继。

3 陕北黄土丘陵沟壑区乡村聚居空间重构的理论基础与动因分析

本章基于乡村聚居空间重构的基础理论，提炼乡村聚居演变的影响因素及作用机制，分析农业生产方式主导影响因素的阶段特征，揭示农业生产方式与乡村聚居空间的关系演变特征，从而阐明陕北黄土丘陵沟壑区乡村聚居空间重构的根本动因、必要性和迫切性。

3.1 乡村聚居空间重构的理论基础及启示

乡村发展与城镇化进程和农业发展密切相关，乡村振兴的基础是农业振兴，乡村城镇化转型意味着城乡发展进入相对稳定的现代化阶段。城镇化快速推进背景下的乡村聚居空间重构研究，应重点梳理人类聚居学、乡村经济学和乡村城镇化等主要相关学科理论，以指导乡村聚居空间重构的影响因素分析框架的构建。

3.1.1 人类聚居学理论

希腊建筑师道萨迪亚斯于 20 世纪 50 年代提出"人类聚居学 (Human Settlement)"理论。人类聚居学强调从单纯的城市规划与建筑问题研究中摆脱出来，在纵向上研究包括城市、城镇、乡村在内的不同层次，在横向上考察自然环境、人、社会结构、建筑与城市、交通与通信网络等多种要素，以人类生产生活活动为基点，将包括聚落实体环境、聚落周边自然环境及人类社会在内的人类聚居作为一个整体来思考和研究，大大拓宽了规划与建筑学科的研究范畴。

道氏不仅提出了人类聚居的定义、分类、影响因素和属性，还构建了人类聚居学的基本框架，更依据聚居的事实提出了聚居的 54 条基本定理，包括 20 条有关聚居发展的定理，指出了聚居产生、发展、消亡的规律；5 条涉及聚居的内部平衡问题；29 条关于聚居的实体空间特性定理，包括聚居区位、规模、功能、结构、形态等方面的内容，为乡村聚居空间模式研究提供了重要的理论基础。

其中，在关于人类聚居结构的定理论述中，道氏明确提出了人类聚居基本细胞——人类聚居单元——在人类聚居结构体系中的重要作用。他认为人类聚居基本细胞，即人类聚居单元，是一个社区的实体空间表现，这个基本单元具有正常的功能且不能再分割，聚居的总体空间肌理取决于它的基本聚居单元，所有聚居单元互相联系形成一个等级层次系统，高一级单元为若干个低一级单元提供服务。道氏在"人类聚居学"中对于"人类聚居基本单元"的相关理论论述，为本研究尝试通过乡村基本聚居单元的重构来实现现代乡村聚居空间模式的构建，提供了重要和直接的理论指引。

3.1.2 乡村经济学理论

1. 农户经济理论

农户经济理论是农村研究的重要分支[121]。国外农户经济理论的经典研究以斯密和马克思为代表，他们都认为市场化与商品化会导致小农经济的衰落和消亡，并被规模化和专业化分工的资本主义大农场取代[121-122]。

斯密倡导自由资本主义市场经济，他提出自由市场竞争和个人理性经济行为会带来社会分工、生产的专业化及市场扩张，并推动经济增长。马克思认为小农经济是农业发展的一个历史阶段，他和恩格斯指出，随着商品经济的发展，小农经济必将发生内部分化，从而产生拥有生产资料的资产阶级和依靠出卖劳动为生的无产阶级，小农经济只能被资本主义的现代化大农场所取代[121,123]。斯密和马克思的早期农户经济理论对后期研究产生了重要影响，市场化因素被继承下来，马克思思想成为苏联等社会主义国家由小农经济向农业规模经营"集体化"转化的理论依据，他们的大农业思想也成为我国农村研究的重要思想基础。

与斯密和马克思的观点不同，当代西方农户经济研究以道义小农、理性小农和综合小农理论为主导理论。道义小农理论以洽亚诺夫为代表，他强调农户既是生产单位，也是消费单位，其经济行为遵循"家庭效用最大化"原则，主要目的是满足家庭成员的消费需求，认为家庭农场具有长期存在的合理性[123-124]。与道义小农相反，理性小农理论的代表人物舒尔茨指出，农户可以被看成和资本主义企业一样具有经济理性的经纪人，基于该观点舒尔茨还构建了传统农业的改造理论，认为注入新的、廉价的现代农业生产要素是传统农业改造的出路[123]。在道义小农和理性小农的基础上，黄宗智提出了综合小农理论，认为小农既是利润追求者，又是生产者和受剥削的耕作者，基于此他还提出人口增长导致的"内卷化"或"过密化"经济增长[122]，并对中国传统农户经济进行了针对性研究。值得关注的是，这三大主导理论均不赞同斯密、马克思关于农户经济与市场经济不能共存的观点，黄宗智更是论证了市场经济和农户经济组织形式间的共存关系，成为我国农户经济研究的重要理论来源[122]。

之后较晚形成的风险规避理论和农场户理论，分别将"风险""时间"要素纳入农户经济理论研究之中，扩大了农户经济理论的解释范围[123]。风险规避理论坚持了"理性小农"观，但它更强调小农的"避害"特征，认为农户追求的不是收益最大化，而是风险最小化和较高的生存保障，较好地解释了传统农业社会中农户对新技术的排斥、劳动边际收益下降背景下的多样化农业种植结构等现象。农场户理论将时间要素引入农户经济研究，解释农户家庭生产与消费，家庭内部时间配置与市场工资率、教育、家庭人口等的关系，同时构建了解释模型[121, 123]。

另外，海外的中国研究也推进了农户经济理论研究，研究者多关注华北和长江三角洲，借助历史资源研究中国农业没有发展的原因，研究成果基本归因于农业技术革新动力不足、政府农业投入不足和农业生产规模细碎化。其中以黄宗智的持续研究最为典型，他的研究指出，中国目前的小农经济是一种"制度化了的'半工半耕'过密型农业"，中国农业发展的核心是"去过密化"[125]，实现"劳动和资本双密集型"的适度规模的、"小而精"的"畜—禽—鱼"饲养和"菜—果"种植的真正家庭小农场才是中国农业正确的发展道路[126]。

综上，国外农户经济理论整体经过"小农经济—大农业思想—小农经济改造—农场户理论"的发展路径，对此领域研究的基本框架、范式和方法的借鉴，目前主体还在中国农户经济学领域，尚未延伸到中国农村发展的规划学领域。当前我国正面临持续上升的大规模非农就业、持续下降的人口自然增长及持续转型的食物消费和农业结构三大历史契机可能带来的农业经济革命，已有农户经济理论为转型期内的中国农户经济学及乡村规划研究提供了重要的理论借鉴。

2. 二元经济理论

城乡二元经济理论是城乡二元结构转变研究中的重要理论，它为我国城镇化背景下乡村劳动力转移的动因探寻奠定了重要基础。刘易斯率先提出了"二元理论"，之后又形成了拉尼斯 - 费景汉、乔根森、哈里斯 - 托达罗、舒尔茨、斯塔克等重要的理论模型[127-128]。

刘易斯模型假设发展中国家存在传统农业部门和现代工业部门，传统农业部门边际生产率为零，存在大量剩余劳动，而现代工业部门劳动生产率较高，可以吸纳传统农业部门转移的剩余劳动力。边际劳动生产率决定的"工资"水平差异，导致传统部门的劳动力源源不断地向现代农业部门转移，直至剩余劳动力被城市完全吸收，达到刘易斯拐点后城乡差别消失，国民经济实现现代化为止。刘易斯模型忽视了发展中国家城市存在失业的现实情况，农业部门边际生产率为零的假设也与实际不符。

拉尼斯－费景汉模型在刘易斯模型基础上进行发展，它更为细致地将劳动力转移过程划分为三个阶段，各个阶段劳动力转移的关键因素不同，分别为与剩余劳动密切联系的农业剩余和农业生产率增长[128]。拉尼斯－费景汉模型把农业总产品与农民消费之差称为总农业剩余，这部分剩余是供给工业部门消费的。当农业劳动者从农业中撤出时，农业剩余便产生了[128]。拉尼斯－费景汉理论认为农业剩余对工业部门扩张和劳动力转移具有决定性意义，这一观点对近几十年的中国具有特别意义[129]。

乔根森模型则否认边际生产率为零及两个部门工资水平不变的假设，他认为两个部门的工资水平取决于部门的资本积累率与技术进步率，工资水平是不断上升的。他提出消费需求结构的变化是导致劳动力从乡村向城市流动的本质原因，因为人们对粮食的需求是相对有限的，但对工业部门生产的工业品需求却是相对无限的[2]32。

哈里斯－托达罗模型指出刘易斯模型不符合发展中国家的事实[130]，并认为只有清晰解释将农村人口流入城市与城市失业同步增长的矛盾现象，才能建立符合发展中国家现实的人口流动模式[131]。他们提出"城市非正规部门"概念，认为农业劳动力迁入城市的动机主要决定于城乡预期收入差异，差异大小与流入城市人口数量成正比，尽管城市失业已十分严重，准备流向城市的人们还是可以做出合理的抉择，由于农业劳动力文化程度较低，刚进入城市可以先选择进入城市非正规部门[128, 131]。

舒尔茨则从成本—效益角度考虑，认为农业劳动力流动（就业迁移）实质是一种带来某种经济效益的投资行为，认为只有迁入地和迁出地的收入差距大于迁移成本，迁移才可能发生[131, 132]。

基于托达罗的研究结论，斯塔克提出预期收入、"相对贫困"是农村劳动力迁移的主要原因，农村劳动力是否转移不仅决定于他们与城市劳动力之间的预期收入差距，还决定于他们在家乡感受到的相对贫困度及转移后按照接受地的期望生活标准感受到的相对贫困度[133, 131]，这弥补了托达罗理论中不能解释"较多劳动者不选择永久迁移"的缺憾。斯塔克还提出"新劳动力转移理论"，认为农业劳动力流动行为实际上是以家庭作为分析对象，由于农业受到气候、自然灾害、价格波动等影响，导致家庭总收入总是波动的，与家庭长期平稳的消费偏好相矛盾，因此劳动力转移并非完全为了城市中更高的收入，而是为了减少乡村就业的波动性[131]。

城乡二元结构及理论提供了乡村劳动力向城市流动的分析框架，对于理解与解释我国城镇化、城乡关系、农业劳动力向城市流动与就业迁移现象具有重要意义，为本书进行城镇化进程中的农业生产方式转变研究，以及对于二元经济理论所描绘的城镇化进入稳定阶段即"刘易斯拐点"之后的城乡劳动力与城乡发展状况预判提供了重要的理论基础。

3.1.3 乡村城镇化理论

乡村的现代化转型过程就是乡村城镇化过程，已有的资本主义现代化范式，对中国城镇化进程具有重要的指导与借鉴意义。

马克思"乡村城市化"理论中对现代化的内涵进行了概括，提出"资本主义现代化历史是乡村城市化，而不像在古代那样，是城市乡村化"的基本论断[134]。只有乡村逐步城市化，才能逐步消灭城市与乡村的差别、工人与农民的差别，而城市化的前提是工业化。马克思的乡村城镇化理论主要包括城乡分离，城市化、工业化和市场化规律，城乡对立与消除三个部分[131]11。城乡关系理论认为，城乡分离与对立是人类社会发展到特定历史阶段生产力发展的必然产物，是由于社会生产力发展引起社会分工的进一步扩大而产生的。对于城乡关系的发展趋势，马克思理论提出，城乡分离是社会发展的障碍，城乡融合具有历史必然性，随着生产力的发展，城乡对立必然消失并最终走向融合[135]。城乡融合的实现是一个漫长的、渐进的历史过程，要通过大力发展社会生产力及伴随着工业化现代化的发展而发展的城市化来最终实现城乡融合，实现城乡一体化的最高境界[136, 131]。

斯密在其城乡关系理论中，提出了"农业—工业—国外贸易"的自然发展顺序以及由产业发展顺序所决定的"农村—城镇"的发展顺序。"自然"的内涵在于，无论在什么政治社会里，城镇财富的增长与规模的扩大，都是乡村耕作及改良事业发展的结果，而且按照乡村耕作及改良事业发展比例的增长而扩大。斯密指出，城乡之间是一种基于产业分工而形成的互为市场的互利关系，都市的增设，绝不能超过农村耕作情况和改良情况所能支持的限度[131]10。

在"城乡一体""城乡同步增长"为主导的乡村城镇化理论指导下，目前我国乡村城镇化路径研究大致可归纳为通过工业化就地实现乡村城市化（自下而上型）、通过城市化的极化作用与扩散作用逐步"吸收"部分乡村（自上而下型）、通过"城乡一体化"和"城乡统筹"实现以城带乡或以乡促城（城乡并重型）三种类型，三种观点尽管在理论抽象上截然不同，但它们的实质在问题解决层面有许多交叉，遵循的主导思路仍是以城市发展为中心[131]10-12。城、乡可持续发展的实现是相互依赖、相互促进的，针对某一特定地域的社会、经济与自然环境进行城乡互动性的具体研究，对于切实促进良性乡村城镇化与城乡融合具有重要意义，已有乡村城镇化理论提供的城乡融合关系的基本框架、范式和方法为我国乡村聚居空间系统研究提供了重要的理论指引。

3.2　乡村聚居演变的影响因素及作用机制

乡村聚居空间的形成与发展，主要受到自然生态环境、农业生产方式和乡村社会生活的共同作用和影响，三方面因素既相互协同，又有各自的作用指向。

3.2.1　限束因素——自然生态环境

自然生态环境是陕北地区乡村聚居空间产生和发展的基础和先决条件，属根本限制约束条件，包括气候、地形地貌、水文地质、土壤等方面（图 3-1）。

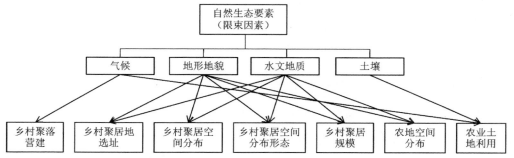

图 3-1　乡村自然生态要素构成

图片来源：作者自绘

1. 气候

气候因素影响着所在地区土地利用方式和适宜的作物类型，也影响着乡村居住建筑的造型、群体布局及院落布局。如陕北地区干旱干冷的气候条件和湿陷性黄土地貌就催生了该地域独特的窑居建筑类型与生产生活方式。

2. 地形地貌

地形地貌条件不仅影响着乡村聚落选址与分布，也影响着农地分布与农耕方式。

在居住生活方面，陕北窑居随山体线状布局，高低错落，或聚集成群，或松散分布，与自然环境形成了高度协调与融合。在农业生产方面，千沟万壑的地形条件导致耕地资源数量少、分布零散且梯田和坡地占比较高，历史上当地民众选择"广种薄收"的粗放耕作方式，进一步固化和加速了陕北沟壑地貌的不断发育。

3. 水文地质

水文地质条件也影响着乡村聚落的选址与规模。特别是在技术条件落后的传统农业社会，乡村聚落大都趋向水源分布，各级主支沟、河流交汇处和沟谷连接处往往成为乡村聚落分布最集中的地带[79]，因此在地表水及地下水都比较丰富的河川道，聚落密度及规模均偏大，而在水资源条件较差的梁峁坡地段，聚落密度及规模则偏小。

4. 土壤

土壤条件是农业生产的物质载体，决定了农业土地利用方式。陕北地区黄土疏松深厚，但遇水极易被切割和侵蚀，适合农林牧业综合发展。历史上该地区以农垦为主，林牧业比例小，不合理的土地利用方式导致了严重的水土流失和土壤侵蚀，危及地区经济发展和生态安全。

3.2.2 动力因素——农业生产方式

农业是农村可持续发展的基础，农业生产方式决定了农业与农村的发展方向，农业生产方式是乡村聚居空间演变的主要动力。

农业生产方式指农业生产方法和形式，包括农业生产力和农业生产关系两个方面。农业生产力包括农业劳动者、劳动对象和劳动工具，其中农业劳动对象和劳动工具构成农业生产资料；农业生产关系包括农业生产资料所有制形式、人们在生产中的地位及相互关系和产品分配方式。农业生产关系的具体形式必须适应农业生产力发展的要求。

在众多农业生产要素中，农业生产半径、农业生产劳动对象、农产品单位纯收益与用工量、农民收入基准、农民兼业系数、农业生产组织形式对乡村聚居空间具有重要的影响作用（图3-2）。

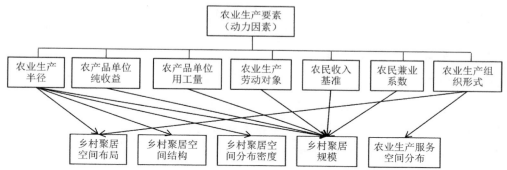

图 3-2　乡村农业生产要素构成

图片来源: 作者自绘

1. 农业生产半径

农业生产半径指农村居民由聚居地到生产地的时空距离（时间距离或空间距离），它是乡村"职住"空间关系的主要决定因素，对于乡村聚居空间有着重要的影响和作用。一方面，农地一般是不可变的，生产半径在很大程度上影响着乡村聚居地的空间分布；另一方面，农业生产半径决定着乡村聚居地之间的距离尺度，也影响着乡村聚居地分布密度与乡村聚落腹地规模，继而影响乡村聚居空间模式。

2. 农产品单位纯收益

农产品单位纯收益指扣除单位农产品生产过程中的相关成本①（如种子秧苗费、农药化肥费、机械作业费等物质直接成本，土地承包费、管理费、税费等间接成本，雇佣人工等人工成本）后的农产品净产值。农产品单位纯收益是决定单位农产品人口抚养能力的重要指标，直接影响着乡村人口规模。

3. 农产品单位用工量

农产品单位用工量指单位农产品在生产过程中生产者（包括其家庭成员）和雇佣工人直接劳动的天数。农产品单位用工量越大，生产成本越高。农产品单位用工量是决定单位劳动力土地支撑能力的重要指标，亦直接影响着乡村人口规模。

4. 农业生产劳动对象

农业生产劳动对象指劳动者在农业生产过程中加工的一切物质资料，主要包括

---

① 农产品生产总成本包括生产成本与土地成本。其中，生产成本包括物质直接成本、人工成本，人工成本又包含家庭用工折价与雇工费用；土地成本包括流转地租金、自营地折租。

各类有生命的动植物资源。农业生产劳动对象的类型不同，耕作方法、田间管理要求、单位用工量、生产半径、农产品的产出效率与经济收益均有明显差异，进而带来居住地分布和人口规模的差别。

5. 农民收入基准

农民收入基准指特定地域内每个农业人口生存生活的底线。基于一定的耕地资源数量与生产力水平，满足农民收入基准所依赖的农业资源数量成为决定特定地域农村人口规模的关键因素，即农民收入基准成为影响乡村人口规模的重要因素。

6. 农民兼业系数

农民兼业系数指一定地域内农业劳动力收入中务农收入的占比。兼业农户的收入包括农业收入与非农业收入，若特定区域内农业劳动力存在兼业行为，意味着他们的生计不完全依靠农业收入，则相同面积农地可养活的人口总量将大于无兼业情况下的人口总量。农民兼业系数是将农民兼业行为对人口规模的影响程度进行量化的重要指标。

7. 农业生产组织形式

农业生产组织形式指从事农业生产的相应组织形式，包括农业经营形式、农业组织管理形式等，它是农业生产方式的重要组成部分，属于生产关系的范畴。农业生产组织形式影响着乡村聚落、农地、农业生产服务的空间构成关系，继而对乡村聚居空间模式产生影响。

3.2.3 协动因素——乡村社会生活

乡村社会生活包含的生活发展要素是与生产发展要素共同发挥作用的协动因素，具体包括居住生活配套、交通出行、社会组织结构和文化观念等方面（图3-3）。

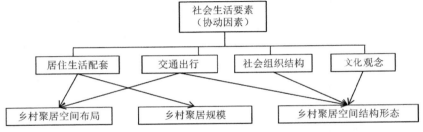

图 3-3 乡村社会生活要素构成
图片来源：作者自绘

1. 居住生活配套

居住生活配套对乡村聚落的空间布局与规模有着重要影响。一方面，乡村生活顺利开展有赖于教育、医疗、养老、文体、商业和市政等基本公共生活配套，随着居民对生活质量要求的提升，优势公共资源的配套建设引导着乡村人口的迁移与重组，进而影响乡村聚落的等级与空间布局，如现阶段陕北乡村居住空间向拥有完全小学以上村镇集聚的趋势明显。另一方面，公共设施配置与运营要求达到一定的人口规模，这个规模门槛决定着乡村聚落的最小人口规模。

2. 交通出行

交通出行条件影响着乡村聚落的选址与布局，乡村道路空间组织形式更影响着乡村聚落空间结构形态。一直以来，陕北地区乡村聚落具有"向路"布局的明显特征，随着城乡要素加速流动与非农经济迅速发展，乡村聚落向交通线聚集的趋势更为明显，聚落体系空间结构与形态也随之快速演变。

3. 社会组织结构

乡村社会组织结构隐含于聚居生活生产方式与聚居物质空间之中，是聚居空间、聚居活动形成与发展的秩序与组织形式。宗法制度下以血缘为基础的严格家族与宗族关系网络，构成了我国传统乡村基本聚居组织单位，城镇化与工业化背景下的乡村人口与社会经济结构发生了巨变，血缘网格逐渐被地缘、业缘网格所取代，人们将在相互理解、社会距离感知以及相似个人经历基础上形成新的社会群体[59]22，重构乡村社会网络与组织结构，继而对乡村聚居空间产生影响。

4. 文化观念

文化是维系聚落空间结构的纽带。传统农业文明下农民固守乡土，生于斯、安于斯、死于斯，生产生活行为与土地密切相关。伴随农村社会经济环境的变迁，农民固守土地的文化观念已经动摇，农民的居住、就业、消费行为已经并将持续变化，并映射到土地利用、聚落建设等物质空间的表象上。

3.2.4 "生态 — 生产 — 生活"一体化协同机制

生态、生产、生活发展要素对乡村聚居空间的作用方式与程度各不相同。自然生态要素属基础性限束要素，生产发展要素是决定乡村聚居空间演变的主要动力要素，生活发展要素是与生产要素共同发挥作用的协力。

陕北黄土丘陵沟壑区乡村"生态—生产—生活"要素的相互作用机制具体体现为以下三个方面。

第一，地域自然生境条件约束着农业生产方式与聚落空间分布格局。在传统乡土社会，这里复杂起伏的地貌，决定了农地资源分散且零碎，也决定了小而散的乡村聚落空间分布。现阶段，特殊的自然地理条件仍局限着乡村居民点空间集聚的可能性，阻碍着交通条件的改善，局限着流通速度与经济水平的提升，阻碍着农村城镇化与现代化的步伐，局限着缩小地区差距与城乡差距的可能性。

第二，农业生产方式与聚落空间分布格局反作用于地域生态环境。陕北黄土高原人居环境建设是一个在自然生态退化与人类需求增长的两难困境中进行抉择的过程[95]1。历史上陕北民众以农业垦殖的方式实现了自身的生存与聚落的扩张，导致地区生态环境遭到严重破坏。从国家生态安全战略需求出发，陕北地区乡村产业发展战略必须是大力发展现代生态农林牧产业。现代农林牧业生产半径成倍增大，耕地、林地分布对乡村居住空间的限制作用大大减弱，乡村居民点适度集中成为可能，从而大大减少了人居建设对自然生态环境的干扰。

第三，生产、生活发展要素共同决定乡村聚居空间格局，其中生产发展要素是根本性决定要素。陕北地区农业生产方式变革带来乡村生产生活方式的全面快速转型，现代生产、生活发展要素成为乡村聚居空间的决定性因素。

3.3 农业生产方式转型下既有乡村聚居空间模式亟待重构

农业生产方式作为根本动力，对乡村聚居空间演变发挥着最为直接和重要的作用，农业生产方式的阶段性转变必然带来二者相互关系的演变。

3.3.1 农业生产方式转变的阶段划分

农业生产方式转变源于城乡关系的演变。不同城乡关系下农业劳动力的从业结构与从业地点等均会发生改变，从而引发生产方式的转变。

本书以城乡关系的转变为背景，从不同时期城乡要素流动、农业劳动力就业与居住空间等方面的变化出发，将新中国成立后逐步实现现代化的乡村地域划分为"务农→外出兼业→就地（近）兼业→现代化"四个发展阶段[32]，分别对应"传统农业主导生产方式→'外地务工＋务农'生产方式→多业融合主导生产方式→现代农林牧业主导生产方式"的阶段性转变，各阶段农业生产方式与相应乡村聚居空间的关系由基本匹配逐渐走向失配并最终导致亟待重构，具体见表3-1。

表3-1 乡村生产方式转变的阶段划分与特征总结

阶段划分	务农阶段	外出兼业阶段	就地（近）兼业阶段	现代化阶段
主导生产方式	传统农业主导生产方式	"外地务工＋务农"主导生产方式	多业融合主导生产方式	现代农林牧业主导生产方式
从业地	乡村	省内大中城市甚至省外＋乡村	城镇区及近郊＋乡村	城镇区及近郊＋乡村
居住地	乡村	省内大中城市甚至省外＋乡村	城镇区及近郊＋乡村	城镇区及近郊＋乡村
从业者归家频次	归家频次高	外出劳动力生产生活的"两栖"特征明显，归家频次降低	就近务工人员可以居住在近郊城镇或乡村，归家频次上升	归家频次高
生产半径内涵	传统手工、畜力工具下的耕作半径	异地工商业生产半径＋耕作半径（增大）	就地（近）工商业生产半径＋耕作半径（再增大）	就地（近）工商业生产半径＋耕作半径（再增大）
农业生产方式与相应乡村聚居空间的匹配关系	基本匹配，较为稳定	匹配关系被打破，失衡日显	失衡加剧	亟待重构
阶段属性	稳定期	动态过渡期	动态过渡期	稳定期

资料来源：作者自绘

我国各地区的城乡关系演变阶段具有一定共性，但由于农业内部产出的有效劳动和城镇化所吸纳农业人口的现实与潜力存在差异[137]，同一时期不同地区的乡村可能处于不同的发展阶段。东部发达地区城镇可提供的非农就业机会多，其周边农户就近兼业和乡村城镇化的情况非常普遍，这类乡村大都处于就地（近）兼业阶段后期甚至正在步入现代化转型阶段，如上海市郊农村地区，本地农民实际已经大幅转移至城镇，这些乡村目前主要集聚着大量的外来务工人员[138]。西部欠发达地区的城镇缺乏就业机会，乡村农业劳动力外出打工的比例较高，这类乡村目前大都处于外出兼业阶段。

陕北黄土丘陵沟壑区目前处于外出兼业阶段，这里交通不便、经济落后，区域城镇化水平偏低，煤、石油等能源化工产业是城镇化的主要动力，各阶段农业生产方式与相应乡村聚居空间的演变历程将在下文进行阐述。

3.3.2 传统农业主导的生产阶段——基本匹配

新中国成立后直至改革开放（1978年）前，我国整体上处于计划经济体制下工业城市的城镇化发展阶段。由于受到强烈的政策和政府干预，1949—1952年农村实施土地改革，1953 年推行农业合作化运动，1962 年开始实行以生产队为基本核算单位的合作制度并延续到 1978 年，严格的户籍管理制度、统购统销制度下城乡完全分离，也阻止了城乡间的要素流动[131]。

该阶段陕北乡村处于较为单纯的务农阶段，由于农业生产力水平低下，农产品剩余少且商品化程度低，农业生产、流通、消费表现为内向型与自给自足。虽 20 世纪 70 年代的宽幅梯田改造推动了农业机械化发展，同时化学肥料和科学选种促进了农业技术的进步，导致了事实上的"隐性失业"，但农民受人口转移限制只能留在土地上[131]。务农阶段属城乡分离的相对稳定期，农民日出而作、日落而息，从业地和居住点都局限于乡村，单纯务农的传统梯田小农生产方式与缓慢扩散的小规模分散式乡村聚居空间格局基本匹配。

3.3.3 "外地务工＋务农"主导的生产阶段——失配日显

改革开放后，我国整体上处于社会主义市场经济体制下的城镇化加速推进阶段。家庭联产承包责任制在乡村普遍推行，改革之初农民生产积极性提升，农业经济效益大幅提高，农业劳动力比例趋于上升，农民向非农领域转移的趋势不明显。1984 年国家允许农民进入城市务工，农民工的大规模流动开启。1984—1989 年国内农村劳动力非农就业的主要载体是东部地区乡镇企业，农村劳动力流动表现为"离土不离乡"，1989 年后农业劳动力由以本地转移为主转变为以异地转移为主[131]37。

1979 年至今，陕北乡村发展进入外出兼业阶段，大规模的人口外流始于 2000 年前后。伴随着退耕还林工程对乡村剩余劳动力的加速释放，该地区农业劳动力开始加速外流，越来越多的青壮年劳动力外流至省内大中城市甚至省外，如榆林市在 2005—2013 年，乡村从业人员中农业从业人员占比由 66% 下降至 55%，每年外出务工人员净增 1.3 万人。

当地乡村抽样调查数据显示，外出劳动力主要集中在省内务工，以省会城市（西安市）、陕北中心城市（榆林市、延安市）为主，占比为 43.6%；省外务工地主要局限于珠三角、长三角及京津唐等发达地区，占比为 32.5%；当地县城占比为 15.2%（表 3-2）。就业类型主要集中于建筑业、采矿类工业、交通运输类及服务业类体力工作岗位（表 3-3），外出就业的常态是不稳定和不固定，多数务工人员每年年末返乡后要寻找新的就业机会。受生命周期规律影响，不同年龄层农业劳动力就业地选择存在明显差异，青壮年劳动力倾向于外出务工，老年农民工返乡态势明显，但 50 岁以下年龄段常年外出务工者所占比例远大于在本地务工者（表 3-4）。

表 3-2　陕北典型村落农业劳动力务工地抽样调查统计　　　　　　单位：%

务工地	陕西省内中心城市				陕西省内县城		省外城镇
	陕北中心城市		省内其他城市		陕北县城	省内其他县城	
	榆林市区	延安市区	西安市区	其他市区			
比例	14.7	11.3	17.6	4.9	15.2	3.8	32.5
累计比例	67.5						32.5

资料来源：作者自绘

表 3-3　陕北典型村落农业劳动力务工职业结构抽样调查统计　　　　　　单位：%

职业	工矿业	建筑业	交通运输、仓储和邮政业	批发和零售商业	餐饮、住宿等服务业	其他行业
比例	21.3	35.2	10.8	8.9	12.8	11.0

资料来源：作者自绘

表 3-4　陕北典型村落不同年龄段农业劳动力就业地抽样调查统计　　　　　　单位：%

年龄	务农	农业兼业	本地务工	常年外出务工	就学参军及其他
16～19 岁	2.1	4.2	4.7	35.8	53.2
20～29 岁	7.9	12.1	15.3	54.7	9.9
30～39 岁	14.9	25.1	19.8	37.1	3.1
40～49 岁	24.8	24.2	20.8	29.2	1.0
50～59 岁	37.2	35.8	14.8	9.2	3.0
60～69 岁以上	45.3	35.7	10.5	2.4	6.1

资料来源：作者自绘

大比例外出的农业劳动力的"城乡两栖"特征，对陕北农业生产方式造成深刻影响，单纯务农的生产方式被"外出打工＋务农"的方式取代，从业地与居住地开始分化，打工者的就业地和居住地"飞地式"转移至外出打工地，乡村农业劳动力的生产就业已经融入更大的空间范围中。与此同时，劳动力的大量流出导致乡村常住人口逐年减少及常住人口结构发生律动[32]，这与当前乡村公共设施配置水平的提升要求存在结构性矛盾，导致乡村公共设施配置与运营难度极大，乡村居民公共设施使用满意度较低。

外出兼业阶段属城乡互动背景下的动态过渡期，以乡村劳动力向远距离城镇的不断转移为主要特征，乡村以"外出打工＋务农"为主的复合生产方式与现有乡村聚居空间开始"失配"并日趋严重，主要体现在以下几个方面：

第一，常住人口减少导致乡村聚落物质空间大量剩余，聚落空废化问题突出。

第二，陕北乡村传统梯田小农生产方式被打破，乡村居民点体系也随之调整。首先，小型机械化与机动车务农在陕北地区逐渐普及，农林牧业生产半径的逐渐增大为乡村居民点的聚集整合创设了条件。其次，农业生产由粮食生产向林、牧、农业综合发展的大农业发展方向转变，农业经济由单一农业生产向第一、二、三产业共同发展的方向转变，少量拥有特殊旅游资源的村落可积极发展乡村旅游业并成为重要的旅游目的地，乡村单纯务农的生产方式被复合的生产方式替代，复合的生产方式发展必将带动复合的生活方式的产生，最终影响乡村居民点空间体系。以乡村旅游业为例，2015 年上半年，榆林市乡村旅游收入 4 亿元，同比增长 11%，乡村旅游农家乐 602 户，乡村旅游从业人数达 5 483 人[139]。

3.3.4 多业融合主导的生产阶段——失配加剧

从全国的城镇化发展区域化格局出发，随着大中城市资本边际收益的降低，新增资本将转投人口流出地，城镇化由传统的极化模式向新的分散模式转变[32, 140-141]，具体表现为城镇化的重点从沿海及东部发达地区转向中西部地区，县城成为城镇化的重要层级，就地城镇化和近地城镇化重新成为重要的城镇化方式[142]。

中西部地区发展加速，据测算，2008—2012 年、2013—2015 年中西部地区社会消费品零售总额增速分别达到 17%、12% 以上，超过东部地区；2010 年中部和西部地区的人均边际消费率分别达到 0.64、0.69，超过东部地区的 0.61；2008—2011 年、2012—2017 年中西部地区 GDP 年均增速分别保持在 17%、8% 以上，增速超过东部地区，就业吸引力不断提升。

根据舒尔茨从"成本—效益"角度的分析，只有迁入地和迁出地的收入差距大于迁移成本时，城镇化迁移才可能发生[131, 137]。依据中国国情，以家庭为单位的城镇化迁移，除了自身外还需为 0.65 ～ 0.8 个受赡养者支付城镇生活成本，21 世纪初约翰逊估算的单劳动力负担的成本是其收入的 2 ～ 3 倍[131, 137]。以实现永久转移的城市住房指标为例，2012、2014 年分别仅有 0.6%、1.0% 的外出农民工在务工地买房，其余都保持了临时性或流动性的居住状态[131, 137]。面对当前"候鸟式"迁移带来的留守儿童（老人）、家庭成员长期分居、形成城市"新贫民"等诸多城乡社会问题，长距离、高社会成本的跨区域流动必将被短距离、低社会成本的就地（近）流动所替代。

能源产业是陕北地区主要的城镇化动力，受能源产业发展低迷的冲击，虽延安市、榆林市 2015、2016 年连续 2 年生产总值与第二产业生产总值出现负增长，但 2010—2016 年社会消费品零售总额年均增速仍保持在 22% 和 16%，第三产业增加值年均增速为 20% 和 17%，在中西部地区保持领先，也超过了东部地区（表3-5）。与此同时，陕北乡村农业劳动力返乡就业现象在近年来也初现端倪，如榆林市 2014 年起外出务工人员总量开始减少，根据笔者的实地调研，基于照顾家人、城市就业风险、农村创业环境改善等原因（表3-6），当地农民工选择就近打工并安家定居的意愿越来越明显，返乡就业劳动力数量呈增长趋势，且越来越年轻化和高素质化。结合 2013、2015、2017 年分别在米脂、子洲两县典型村落针对返乡就业劳动力的调查发现，返乡劳动力以中老年年龄段为主，劳动力数量有所增长，与 2013 年相比，2017 年男性返乡劳动占比提升 10 个百分点，"30 ～＜ 40"年龄段返乡劳动力占比提升 9.6 个百分点，初高中教育水平返乡劳动占比提升 11.9 个百分点。高素质青壮年劳动力回流无疑有助于乡村社会网络重构，对于推动地区农业生产现代化具有重要意义。

表 3-5　2010—2016 年延安、榆林两市相关经济数据增长情况一览　　单位：亿元

项目	市域	2010 年	2011 年	2012 年	2013 年	2014 年	2015 年	2016 年
社会消费品零售总额	延安	112	131	152	192	218	241	258
	榆林	217	259	308	348	375	396	423
第三产业增加值	延安	179	211	239	275	304	363	391
	榆林	459	551	615	729	809	825	926

资料来源：延安、榆林两市统计年鉴

表 3-6　陕北典型村落农业劳动力返乡就业原因抽样调查统计　　单位：%

返乡就业原因	照顾家人	城市就业风险	家乡就业机会增多	家乡惠农政策吸引	回乡投资	其他
所占比例	42.2	17.0	15.4	8.7	10.2	6.5

资料来源：作者自绘

表 3-7　2013、2015、2017 年陕北典型村落
返乡劳动力受教育程度及年龄结构抽样调查统计

年份	受教育程度（%）					年龄段（岁）				
	文盲	小学	初中	高中	中专及以上	＜ 30	30 ～＜ 40	40 ～＜ 50	50 ～＜ 60	≥ 60
2013	7.2	37.8	45.5	7.5	2.0	2.1	15.5	54.5	23.6	4.3
2015	2.3	31.7	48.4	12.2	5.4	2.4	19.9	48.3	26.7	2.7
2017	4.7	25.5	50.7	14.2	5.1	2.1	25.1	47.6	21.8	3.4

资料来源：作者自绘

由此，未来一定发展阶段内，随着陕北各县（市、区）产业经济与就业吸引力的不断提升，陕北乡村将逐步进入就地（近）兼业阶段。该阶段内农民工在县（市、区）近域从事多种产业的态势将占据主导地位，"多业"涉及近郊城镇非农产业，与

农林牧业相关的第二、三产业（农产品加工、商贸、物流）和乡村旅游服务业等，以实现该地区的低成本就地（近）城镇化。随着农业劳动力就地（近）"多业融合"收入的提升，当城乡收入与公共服务水平基本持平时，该地区乡村即进入下一个发展阶段。

与外出兼业阶段相似，就地（近）兼业阶段同属动态过渡期，以农业劳动力由外地城镇向本地城镇的逐渐回流为主要特征，该阶段以"多业融合"为主导的复合生产方式与乡村聚居空间的失配仍在加剧。一方面，农业劳动力向周边城镇的迁移进一步要求乡村居民点的集聚重构；另一方面，农林牧业生产半径进一步扩大，乡村公共服务设施质量要求继续提升，乡村居民点集聚整合的需求更为凸显。

3.3.5 现代农林牧业主导的生产阶段——亟待重构

城镇化发展有其特定的阶段划分，二元经济理论提出，工业化进程中乡村剩余劳动力并不是"无限供给"的，伴随着劳动剩余与城乡预期收入差异的减小，乡村劳动力向城镇的流动逐渐减少并最终达到瓶颈状态，这预示着"刘易斯拐点"的到来，城乡发展进入相对稳定的现代化阶段。

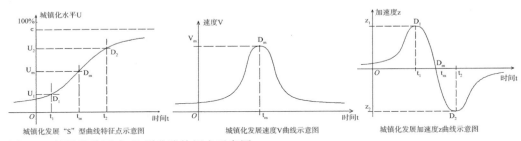

图 3-4 城镇化发展"S"型曲线特征点示意图
图片来源：参考文献[144]

诺瑟姆（Northam）的城镇化发展 S 曲线将城镇化发展划分为低水平缓慢增长的起步期、城镇化的快速发展期、城镇化水平较高且平稳的最终阶段[143]。根据王建军和吴志强、陈彦光和罗静运用 Logistic 增长模型对 Northam 曲线三个阶段分界点计算方法进行的推演及相关结论，确定 D_1（城镇化加速度最大点）、D_m（城镇化速度最大）、D_2（城镇化加速度最小点）为 Northam 曲线三个阶段的分界点（图 3-4），提出中国在 20 世纪 70 年代中后期（城镇化水平 17%）进入城镇化第二阶段，2004年前后城镇化速度减缓，而在 2030 年代初将进入第三阶段（城镇化水平 63%），并预判我国城镇化水平饱和值为 80% 左右[144]。李晓江等基于全国 20 个县级单元的经济、产业、人口、就业数据分析，认为 2030 年中国人口将达到峰值①，城镇化水平将保持在 65% 左右，未来城镇化速度将明显放缓，而是更为强调城镇化质量的提升。

依据延安、榆林两市统计年鉴相关资料及典型县（市、区）的总体规划，本研究预测陕北地区将在 2030—2035 年进入现代化发展阶段。2016 年，延安、榆林两市常住人口城镇化率分别达到 59.09%、56.25%（表 3-8），而户籍人口城镇化率仅分别为 34.83%、28.64%，延安市 2010—2016 年年增长率仅为约 1.28%（表 3-9），城镇化质量不高。研究区内各县（市、区）存在严重的发展不平衡，宝塔区、榆阳区常住人口城镇化率高达 70% 以上，而位于研究核心区内的米脂、绥德、吴堡、清涧、子洲、佳县、延长 7 县仅为 32% ~ 48%，其他各县（市、区）城镇化率为 48% ~ 70%（表 3-10）。根据子长、安塞、佳县、吴起、米脂 4 县的城市总体规划，2030 年城镇化率预测值在 65% ~ 77%（表 3-11）。由此大致预测，本研究区的城镇化率将在 2030—2035 年提升至 65% 左右，继而进入城镇化水平较高且相对平稳的现代化阶段，现代化阶段属城乡融合背景下的城乡发展新阶段，该阶段城乡劳动力流动趋于相对稳定，乡村再次进入相对稳态的发展阶段。

表 3-8　2010—2016 年延安、榆林两市常住人口城镇化率统计表　　单位：%

市域	2010 年	2011 年	2012 年	2013 年	2014 年	2015 年	2016 年	年均增长率
延安市	48.30	49.50	52.27	54.03	55.82	57.32	59.09	3.72
榆林市	47.41	48.56	51.34	52.79	53.86	55.00	56.25	3.11

资料来源：2017年延安市、榆林市统计年鉴

表 3-9　2010—2016 年延安、榆林两市户籍人口城镇化率统计表　　单位：%

市域	2010 年	2011 年	2012 年	2013 年	2014 年	2015 年	2016 年	年均增长率
延安市	32.34	33.42	33.80	34.05	34.65	37.77	34.83	1.28
榆林市	—	—	—	—	—	—	28.64	—

资料来源：2017年延安市、榆林市统计年鉴

表 3-10　2016 年陕北黄土丘陵沟壑区 21 县（市、区）常住人口城镇化率统计表　　单位：%

延安市				榆林市			
县（市、区）	城镇化率	县（市、区）	城镇化率	县（市、区）	城镇化率	县（市、区）	城镇化率
宝塔区	79.43	延长县	47.35	榆阳区	74.11	米脂县	41.69
安塞区	52.53	甘泉县	56.21	神木市	69.69	绥德县	40.65

---

① 《国家人口发展战略研究报告》指出中国人口发展在2033年达到峰值15亿人左右。

（续表）

延安市				榆林市			
县（市、区）	城镇化率	县（市、区）	城镇化率	县（市、区）	城镇化率	县（市、区）	城镇化率
志丹县	59.56	宜川县	39.57	府谷县	65.41	吴堡县	43.14
延川县	69.49	—	—	靖边县	63.51	清涧县	37.40
吴起县	59.33	—	—	横山区	49.83	子洲县	36.16
子长市	64.98	—	—	定边县	47.25	佳县	32.73

资料来源：2017年延安市、榆林市统计年鉴

表 3-11 子长、安塞等 4 县（市、区）2030 年城镇化率预测值统计表　　单位：%

年份	子长市	安塞区	佳县	米脂县
2030	70	77	68	65

资料来源：根据子长、安塞等4县（市、区）最新版城市总体规划相关资料整理

　　本研究以2030—2035年的远期现代化乡村为主要研究对象。根据发达国家经验，该阶段内虽农业在国民经济中的份额大大下降，但乡村仍借助良好的自然生态本底积极发展现代农业及以农业为核心衍生和剥离出的服务性功能[137]，如乡村旅游、农产品加工与物流等，并参与到城乡大分工之中。现代乡村产业价值远超传统农业或单纯农业GDP的范畴[137]，产业特征表现为农业就业量下降，农业多样性、服务性与科技性增强，生态保育、文化传承与休闲娱乐等多样化功能凸显等。

　　远期现代化阶段，陕北现代乡村将以现代农林牧业生产方式为主导。一方面，陕北乡村特别是沟壑山区乡村将主要发展现代农林牧业和乡村旅游业，从当地的交通条件和经济条件出发，城镇非农产业主要包含能源化工业、建筑业、三产服务业、文旅产业以及与现代农林牧业相关的第二、三产业（农产品加工及商贸物流业）等，与经济发达地区相比，非农产业类型相对单一，能够产出的有效劳动及其容量较为有限，可为当地农民提供的非农兼业数量也偏少，且主要在河谷川道区的城镇开展。另一方面，乡村地域仍以现代农林牧业生产为主，该地域内与现代农业生产、经营方式相适应的高标准基本农田具有典型的散布特征，而以红色文化、窑洞民俗为主的特色旅游资源数量有限，在省域或全国范围内具有较高知名度的旅游资源较少。因此，陕北现代乡村将以现代农林牧业为主，本研究也重点关注该地区农业生产方式转型下的乡村聚居空间重构。

　　由此，现代农林牧业主导生产方式下，当地农户将以保持家庭"工农"分工为前提，基于"现代农林牧业＋现代农林牧业衍生产业"或"现代农林牧业＋近郊城镇非农产业"实现安居乐业。其中，现代农林牧业衍生产业指以农林牧业为核心衍生出的服务性行业，包括现代农林牧业的第二、三产业（农技服务、农产品加工与

商贸物流等）、乡村旅游服务业等。届时，农业劳动力将以合理尺度下的短距离城乡通勤流动为主要方式，根据保证现代农业生产绩效的农业生产组织方式与生产尺度，选择在乡村或近郊城镇定居或工作（图 3-5），乡村聚居空间势必随之重构。

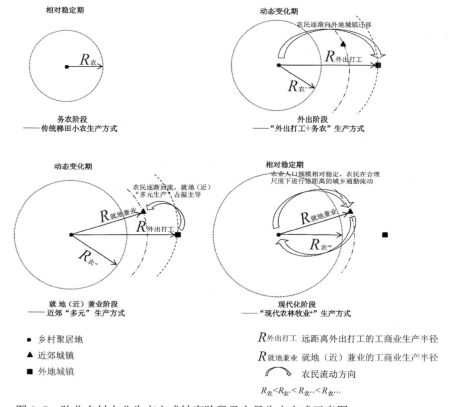

图 3-5　陕北乡村农业生产方式转变阶段及主导生产方式示意图
图片来源：作者自绘

3.4　现代农林牧业生产方式下乡村基层空间单元亟待重构

依循人类聚居学所提出的"聚居的总体空间肌理取决于它的基本聚居单元"这一思想，乡村聚居空间的重构须以乡村基层空间单元的重构为基础，进而实现从最基本的层级系统向高层级系统进阶的聚居空间构建。陕北黄土丘陵沟壑区现状乡村基层空间单元（自然村、行政村）与传统粮食种植业的生产半径和小农生产方式相匹配，而现代农林牧生产半径、生产尺度及生产组织方式，必然催生现代乡村基层

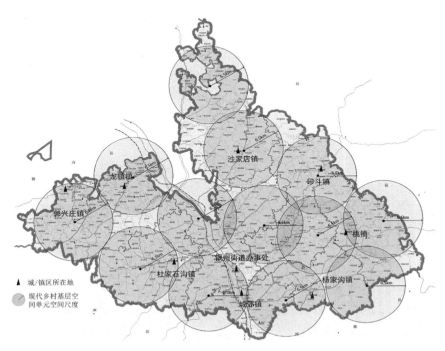

图 3-6　米脂县现代乡村基层空间单元数量与分布密度示意图
图片来源: 作者自绘

空间单元空间尺度、劳动力需求结构、功能与空间构成的变革，以形成新的稳定匹配关系。

3.4.1　乡村基层空间单元的空间尺度改变

现代农林牧业生产半径成倍增大，在现代农林牧业生产半径支撑下，现代乡村农业生产的尺度与辐射范围和乡村基层空间单元的规模尺度均大幅增大，村庄数量、村庄分布密度则明显变小。

以米脂县为例进行论证，借助 GIS 缓冲区分析[①]，以该县最新版土地利用总体规划所确定的基本农田和行政村分布为数据基础，选择以部分发展基础较好的镇区所在村或行政村为中心地，农机车半小时出行实际距离 10 km（农机车车速取值为 20 km/h），即以直线距离 6.4 km[②]为半径生成缓冲区，中心地选择应首先考虑让缓

---

① 县域层面的生产、生活空间相关关系的分析对空间精度要求不高，因此本书采用缓冲区分析法。
② 参考梁国华对于陕西省不同平均坡度下山地地形起伏修正系数的测算结果，陕北平均坡度取值为20%，地形起伏修正系数取值为1.57，即实际出行距离为10 km时，其水平直线距离约为6.4 km。

冲区覆盖县域内的所有基本农田，同时让各个缓冲区的相互覆盖程度达到最小（图3-6）。分析结果显示，现代农林牧生产半径增大使新的乡村基层空间单元的空间规模大幅增大、数量和分布密度大幅减小，为大部分村庄的自然消解和乡村人口空间集聚创造了前提，这样的结构性调整亟待重构现有村庄系统，而非目前正在实施的迁村并点、移民搬迁等简单化的调整。

3.4.2 乡村基层空间单元的劳动力需求结构改变

劳动力需求结构主要涉及劳动力需求量和劳动力需求类型两方面。

与现代农林牧业生产方式匹配的乡村基层空间单元，其空间规模和农地资源规模虽大幅增大，但现代农业劳动力需求量和总人口规模却不会等倍增大。一方面，小型农机化设备的使用使农业生产效率得到了数倍提升，单位劳动力的土地支撑能力也大幅提升，单位农产品的农业劳动力需求量则大幅下降；另一方面，在现代农民收入基准提升的情况下，单位农产品收益的人口抚养能力也会下降，而与之相反的是，当地可能存在的农民就地非农兼业行为会在一定程度上提升人口抚养能力。由此，在多种因素影响下，乡村基层空间单元的农业劳动力需求量和总人口规模将发生复杂变化。

农林牧业现代化主要包括农业生产物质条件、技术的现代化和农业组织管理的现代化，迫切需要与之相匹配的新型职业农民（图3-7）。具体而言，农业生产物质条件、技术的现代化需要小型农机作业手和具备现代农业种养技术的农业工人（雇员），农业组织管理的现代化要求培育农业大户、家庭农场主和农业合作社带头人等多种生产经营型农民，"专业合作社＋家庭农场""农业企业＋专业合作社＋家庭农场""龙头企业＋农业基地＋家庭农场"等现代农业组织经营模式要求培育农村经纪人、全科农技员、动物防疫员、防治植保员等社会服务型农民。新型职业农民对知识、技能结构提出了较高要求，这与现状乡村的剩余老弱病残化人口完全不匹配。

3.4.3 乡村基层空间单元的功能与空间构成改变

陕北现状村落以居住、农业生产功能为主，公共服务功能不健全，但现代乡村基层空间单元必须保证最基本但又相对完整的社会、经济功能，具体而言，就是要通过现代农林牧业保证当地农民与城镇居民相对平衡的收入水平，还要切实提升乡村公共服务水平与基础设施配置水平，以吸引新型职业农民回流并实质性地在乡村

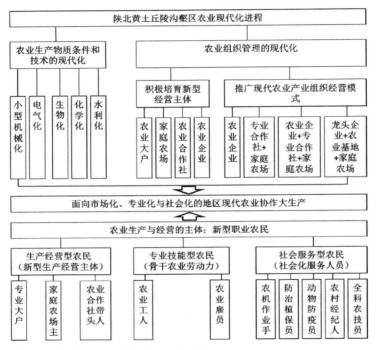

图 3-7 现代农业生产组织模式示意图

图片来源：作者自绘

驻留，切实推动乡村现代化转型。

现代乡村基层空间单元的功能改变必然带来空间构成的改变。

第一，为保证最基本的社会功能，乡村基层空间单元内的乡村住区应新增初级教育、医疗、养老、文体等基本公共设施，配置道路、给水、排水、环卫环保及通信等基础设施，以满足现代乡村家庭居住与公共生活需求。

第二，为保证最基本的农业经济功能，乡村基层空间单元应新增现代农业生产基础服务点。传统农业生产主要依赖于人力、畜力，对农业生产服务基本没有需求，简单的农具储藏服务功能与居住功能合并设置于村庄内即可。但现代农业生产依赖于多样化的生产服务功能，为保证生产绩效，原合并设置的生产、生活服务功能应实施空间分离，特别是农机具储藏、农机维修、农产品初加工（包括农产品储藏、烘干、清洗、分级、包装等）、农资配送及农技推广等基础性服务功能应尽量靠近农地布设，单个现代农业生产基础服务点辐射一定规模范围的农地，乡村住区、现代农业基础服务点、农业生产用地之间通过乡村道路与机耕路实现联系，农民可驾驶农

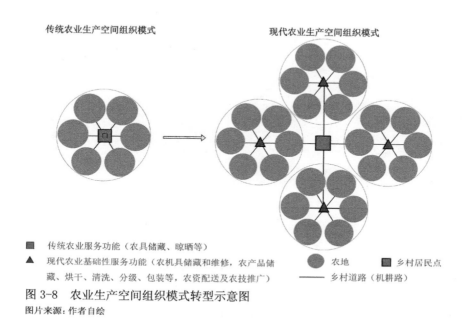

传统农业生产空间组织模式　　　　　　　现代农业生产空间组织模式

■　传统农业服务功能（农具储藏、晾晒等）
▲　现代农业基础性服务功能（农机具储藏和维修，农产品储藏、烘干、清洗、分级、包装等，农资配送及农技推广）

●　农地　　■　乡村居民点

——　乡村道路（机耕路）

图 3-8　农业生产空间组织模式转型示意图
图片来源：作者自绘

机车（或电动车）到达生产服务点，装卸好农机具后再由生产服务点驾驶农机车到达各个农业生产用地开展生产活动（图 3-8）。

3.4.4　乡村基层空间单元及组织系统亟待重构

城镇化与现代化进程中乡村人居空间的普遍收缩消解和集聚化趋势，客观上要求乡村基层空间单元及组织系统进行重构。

现状乡村聚居空间系统从行政管理角度划分为"行政村—自然村"两级空间单元，近 20 年村庄规划普遍划分为"中心村—基层村"两级，但规划调整后的村庄仍规模小、数量大、分布散。与地区现代农林牧业生产方式匹配的乡村基层空间单元的空间尺度、劳动力需求结构、功能与空间构成发生巨变，既有两级空间单元系统势必简化，理想状态下镇以下仅需设置一级乡村住区与基层空间单元，并以其为基本构成细胞组构整个乡村聚居空间。

作为乡村聚居空间系统的基本构成细胞，现代乡村基层空间单元在规模、功能、空间构成等方面完全区别于既有村落（图 3-9），具体如下：

第一，在规模方面，现代农业生产半径支撑下的乡村基层空间单元的空间规模大幅增加。

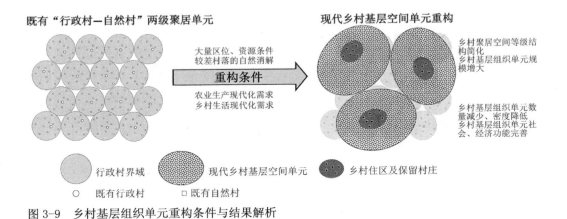

图 3-9　乡村基层组织单元重构条件与结果解析
图片来源：作者自绘

第二，在数量和分布密度方面，乡村基层空间单元的数量将变少，分布密度将降低。

第三，在功能方面，为实现新型农民在乡村的实质性驻留，乡村基层空间单元应具备最基本且不可再分割的社会、经济功能，既能保证现代农林牧业生产的顺利开展，又能保证农业劳动力拥有与城镇相对均等的收入水平，还能保证与城镇相对均等的公共服务水平。

第四，在生活空间构成方面，空间单元将保留若干综合条件较好的现状村庄并形成乡村住区，村庄综合条件评价将涉及自然生态、资源、人口与产业基础、交通区位、空间与建设用地等多方面因素。受沟壑地貌限制，这些保留村庄呈分散集聚状分布，相当于在一定空间范围内扩大乡村住区。

3.5　小结

本章以人类聚居学、农户经济理论、二元经济理论和乡村城镇化等多学科理论为基础，将乡村聚居发展演变的主要影响因素梳理为自然生态环境限束因素、农业生产方式动力因素和乡村社会生活协动因素，其中，城镇化与农业现代化快速推进下的农业生产方式转型是乡村聚居空间重构的根本动因。在陕北黄土丘陵沟壑区，远期阶段现代农林牧业主导生产方式下的乡村基层空间单元及组织系统亟待重构。

4 陕北黄土丘陵沟壑区乡村基本聚居单元的概念、类型与空间模式

结合陕北黄土丘陵沟壑区的地域性特征，远期阶段现代农林牧业生产方式下的乡村聚居空间模式必然要重构。本章提出匹配现代农林牧业生产方式的"乡村基本聚居单元"概念，并研究乡村基本聚居单元的构建机制、主要类型、功能结构和空间模式，旨在最终实现以其为基本细胞的现代乡村聚居空间模式的构建。

4.1 乡村基本聚居单元的概念与特征

4.1.1 概念

乡村基本聚居单元，是与现代农林牧业生产方式下的劳动力规模、产业结构以及职住空间关系相匹配的乡村基层空间单元，它既是现代"城—镇—村"聚居空间体系的末端单元，也是陕北黄土丘陵沟壑区现代乡村聚居空间系统的基本构成细胞。在功能上，它涵盖基本农业生产、居住生活与服务、生态维育等功能；在空间上，它是生产空间（农地、林地空间等）、生活空间（居住生活空间、公共服务空间等）以及自然生态空间密切关联的集合；在规模上，现代农、林、牧业生产半径与生产空间尺度决定其生产空间规模，生产空间内的产业资源承载力决定其人口规模。

乡村基本聚居单元是当前乡村聚落集约化、现代化转型后的相对稳定形态，基于外部引入无力和自身经济落后的现实条件，陕北乡村只能立足于聚落群的内部整合实现集聚重构，具体而言，即通过打破镇以下乡村聚落的社会、经济、空间层级概念与行政区划限制，将若干自然村、行政村群集而实现乡村基本聚居单元的构建。

乡村基本聚居单元的形成来源于相对独立完整的基本"生态—生产—生活"功能在同一地理空间的协同，它的内涵具体体现在以下几个方面：

第一，乡村基本聚居单元是一个耦合于特定自然环境的生态单元。黄土丘陵沟壑地貌约束下的小流域单元是乡村基本聚居单元建构的地理空间基础。首先，乡村基本聚居单元是由分水岭、出水口所界定的地理空间单元，梁峁、沟坡、沟底、河流（沟）是构成单元的基本地形要素，这些地形要素地貌特征各异且相互影响。其次，乡村基本聚居单元是由沟壑小流域组成的具有相对完整水文生态过程、土壤侵蚀过程和景观空间格局的生态单元，单元内部的水土流失过程、养分循环过程、物质与能量交换过程相对完整、稳定，其内部自然组成要素相互依存并相互制约，单元本身作为一个开放的生态系统与周围环境进行物质和能量交换。

第二，乡村基本聚居单元是一个相对完整的基本社会单元。乡村基本聚居单元内的乡村住区是现代乡村的基层社区，是支撑现代乡村居住与公共生活的基本生活单元，也是现代乡村社会的基本构成单元和空间缩影，它既可以提供现代乡村家庭居住、公共生活所必需的基本公共设施和基础设施，也拥有作为完整社区所必需的地域认同感、邻里认知感、内聚向心性和空间防卫性。公共服务设施配置需要达到相应的人口门槛，一定量的人口规模是乡村基本聚居单元成为独立社会单元的前提和基础。

第三，乡村基本聚居单元是一个相对完整的基本经济单元。乡村基本聚居单元是一个现代农业生产组织、农产品汇集与组织运输得以有效开展的基本经济单元，是与现代农林牧业生产方式相对应的基本生产单元，应提供现代农业生产开展所必需的农业生产基础服务功能。以保证现代农业生产绩效为前提，单元空间范围取决于合理的现代农林牧业生产半径，单元空间范围内的现代农业生产资料规模与单劳动力可支撑的农业资源规模决定了单元的劳动力人口规模。

第四，乡村基本聚居单元是一个"生态—生产—生活"协同一体发展的复合基本单元。乡村基本聚居单元是以小流域单元为基础构建的自然、社会、经济协调发展的复合基本单元。首先，对于生态脆弱的陕北地区而言，生态安全模式必须以生态、生产、生活协调发展为前提，社会组织单元、农业生产单元与水土保持生态单元在地理空间达到吻合状态更有利于地域生态环境的保护。同时，乡村基本聚居单元内的"生产—生活"功能是匹配与对应的，在陕北乡村现代农林牧业生产半径所决定的单元空间范围内，相应产业资源的农业劳动力承载量与该单元内的居住人口规模是相对应的。

4.1.2　特征

乡村基本聚居单元在边界、自然生态、功能、规模、构建过程等方面具有以下特征：

第一，具有明确的边界。乡村基本聚居单元是由建制镇以下的行政村、自然村群集而成的拥有基本社会、经济功能的地理空间单元，群集后的行政村与自然村的边界即乡村基本聚居单元的边界。

第二，自然生态过程具有相对完整性。乡村基本聚居单元强调单元内景观生态格局的相对稳定性与自然生态过程的相对完整性，它由若干小流域组成，小流域的生态完整性是实现乡村基本聚居单元生态安全的前提与保证。

第三，生态安全承载力范围内基本生产、生活功能具有独立完整性。现有零散小村落的有效集聚有利于该地区的生态修复，乡村基本聚居单元将选择综合发展条件较好的村庄逐步实施人口集聚，其他村庄则逐渐消解还原为自然生态背景或发展现代农业产业。乡村基本聚居单元的人口规模可以支撑现代乡村居住与公共生活所必需的基本公共设施，生活空间分布可以保证现代农林牧业生产及生产服务的顺利开展。

第四，产业资源规模与农业劳动力规模之间具有匹配性。农民在现代乡村的实质性驻留需要达到相应的收入底线，该收入底线依赖于相应规模的产业资源，乡村基本聚居单元内的产业资源规模与农业劳动力规模之间具有匹配性，是保证乡村可持续发展的关键。

第五，构建过程具有长期性和居民主动性。乡村基本聚居单元的构建过程与城镇化进程同步，它的构建来源于现有村落系统的整合与集聚重构，也是未来较长时间段内在相关政策引导下，当地居民基于生产生活现代化诉求而进行的主动集聚。

4.2　乡村基本聚居单元重构的内在机制

本节基于陕北乡村的发展现实与趋势，主要从人地关系和设施配置等方面探讨乡村基本聚居单元重构的内在机制。

4.2.1　"生态—生产—生活"功能协同机制

乡村地区的健康发展离不开生态、生产和生活三大要素的协同作用，党的十九大报告提出的乡村振兴二十字方针"产业兴旺、生态宜居、乡风文明、治理有效、生活富裕"，也是这一内在机制的战略总结和具体体现。乡村基本聚居单元重构的过程既是上述目标共同实现的过程，同时也为上述目标的实现提供了空间支撑，此过程追求的是综合效益的最大化。对于陕北黄土丘陵沟壑区而言，"生态"是基本限束条件，"生产"是根本动力，"生活"是改善对象。乡村聚居空间重构是农村产业现代化的必然趋势和乡村公共服务水平提升的空间基础，同时它还具有重要的社会意义。人口规模缩减、老弱主体化、精神生活匮乏是当前乡村发展中呈现出的突出问题，乡村聚居空间重构能够实现人口规模的适度提升、人群结构的优化、公共精神生活的丰富，对于缓解上述社会问题有着直接而积极的作用。

本研究提出乡村基本聚居单元的"生态—生产—生活"功能协同重构机制，

综合地区生态环境特征、农业生产现代化特征、村庄消解态势与当地居民的生活意愿等，进行基本生态、社会、经济功能相对独立、完整、协同的乡村基本聚居单元的重构，并以其为基本细胞组构现代乡村聚居空间，旨在构建简明有序、层级与职能结构清晰的现代乡村聚居空间系统。

从理论支撑角度而言，生态、生产、生活系统协同研究有赖于城乡规划学、农学、经济学和地理学等相关学科理论的交叉融贯，以更加有效地研讨地区农业生产方式对乡村基本聚居单元的决定意义、影响与作用方式，并最终实现现代乡村聚居空间模式的构建。

4.2.2 "业—居"平衡机制

乡村振兴与乡村现代化以农业强、农村美、农民富为最终目标，该目标的实现以城乡居民收入水平与公共服务相对均等化为前提，并从根本上依赖于乡村的"业—居"平衡，由此本研究提出乡村基本聚居单元的"业—居"平衡重构机制。

乡村"业—居"平衡的基本内涵主要包含以下两部分内容：

第一，产业资源承载力与人口规模的平衡。具体指在一定的地域范围内，以保证现代农民收入基准为前提，乡村居住人口规模与该地域内相应产业资源（农业资源、旅游资源等）的人口承载量基本平衡。

第二，就业地与居住地的空间平衡。依托于乡村道路交通条件的持续改善，现代乡村的工作、生活出行可以实现机动化或电动化，由此，在一定地域范围内，为保证生产效率，劳动力工作出行时空距离应控制在适宜范围内，为保证生活质量，就学、就医、养老、文体活动等生活活动的出行时空距离也应控制在适宜范围内。

"业—居"平衡实质上是地区"人—地"平衡关系的落实，乡村人地系统以人口、资源、环境和发展为核心内容，资源、环境的承载力是一定的，保证可持续发展的核心就是遵循"人—地"平衡机制。作为陕北现代乡村聚居空间的基本细胞，乡村基本聚居单元"业—居"平衡的具体要求为：第一，单元人口规模控制在产业资源的承载力范围内；第二，单元内生产地与居住地的距离控制在地区现代农林牧业生产半径内，居住地与公共设施所在地的距离控制在公共设施服务半径内。

4.2.3 "人—地"动态平衡机制

城镇化过程是城乡之间的势能差带来人口、经济等要素流动的过程，在此过程中，乡村始终处于要素逆差和消解集聚态势，直至城乡之间流动势能相对平衡，即乡村地区的经济收入、生活成本、公共服务、居住环境等方面达到一定水平，能够有一定规模和相对固定的人群定居于乡村，乡村现代化转型得到初步实现。

与务农阶段不同，现代城乡社会、经济与文化要素将更为快速、频繁地互动，由此本研究提出乡村基本聚居单元的"人—地"动态平衡重构机制。"人—地"动态平衡并不意味着人口固守于乡村基本聚居单元内，该平衡主要关注农业劳动力的总规模，该规模即为现代农民收入基准下的农地资源与旅游资源的劳动力承载量或劳动力需求总量。

现代人的选择与流动意味着人力资源的更优配置，基于"人—地"动态平衡机制，以追求更适合自身个性与价值观的美好生活为目标的城乡人口流动将普遍存在，这种流动既包括城市人口为追求城市所稀缺的自然生态环境资源向乡村的流动，也包括乡村人口为追求更多就业机会与更丰富社会生活向城市的流动，但乡村的人口流入量与流出量是基本相当的。

4.2.4 "居 — 服"匹配机制

与平原地区或经济发达地区相比，陕北乡村居住生活系统的组织难度更大，难度根源在于该地区自然地理条件下的产业发展水平限制、交通条件限制与村庄规模限制。这样的限制条件在现代乡村聚居生活系统组织中仍然存在，虽然地区小型农业机械化带来了农业生产半径的倍增，但在地貌限制下其增长幅度小于平原地区，乡村基本聚居单元空间腹地范围也小于平原地区（图 4-1），该空间范围内的农地及其他资源人口承载量也较小，可能无法支撑某些人口门槛高的公共设施，如小学。

由此，本研究提出乡村基本聚居单元的"居—服"匹配重构机制，基于"居—服"匹配机制，乡村基本聚居单元内的公共设施将采用"配置＋共享"的方式。根据乡村基本聚居单元内农业资源可以承载的人口规模，配置相应的基本公共服务设施和基础设施，对于人口门槛较高的公服设施（如小学），采用多个乡村基本聚居单元共享或多个乡村基本聚居单元与镇区共享的方式进行配置，如此，一方面有利于保证公共设施配置的人口门槛，另一方面也在一定程度上扩大了公共服务覆盖面，旨在保证该地区乡村在过渡期和稳定阶段拥有与城镇相对均等的公共服务水平。

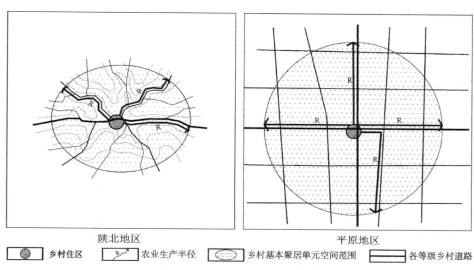

陕北地区　　　　　　　　　　　　　平原地区

▨ 乡村住区　　〰 农业生产半径　　⬭ 乡村基本聚居单元空间范围　　▭ 各等级乡村道路

图 4-1　相同农业生产半径下陕北、平原地区乡村聚居单元空间范围对比示意图
图片来源：作者自绘

4.3　乡村基本聚居单元的主要类型

　　陕北黄土丘陵沟壑区乡村不同区域地理空间特征与主导产业特征的差异，是决定乡村基本聚居单元类型的主要因素。本研究主要按自然地貌条件、地理区位条件、主导产业类型三方面的影响因素划分乡村基本聚居单元的类型（表 4-1），并结合米脂县进行主要类型的具体阐释。

表 4-1　乡村基本聚居单元的主要类型及基本特征

影响因素	乡村基本聚居单元类型	乡村基本聚居单元基本特征
自然地貌条件	河谷川道区单元	乡村住区位于黄河一级支流（延河、秀延河、无定河、洛河）、二级支流（周河、西川河、大理河）流经的河谷区域
	黄土丘陵山区单元	乡村住区位于黄河三级及以下河沟流经的黄土丘陵山区
地理区位条件	城 / 镇区近郊单元	乡村住区位于城 / 镇区近郊
	城 / 镇区远郊单元	乡村住区位于城 / 镇区远郊
主导产业类型	现代农林牧业主导型单元	农地条件好，传统农业发达，现代农林牧业发展优势条件明显
	乡村旅游业主导型单元	拥有独特的自然、历史、文化或现代农业旅游资源
	复合发展型单元	现代农林牧业、乡村旅游业发展条件相当

资料来源：作者自绘

4.3.1　基于自然地貌条件的主要类型划分

自然地貌条件是乡村聚居产生和发展的基础，它决定了乡村基本聚居单元生成的农业资源条件和建设用地条件。根据陕北黄土丘陵沟壑区各等级流域河谷及相应地貌区对于人居环境生成的重要影响，从自然地貌角度将乡村基本聚居单元划分为黄土丘陵山区、河谷川道区两类。其中，河谷川道区单元具体指乡村住区位于黄河一级支流（延河、秀延河、无定河、洛河、窟野河）、二级支流（周河、西川河、大理河、淮宁河）流经区域的乡村

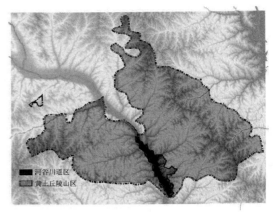

图 4-2　米脂县地貌分区示意图
图片来源：作者自绘

基本聚居单元；黄土丘陵山区单元具体指乡村住区位于黄河三级支流及以下河沟流经区域的乡村基本聚居单元。

米脂县中部为无定河河谷川道区，面积约 24 km²，乡村住区分布于该区域内的聚居单元为河谷川道区单元。河谷川道区东西两侧皆为黄土丘陵山区，面积为 1 154 km²，乡村住区分布于该区域内的聚居单元为黄土丘陵山区单元。根据米脂县内的两个地貌区面积占比，该县域内的黄土丘陵山区单元为主体（图 4-2）。

4.3.2　基于与城／镇区距离的主要类型划分

与城／镇区距离的远近，对乡村基本聚居单元的公共服务功能、农民非农就业条件有重要影响。根据与城镇的距离，可将乡村基本聚居单元划分为近郊型和远郊型两类。其中，近郊型单元具体指乡村住区位于城／镇区近郊的乡村基本聚居单元，远郊型单元具体指乡村住区位于城／镇区远郊的乡村基本聚居单元。

城／镇区拥有较为齐全的公共设施，河谷川道区城／镇区还拥有一定量的非农就业岗位，位于其近郊的村庄可以共享高等级公共设施，特别是小学，也便于分享城镇非农就业机会，由此，城／镇近郊型单元的公共服务条件更好，农民非农就业机会更多；而城／镇远郊型单元受到城／镇区辐射影响较小，农民参与非农兼业的

机会较少。

考虑到小学设施在家庭生活社会化稳定方面的重要作用，以及走读小学生必须接送的特征，将城／镇区小学的有效服务半径确定为城／镇区近远郊的距离临界值。根据米脂县村民能接受的小学服务半径调研统计数据，因城／镇区教育设施质量更好，当地村民可以接受的城／镇小学出行时间比乡村小学长。具体来说，若在城／镇区小学就学，居民可接受的出行时间中，"15～< 20 min"占比为34%，"10～< 15 min""20～< 25 min""25～< 30 min"和"≥30 min"占比分别为30%、27%、8%和1%。若在乡村就读小学，居民可接受的出行时间中"10～< 15 min"比例最高，为51%，"15～< 20 min"次之，占比为29%，接下来"20～< 25 min""25～< 30 min""≥30 min"占比分别为13%、6%和1%（表4-2）。根据实地调研结果，确定"15～< 20 min"为乡村居民可以接受的城／镇区小学出行时间，"10～< 15 min"为乡村居民可以接受的乡村小学出行时间。在远期现代化阶段，考虑乡村居民主要使用电动车（或摩托车）进行接送，选取电动车（或摩托车）时速为15 km/h，计算得出城／镇区小学服务半径为3.75～5 km。

表4-2　乡村小学与城镇小学的通勤出行时间分布调查统计表　　　　单位：%

类型	10～< 15 min	15～< 20 min	20～< 25 min	25～< 30 min	≥30 min
乡村小学	51	29	13	6	1
城镇小学	30	34	27	8	1

资料来源：作者自绘

2019年米脂县辖1个街道、8个镇，分别为银州街道、桃镇镇、龙镇镇、杨家沟镇、杜家石沟镇、沙家店镇、印斗镇、郭兴庄镇和城郊镇，根据实地调查所得的当地城／镇区小学服务半径为3.75～5 km，取中间值4.4 km，考虑到地形修正直线距离为2.8 km[①]。借助GIS缓冲区分析技术[②]，以米脂县城和8个镇区为中心地，2.8 km为半径求得相应缓冲区范围，乡村住区位于该缓冲区内的单元为近郊型单元，其余为远郊型单元，其中远郊型单元的数量远大于近郊型单元（图4-3）。

---

① 考虑沟壑山区地形起伏所导致的非直线系数，参考相关研究地形修正系数取值1.57，2.8 km直线距离相当于4.4 km实际距离。

② 县域层面的公共设施服务区分析对空间精度要求不高，因此本书采用缓冲区分析法。

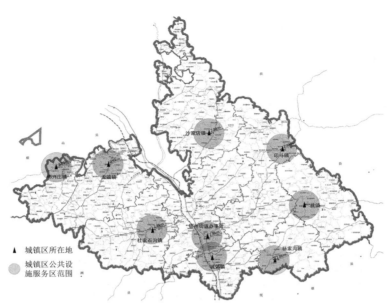

图 4-3　米脂县现状城／镇区公共设施服务区范围示意图
图片来源：作者自绘

4.3.3　基于主导产业的主要类型划分

　　产业是乡村发展的前提，乡村基本聚居单元的主导产业类型与自然地貌条件、地理区位条件密切相关。在陕北乡村现代农林牧业主导生产方式下，整个乡村地域虽以现代农林牧业为主、乡村旅游业为辅，但在小区域内仍存在主导产业及产业组合的差异。

表 4-3　资源条件与乡村基本聚居单元主导产业类型对照表

旅游资源条件	有农地条件		无农地条件
	适宜现代农林牧业	有条件发展现代农林牧业	不适宜现代农林牧业
完整	复合发展型 （旅游业＋现代农业）	乡村旅游业主导型 （旅游业＋现代农业）	乡村旅游业主导型 （旅游业）
不完整	现代农林牧业主导型 （现代农业＋旅游业）	复合发展型 （旅游业＋现代农业）	生态发展型
零散	现代农林牧业主导型 （现代农业）	现代农林牧业主导型 （现代农业）	生态发展型

资源来源：根据参考文献[1]整理

　　若不考虑外部城镇为乡村提供的非农兼业机会，根据农地条件、现代农林牧业生产条件和旅游资源条件，可以将乡村基本聚居单元划分为现代农林牧业主导型、乡村旅游业主导型和复合发展型三类，相应资源条件与主导产业类型对应如表4-3所示。若不具备小型机械化、适度规模化、水利化等现代农业发展条件，又缺乏其他优势资源，应逐渐退耕还林还草，实施移民搬迁，恢复为生态发展区。

米脂县农业以粮食、小杂粮、蔬菜、特色果品等种植业和羊、鸡等畜牧养殖业为主。根据《米脂县城市总体规划（2014—2030年）》，全县第一产业将突出蔬果、小杂粮、林特种植业和羊养殖业，划分出中部川道农业发展区、东部现代农业发展区和西部生态农业发展区，逐步形成国家级小米农业标准化示范园区、仁华现代农业园区、米脂婆姨现代农业园区、印斗现代农业园区和沙家店现代农业园区5个农业园区（表4-4、图4-4）。旅游产业将集中建设杨家沟红色文化旅游影视产业园区和窑洞古城文化旅游影视产业园区，创建姜氏庄园、貂蝉山庄等A级景区。该县域内现代农林牧业主导型、乡村旅游业主导型和复合发展型单元的典型案例具体如下。

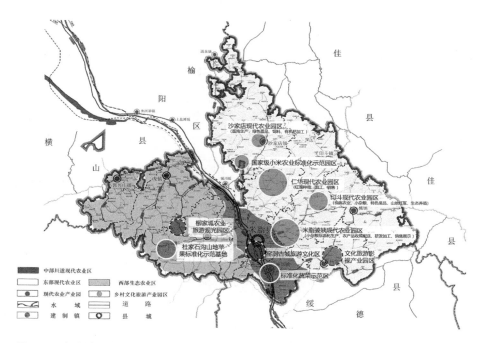

图4-4　米脂县现代农业园区与文化旅游园区布局示意图

图片来源：作者自绘

表 4-4　米脂县农业产业园建设一览表

园区名称	建设地点	占地规模	发展定位
国家级小米农业标准化示范园区	银州街道高西沟村	2 000 亩	小米（谷子）种植、农业技术服务
仁华现代农业园区	银州街道姜兴庄村、李谢碱村、刘渠村等 17 个行政村	10 000 亩	红葱种植、加工、销售
米脂婆姨现代农业园区	银州街道、杨家沟镇、印斗镇等乡镇（街道）的 48 个行政村	加工区 110 亩，产业基地 10 000 亩	小杂粮标准化生产、农产品收购配送、研发加工、销售展示
印斗现代农业园区	印斗镇的对岔村、马家铺村、惠家沟村等 5 个行政村	4 000 亩	设施农业发展，小杂粮、特色果品以及山地红葱种植，生态养殖
沙家店现代农业园区	沙家店镇的沙家店、郝家坪、君家沟等 6 个行政村	2 010 亩	蛋鸡生产，绿色蛋品、饲料、有机肥加工

资料来源：《米脂县城市总体规划（2014—2030年）》

1. 现代农林牧业主导型单元

这类单元一般农地条件好，传统农业发达，具备现代农林牧业发展的基本优势条件，未来将发展成为陕北地区的农产品基地。其中，黄土丘陵山区现代农林牧业以种植业（以果业、粮食种植为主）、经济林和草畜业为主，河谷川道区以种植业（以设施蔬果花卉、粮食、经济作物种植为主）、设施养殖业为主。因陕北地域内具备现代农业生产条件的高标准基本农田是散布的，故现代农林牧业主导型单元在该地区分布最广，也最具代表性和普遍性。

其中，黄土丘陵山区的现代农林牧业主导型单元的典型案例如印斗镇对岔村、马家铺村、惠家沟村、刘石畔村和张家岔村 5 个行政村所在区域，这里宽幅梯田旱作农业发展基础较好，于 2011 年开始筹建陕西省（印斗）现代农业园区，占地面积 4 000 亩，目前已逐渐形成小杂粮、特色果品、设施蔬果以及山地红葱标准化生产示范区，这些农业资源和农产品收益可以支撑相应农业人口在这里安居乐业，并根据当地基本农田分布、现代农业生产半径重构乡村基本聚居单元。

河谷川道区的现代农林牧业主导型单元的典型案例如无定河河谷内城郊镇南部区域，这里的川坝地拥有灌溉条件，质量好且产量高，主要建设小杂粮、设施果蔬生产基地。由于临近县城，这里的农民在县城、城郊镇区或其近郊村庄定居，也可以兼顾农业生产，故可依据现代农业生产半径重构以城／镇区为中心的乡村基本聚居单元。

2. 乡村旅游业主导型单元

这类单元一般拥有独特的自然、历史、文化或农业旅游资源，现代农林牧业同步发展，但考虑到旅游附加值，该类乡村虽数量不多但具有重要地位，往往以旅游服务业为主导产业，农林牧业同步发展并配套旅游业特征明显，未来将突出旅游休闲功能，发展成为旅游休闲型乡村[1]63。

乡村旅游业主导型单元的典型案例如米脂县杨家沟镇杨家沟村所在区域，杨家沟村因拥有全国重点文物保护单位——杨家沟革命旧址和窑洞瑰宝——马氏庄园，两者在国内具有较高知名度，未来将强调学、商、闲等旅游新要素，突出修学旅游、商务（教育）培训、会议会展、乡村休闲、度假等旅游新业态和新功能，打造陕西省域乃至全国范围内的红色文化研学旅游基地和影视基地。杨家沟红色文化旅游资源独特性强，未来发展应以旅游业为主导，相关旅游产业和现代农业可以支撑相应农业人口在这里安居乐业，考虑到便于开展旅游服务业，可依据现代农业生产半径重构以杨家沟村为中心的乡村基本聚居单元。

3. 复合发展型单元

因现代农林牧业、乡村旅游业发展条件相当，这类单元主导产业呈现"现代农林牧业＋乡村旅游业"并重发展的形式。这类乡村占据了一定比例，一般拥有旅游资源但又独特性不足，因此现代农业与旅游业同步发展。

复合发展型单元的典型案例如米脂县银州街道高西沟村，高西沟村建设有国家级小米农业标准化示范园区，该园区占地 2 000 亩，主要突出小米种植和农技服务，与此同时，高西沟也因人造梯田和淤地坝、偃窝、水库等水土保持经典工程获得了"陕北好江南"的美称，并初步建成了占地 1 200 亩的高西沟农业生态旅游区。高西沟农业生态旅游资源独特性有限，因此现代农业和旅游业同步发展，并支撑相应农业人口在此安居乐业，可综合当地基本农田分布、旅游资源分布、现代农业生产半径重构乡村基本聚居单元。

4.3.4 乡村基本聚居单元主要类型的综合分析

根据前文从自然地貌条件、地理区位条件、主导产业类型三方面影响因素划分乡村基本聚居单元的类型，进行陕北黄土丘陵沟壑区乡村基本聚居单元主要类型的综合分析。

——自然地貌条件（黄土丘陵山区单元、河谷川道区单元）；

——地理区位条件（城／镇区近郊单元、城／镇区远郊单元）；

——主导产业类型（现代农林牧业主导型单元、乡村旅游业主导型单元、复合发展型单元）。

　　基于以上 3 个不同类型划分要素的划分结果会有交叠，如黄土丘陵山区单元可能是城／镇区近郊单元或城／镇区远郊单元，也可能是现代农林牧业主导型单元、乡村旅游业主导型单元或复合发展型单元；同理，城／镇区近郊单元可能是现代农林牧业主导型单元、乡村旅游业主导型单元或复合发展型单元，城／镇区远郊单元亦可能是现代农林牧业主导型单元、乡村旅游业主导型单元或复合发展型单元。因此，乡村基本聚居单元的主要类型表达须叠加 2 种及以上分类结果，如黄土丘陵山区镇／区近郊型单元，类型描述可根据实际情况具体确定。

　　结合米脂县的具体分析可以发现，在按照自然地貌条件划分的主要类型中，黄土丘陵山区单元的数量大于河谷川道区单元；在按照距离城／镇区远近划分的主要类型中，城／镇区远郊单元的数量大于城／镇区近郊单元；在按照主导产业划分的主要类型中，现代农林牧业主导型单元数量最多，也最为典型和普遍，乡村旅游业主导型单元和复合发展型单元次之。

　　综上可知，在陕北黄土丘陵沟壑区中，黄土丘陵山区的现代农林牧业主导的远郊型单元是数量最多、最具代表性和典型性的单元类型，由于这类单元的乡村住区的位置和规模是未知的，即人口集聚的位置和规模是未知的，同时单元空间区划的难度也更大，故这类单元是本研究的主要研究对象，也是本研究的重点和难点所在。而河谷川道区是主要的城镇化区域，该地貌类型的乡村基本聚居单元数量少且多为城／镇区近郊单元，这些单元与黄土丘陵山区单元存在较大差异，是本研究的另一主要研究对象。

4.4　乡村基本聚居单元的功能结构

4.4.1　功能构成

　　作为现代乡村聚居空间的基本构成细胞，乡村基本聚居单元拥有基本独立完整的生态、生产与生活功能以及实现相应功能的空间构成。根据不同类型乡村基本聚居单元的产业构成，本研究将三大主导功能及空间构成归纳为：生态功能——自然生态环境空间、生产功能——现代农林牧业生产空间和乡村旅游活动空间、生活功能——居住生活空间，各类功能的空间构成具体如图 4-5 所示：

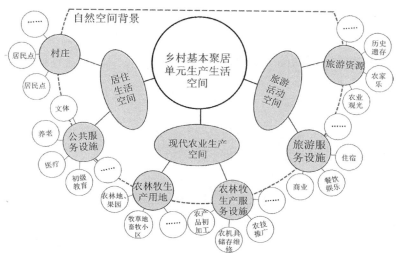

图 4-5　乡村基本聚居单元的生产生活功能构成

图片来源: 作者自绘

1. 生态功能——自然生态环境空间

主要包含对居民生产、生活活动持续产生限制作用且不能被破坏干扰，并在自然内在秩序作用下不断演变的自然地理空间背景[95]52。陕北黄土丘陵沟壑区以河流（沟）、谷（沟）坡、梁峁、自然林、次生林、草地等自然空间要素为主。

2. 生产功能——现代农林牧业生产空间和乡村旅游活动空间

主要包含生产活动开展的物质空间。其中，现代农林牧业生产空间主要包括现代农林牧业生产用地和现代农林牧业生产基础服务点，乡村旅游活动空间主要包含旅游资源和旅游服务设施。

具体来说,现代农林牧业生产用地包括适度规模化的农地、林地、果园、牧草地、畜牧小区等；现代农林牧业生产基础服务点主要包括农机具储存、农机维修、农产品初加工（包括农产品储藏、烘干、清洗、分级、包装等）、农资配送及农技推广等服务于现代农林牧业产前、产中、产后的基础性服务设施。

旅游资源主要包括承载休闲旅游功能的农林牧观光用地、农家乐和历史文化遗存等；旅游服务设施主要包括支撑乡村养生旅游、研学旅游、商务旅游、休闲度假等活动开展的商业、餐饮、娱乐、住宿等配套服务功能，一般结合旅游资源所在地周边的村庄布置。

乡村基本聚居单元主导产业的差异会带来生产空间构成的差异，具体体现在是否拥有旅游活动空间上。由于发展乡村旅游业的地域也大都同步发展农林牧业，因此在上述生产空间要素中，现代农林牧业生产空间是乡村基本聚居单元的必备空间，也是单元开展基本生产活动的主要载体，而乡村旅游活动空间只有发展旅游业的单元才拥有。

3. 生活功能——居住生活空间

主要包含居民居住、公共活动与社会文化依附的实体建设空间，以乡村住区为实体，具体包括村庄、基本公共设施和基础设施。

受沟壑地貌限制，乡村住区往往由多个村庄构成，相当于一定空间范围内扩大的乡村住区，住区内的村庄因自然生态、资源、人口与产业基础、交通区位、空间与建设用地等综合条件较好而被长期保留。乡村住区应配置满足现代化生活需求的基本公共设施，各个村庄均应分布在公共设施的有效服务半径内，并同时优化道路设施和市政基础设施，尤其应关注路面硬化到户、水厕、通信网络 4G 服务的实现。

根据《乡村公共服务设施规划标准》（CECS 354：2013）的相关规定，参考特大型村（＞3 000 人）和大型村（1 001～3 000 人）的公共设施配置要求确定乡村基本聚居单元的基本公共服务设施。特大型村和大型村均要求设置幼儿园、卫生服务站、阅览室、文化活动站、健身场地、养老服务站和村委会等基本公共设施，差异主要体现在村教育设施配置上，特大型村要求应设小学，但大型村无此要求（表4-5）。

表4-5　特大型村和大型村公共服务设施配置项目标准

设施	特大型村（＞3 000 人）	大型村（1 001～3 000 人）
村管理设施	村委会、经济服务站	村委会
村教育设施	小学、幼儿园、托儿所	幼儿园、托儿所
村医疗保健设施	卫生所、计生服务站	卫生所、计生服务站
村文体科技设施	文化活动室、阅览室、健身场地	文化活动室、阅览室、健身场地
村社会福利设施	养老服务站	养老服务站
村商业设施	根据实际情况确定	根据实际情况确定

注：村委会、经济服务站、幼儿园、托儿所为可设的项目，其余为应设的项目。

资料来源：根据《乡村公共服务设施规划标准》（CECS 354:2013）整理

根据乡村基本聚居单元重构的"居—服"匹配机制，充分考虑地域环境条件约束导致的乡村基本聚居单元规模限制，确定乡村基本聚居单元应配置幼儿园、卫生服务站、阅览室、文化活动站、健身场地、养老服务站和村委会等基本公共服务设施，小学为选设公共服务设施，是否配置应结合乡村基本聚居单元的人口规模，以及与城／镇区的距离灵活确定。

4.4.2　功能结构

不同类型乡村基本聚居单元虽可能存在是否拥有旅游活动空间的差异，但它们的内部空间组织结构是相似的。拥有旅游产业的乡村基本聚居单元仍是旅游产业与现代农林牧业同步发展，其单元空间规模尺度、农业生产"职住地"空间关系的关键控制要素仍为现代农林牧业生产半径。考虑各个功能空间之间及其与外部的联系，可将单元内部结构归纳为以下几点（图4-6）：

第一，乡村住区应分布于乡村基本聚居单元的近似中部位置，乡村住区外围主要分布农林牧业生产用地与现代农业生产基础服务点，以最大程度减少人居建设对生态环境的干扰，同时实现最佳的农业生产绩效与公共服务绩效。

第二，乡村住区内包含多个村庄，公共服务设施配置于中心村庄内，中心村庄是自然生态、资源、人口与产业基础、交通区位、空间与建设用地等综合条件较好的现状村庄，因综合条件好被保留为远期聚居地。住区内的其他村庄均应分布于公共设施的有效服务半径内，住区空间规模主要由公共设施服务半径限定。

第三，为了保证农业生产绩效，农林牧业生产用地与乡村住区内村庄的距离应控制在现代农业生产半径内。

第四，现代农林牧业生产基础服务点与村庄实现空间分离。基于一定生产服务范围，生产服务点一般布设于农林牧业生产用地中道路可达性较好的区域，从而既便于实现基础服务点、居住地与生产地间的便捷联系，也便于农产品向外输送。考

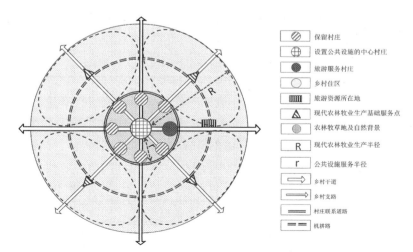

图4-6　乡村基本聚居单元的功能结构示意

图片来源：作者自绘

虑到陕北沟壑地貌对道路可达性的限制,一个乡村基本聚居单元内可以设置多个生产服务点。

第五,乡村旅游业主导型单元,一般会临近旅游资源重组乡村住区,并将旅游服务设施与基础条件较好的村庄合并设置;城/镇区近郊型单元,一般临近城/镇区重组乡村住区,因可共享城/镇区公共设施,近郊型单元的公共服务条件比远郊型单元好。

4.5　乡村基本聚居单元的空间模式

乡村基本聚居单元的空间模式,是对特定自然地理条件下乡村基本聚居单元现代化生产、生活空间要素组合关系与组织形态、联系方式的规律性提炼。

不同类型乡村基本聚居单元的功能结构虽相似,但在不同自然环境条件下呈现的生产、生活空间构成形态却不尽相同。在本书所研究的陕北黄土丘陵沟壑区内,黄土丘陵山区、河谷川道区的坡度分区和可利用土地类型存在较大差异,其内乡村生产、生活空间的组织形态也不同。本节根据前文研究的乡村基本聚居单元功能结构,结合两个地貌分区内乡村道路、村庄、农地等的空间分布形态分析,分别研究两个地貌类型下的乡村基本聚居单元的空间模式。

4.5.1　黄土丘陵山区现代乡村空间形态特征

1. 树枝状道路

受黄土沟壑区密集的树枝状河流沟壑体系与等级结构限制,陕北城乡人居空间分布与道路组织均呈枝状分布与发展,道路系统主要沿河流进行布设,不同尺度上的道路组织均呈枝状。

与河谷等级对应,树枝状道路系统也呈现出相应的等级特征,河流等级越高,道路等级越高,交通条件也越好。由于流经黄土丘陵山区的河流等级较低,道路交通条件整体较差,沿小流域主沟分布的主要乡道,主、次乡道的交汇处交通条件较好,而大量与沟壑连通的支路都是尽端式的,交通条件较差。如图4-7杨家沟镇枝状道路分布图所示,沿主要乡道分布的镇区(何岔村)、高兴庄村、杨家沟村等交通条件较好,其他村庄交通条件较差。

图 4-7　杨家沟镇枝状道路分布图

图片来源：作者自绘

2. 破碎的不规则状农地

　　根据傅伯杰等关于黄土沟壑区土地利用空间分布格局的研究结论，由于受起伏地貌限制，沟壑山区土地利用在空间分布上受到极大限制，坡耕地、梯田、有林地、园地等均呈现出支离破碎的状态，各类土地利用斑块平均面积小、斑块密度大，特别是坡耕地和园地，其斑块平均面积最小；景观形状指数和斑块平均分维数大，其中坡耕地和荒草地最大，表现出明显的破碎性与形状复杂性。退耕还林工程实施以来，土地利用整体经历了从耕地主导到林草主导的变化过程，总体趋势是斑块数量减少、平均斑块面积增大，景观破碎度减弱、优势度增加，土地利用逐渐趋于多样化与合理化。

　　结合最新谷歌航拍图，拾取吴起、志丹、清涧、米脂、延川、子长等多县（市）的现状农地边界并进行绘制（图 4-8），结果显示该区域内耕地、园地、梯田等大都分布于梁峁坡相应坡度地段，一般顺应地形分布且呈非连续的不规则面状。

　　根据乡村基本聚居单元农业生产空间重构目标，在枝状道路网下，乡村基本聚居单元内破碎且不规则的农地与基础生产服务点的组合形态如图 4-9 所示，枝状道路联系着农地与生产服务点，生产服务点临近交通条件较好的"主—次"沟交汇处布置，这一方面保证了与农地、居民点的快速联系，另一方面也便于农产品向外部输送。考虑到丘陵起伏地貌对两地间距离的非线性影响，生产服务点的服务范围受

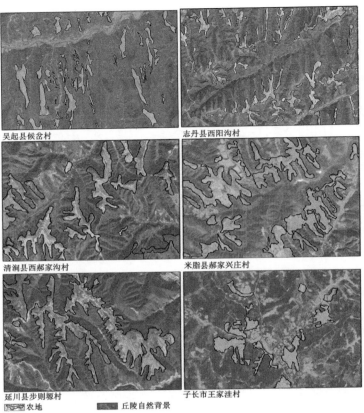

吴起县候岔村　　　　　　　　　　　志丹县西阳沟村

清涧县西郝家沟村　　　　　　　　　米脂县郝家兴庄村

延川县步则塬村　　　　　　　　　　子长市王家洼村

▨▨农地　　　　　　　■■丘陵自然背景

图 4-8　黄土丘陵山区现状农地平面形态拾取图

图片来源: 根据谷歌地图绘制

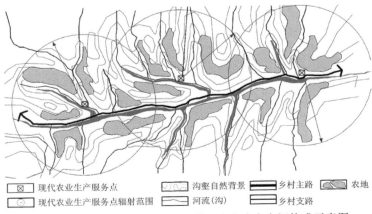

⊠ 现代农业生产服务点　　　▨▨沟壑自然背景　　■■乡村主路　　▨▨农地

⊙ 现代农业生产服务点辐射范围　　河流(沟)　　乡村支路

图 4-9　黄土丘陵山区乡村基本聚居单元农业生产空间构成示意图

图片来源: 作者自绘

限，一个单元内可能设置多个生产服务点。

3."枝—点"状居住生活空间

在黄土丘陵山区，小流域主、支沟及河流交汇处地形平坦，临近水源且交通条件较好，是村庄分布的首选区位；而河沟两侧的梁峁坡因地貌复杂，交通与用水不便，仅有稀疏随机散点状分布的村组。

远期阶段，从既有村庄的综合条件出发，当地乡村居民大都会选择驻留在位于小流域主、次沟及河流交汇处的沟底（或梁峁坡下部）的村庄；而大部分散布在沟壑梁峁坡内的村庄则因综合条件较差慢慢消解为自然状态或农业用地。

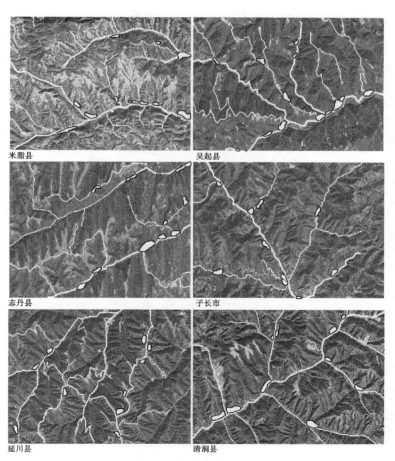

图 4-10　黄土丘陵山区村庄分布形态拾取图

图片来源：根据谷歌地图绘制

结合最新谷歌航拍图，对米脂、吴起、志丹、子长、延川、清涧等多县（市）内沿河流（沟）分布的乡村道路、村庄信息进行拾取并绘制（图 4-10），结果显示，在树枝状道路网格布局下，主要沿小流域主、次沟及河流交汇处分布的村庄整体呈"枝—点"状分布，"枝"即为枝状道路网，"点"即为由枝状道路联系的村庄，单个村庄平面形态主要为线状、散点或散列状。

根据乡村基本聚居单元生活空间重构目标，在单元大致中部位置保留若干综合条件较好的现状村庄并重组乡村住区，综合条件较好的村庄主要位于小流域主、支沟及河流交汇处，故乡村基本聚居单元住区整体呈"枝—点"状形态（图 4-11）。

对于城／镇区近郊型单元而言，主要以城／镇区为中心重组乡村住区，住区内的村庄与城／镇区的空间距离控制在城／镇区公共设施的有效服务半径内，可就近共享城／镇区公共设施。

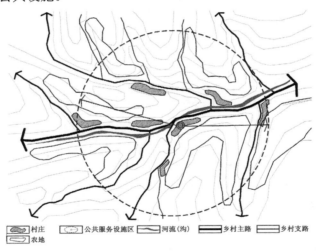

图 4-11　黄土丘陵山区乡村基本聚居单元住区空间构成示意图
图片来源：作者自绘

4. "枝—点"或"枝—面"状旅游活动空间

旅游活动空间由旅游资源空间与旅游服务空间构成。

为保证旅游活动顺利开展，旅游资源所在地及紧邻周边应配置一定量的基础配套服务，而更完善的服务配套一般与邻近村庄结合。因旅游资源与村庄位置关系的差异，旅游活动空间组织有以下几种类型：

第一，若历史文化遗迹位于村庄内，如米脂刘家峁村的姜氏庄园，该类村庄有潜力发展成为旅游目的地与旅游服务基地，如民俗文化村，同时可带动聚居点周边的其他乡村旅游活动的开展，如农林牧业观光、采摘等。

第二，若历史文化遗迹相对独立，并与村庄有一定的空间距离，如米脂杨家沟革命遗址，一般在旅游资源所在地周边布置一定量的旅游配套服务设施，但仍将借助周边联系便捷的村庄，发挥村庄的重要的旅游服务基地功能，并带动农业采摘等其他旅游活动的开展。

第三，若旅游资源为面状的自然生态旅游区、生态农林牧业观光园区，景区内会设置少量的旅游服务点，而旅游服务基地功能仍由与景区联系便捷的村庄承担，旅游服务村庄与景区通过旅游线路实现联系。

结合前文的分析结论，在枝状道路网的限制下，旅游资源空间（历史文化遗迹、自然或农业风景旅游区）、发挥旅游服务基地功能的村庄大致呈"枝—点"状或"枝—面"状组合形态，旅游点与旅游服务设施通过乡村旅游道路实现有机联系（图4-12）。

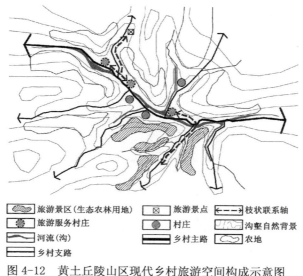

图 4-12　黄土丘陵山区现代乡村旅游空间构成示意图
图片来源：作者自绘

4.5.2　黄土丘陵山区"枝状向心集聚"单元模式

基于黄土丘陵山区乡村基本聚居单元的生产、生活空间要素组合形态分析，提炼出该地貌区的乡村基本聚居单元空间形态模式——枝状向心集聚模式（图4-13），

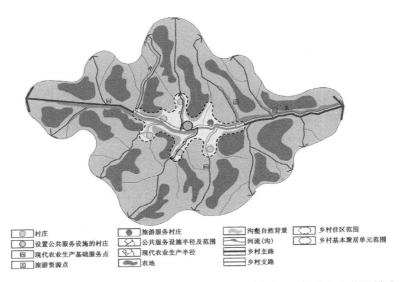

图 4-13　黄土丘陵山区乡村基本聚居单元空间模式——枝状向心集聚模式
图片来源：作者自绘

具体描述如下。

第一，乡村基本聚居单元空间范围主要由现代农业生产半径控制，因沟壑起伏地貌与树枝状道路网带来的非直线系数影响，单元平面呈无规则斑块状。

第二，乡村基本聚居单元内的村庄和各类服务设施多呈点状或线状分布，农业生产用地呈非连续的无规则面状，农地通过顺应山体地形的机耕路分割与联系。由于沟壑的分隔，各功能空间一般呈非连续性分布，并通过树枝状乡村道路来联系。

第三，乡村住区位于单元内的大致中部位置，受枝状道路网影响，住区空间范围平面形态大致呈沿主路分布的树枝状。旅游主导型单元乡村住区一般临近旅游资源，城 / 镇区近郊型单元乡村住区一般临近城 / 镇区。

第四，在乡村住区内，多个村庄以公共设施所在村为中心，沿乡村主要道路呈"枝—点"状松散集聚分布，并位于公共设施的辐射范围之内。

第五，农地主要分布于乡村住区外围，为保证现代农业生产绩效，村庄与农地的距离应控制在现代农业生产半径以内。农业生产基础服务点一般选定在交通条件较好的位置，并根据生产服务点辐射范围确定其数量。

第六，旅游主导型单元以旅游活动空间为主体，为了保证旅游活动的顺利开展，旅游资源、旅游服务设施、旅游服务村庄通过枝状游线可便捷地联系，空间构成形态大致呈"枝—点"状、"枝—面"状。

在黄土丘陵山区，居住、公共服务、旅游服务等乡村建设空间的布局与形态具有典型的地域性特征。根据实地踏勘，当地居民一般在小流域主沟及支毛沟的沟道内或黄土坡面上进行窑舍建设，窑舍或沿坡脚线呈线状分布，或利用谷坡台地灵活布局（图4-14），用地条件限制下未来乡村建设空间还将主要布局于这些位置。

沿坡脚线状分布的窑居　　　　与谷坡融合的窑居群落　　　　支毛沟沿谷坡分布的点状窑居

图4-14　黄土丘陵山区窑居分布实景
图片来源：参考文献[94]

综合考量小流域生态治理及与社会经济的协调发展，该地貌区的村庄未来仍将整体呈"枝状"布局（图4-15）。单个村庄的建设形态强调"适度集中"，在保证当地居住宅院间一定空间距离的基础上，尽量减少建设空间在主沟道内的延绵。"适度集中"既有利于提升建设用地的使用效率，又减少了居住建设对小流域生态环境的负面影响，还便于乡村基础设施建设并促进居民间的交往。

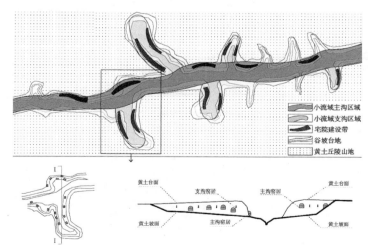

图4-15　小流域建设空间枝状布局形态
图片来源：参考文献[94]绘制

4.5.3　河谷川道区现代乡村空间形态特征

较高等级河谷川道内地形平坦，村庄、农地、道路等的空间分布形态与丘陵山区有本质差异。

1. 带状延绵农地

在黄河一、二级支流所在的河谷内，由于河谷宽阔，该地貌区以川坝地、两侧山坡地为主要土地类型，与黄土丘陵山区相比，川坝地在河谷内多呈带状连片分布，土地利用斑块面积较大，形状分维数较小，形状比较规则。

结合最新谷歌航拍图，拾取分别分布于无定河、延河、洛河、秀延河流域内的绥德县、宝塔区、吴起县、子长市的局部区域的现状农地边界并进行绘制（图4-16），结果显示，在这些相对平坦的带形河川道内，川坝地主要呈连续的带状并沿河谷延

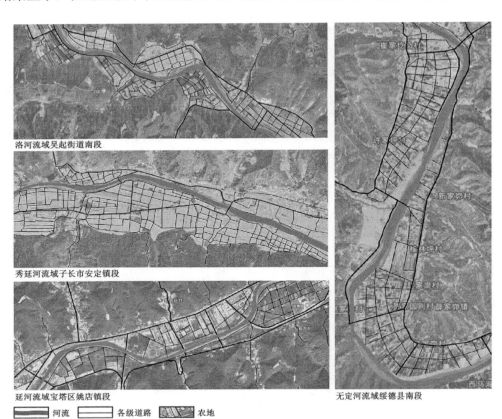

洛河流域吴起街道南段

秀延河流域子长市安定镇段

延河流域宝塔区姚店镇段

无定河流域绥德县南段

　　河流　　　各级道路　　　农地

图 4-16　河谷川道区农地分布形态拾取图

图片来源：作者自绘

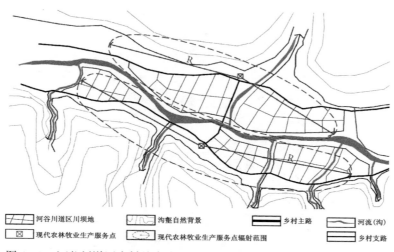

图 4-17　河谷川道区乡村基本聚居单元农业生产空间构成示意图

图片来源：作者自绘

伸，主要道路也沿河流呈带状，机耕路呈格网状，并将农地划分为相对连续的块状。

　　基于乡村基本聚居单元农业生产空间重构目标，延绵的带状川坝地、现代农业生产基础服务点和道路构成如图 4-17 所示的形态，生产服务点尽量靠近沿河道分布的高等级道路。由于平缓地貌不用考虑道路的地形起伏修正影响，单个生产服务点辐射范围变大，生产服务点数量变少。

2. 串珠块状的乡村建设空间

　　在河川道内，村庄主要沿河流方向呈串珠块状分布，也可局部向次沟延伸。结合最新谷歌航拍图，拾取分别分布于无定河、延河、洛河、秀延河流域内的绥德县、宝塔区、吴起县、子长市的局部区域的村庄边界并进行绘制（图 4-18）。

　　结果显示，由于用地地势平缓，建设用地宽松，呈串珠状分布的村庄规模比丘陵山区的大，单个村庄以块状平面形态为主，受河流、道路、山体等因素影响也可呈"L"形、"T"形或其他多边形。

　　河谷川道区是陕北重要的城镇化区域，城／镇区数量多、密度大，这里的乡村基本聚居单元有条件临近城／镇区形成乡村住区，同时也可获取更好的公共服务条件。乡村住区内的村庄仍呈串珠块状分布，这些村庄与城／镇郊区的空间距离控制在城／镇郊区公共设施的合理服务半径内（图 4-19）。

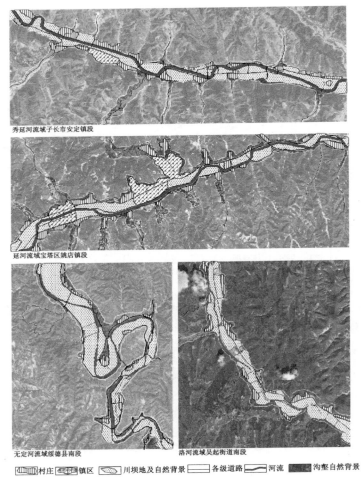

秀延河流域子长市安定镇段

延河流域宝塔区姚店镇段

无定河流域绥德县南段   洛河流域吴起街道南段

▨村庄 ▨镇区 ▨川坝地及自然背景 □各级道路 ▨河流 ▨沟壑自然背景

图 4-18　河谷川道区村庄分布形态拾取图

图片来源：作者自绘

4.5.4　河谷川道区"带状向心集聚"单元模式

根据河谷川道区乡村基本聚居单元的生产、生活空间要素组合形态分析，提出该地貌区乡村基本聚居单元空间模式——带状向心集聚模式（图4-20），具体描述如下：

第一，乡村基本聚居单元空间范围主要由现代农业生产半径控制，受沿河流的带状道路影响，单元平面大致沿河谷呈带状。

第二，乡村基本聚居单元主要包括村庄、农地和农业生产基础服务点，川道内

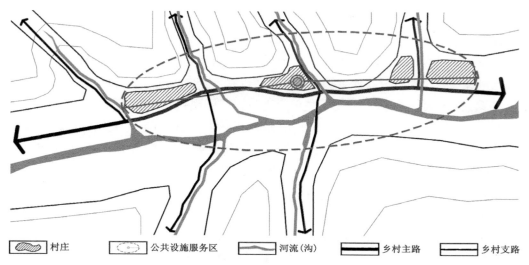

图 4-19　河谷川道区现代乡村生活空间构成示意图

图片来源: 作者自绘

图例:

村庄	公共设施服务区	河流(沟)	乡村主路	乡村支路

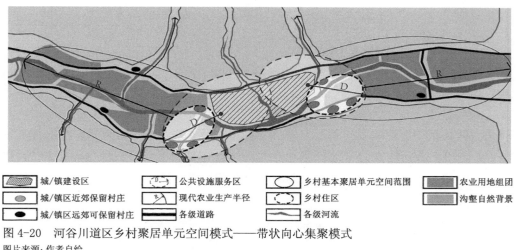

图 4-20　河谷川道区乡村聚居单元空间模式——带状向心集聚模式

图片来源: 作者自绘

图例:

城/镇建设区	公共设施服务区	乡村基本聚居单元空间范围	农业用地组团
城/镇区近郊保留村庄	现代农业生产半径	乡村住区	沟壑自然背景
城/镇区远郊可保留村庄	各级道路	各级河流	

的农地主要沿河道呈带状，农地内部通过格网状的机耕路分隔与联系，各功能空间分布较连续，一般通过带状道路联系。

　　第三，乡村住区仍位于单元的大致中部位置，一般临近城/镇区形成，并沿河谷呈串珠块状分布，住区内的村庄与城/镇区的空间距离控制在城/镇郊区公共设施的有效服务半径内，因可共享城/镇区公共服务，故公共服务条件较好。

第四，为保证现代农业生产绩效，农地与村庄之间的距离控制在现代农业生产半径内。

第五，为了保证川道自然生态系统的稳态，单个村庄应维持紧凑的空间结构形态，避免居住空间沿道路任意扩张与蔓延，以致占据农田或其他林草地。

第六，对于乡村旅游业主导型单元而言，围绕现代农业观光与体验、民俗文化体验、康体娱乐、教育研学等旅游服务功能，这类单元极有潜力成为城／镇区近郊的后花园，旅游服务功能的规模会随着旅游业的发展而扩大。因河谷川道区相对平坦宽阔，旅游服务功能区可与村庄合并发展为综合功能组团，为了维持川道自然生态系统的稳定，综合功能组团沿川道的蔓延应严格控制，可利用与川道枝状相连的下一级河道（沟）进行建设，以疏解川道内的建设压力。

与黄土丘陵山区相比，河谷川道区内的现状村庄规模大、交通条件好、非农兼业条件好，农民外出务工比例小，乡村居民搬迁意愿可能并不强烈。因此，在借助相关政策吸引居民向城／镇区近郊主动搬迁的过程中，一些远离城／镇区但资源条件好（如拥有独特的旅游资源）且基本公共设施配置齐全的村庄仍可以保留下来，而不具备优势发展条件的村庄由于无法吸引现代农民长久驻留，逐渐消解是大势所趋。

4.6　小结

乡村基本聚居单元是与现代农林牧业生产方式下的劳动力规模、产业结构以及职住空间关系相匹配的乡村基层空间单元。它的形成来源于相对独立完整的基本生态、生产和生活功能在同一地理空间内的协同。它是当前乡村聚落集约化、现代化转型后的相对稳定形态，也是未来陕北黄土丘陵沟壑区现代乡村聚居空间构建的基本单位。

基于自然地貌、地理区位和主导产业三方面主导因素，可将乡村基本聚居单元划分为不同的类型。其中，主导产业的差异可能带来不同类型单元生产功能和生产空间构成的差异，具体体现为旅游活动空间的有无，但这样的功能构成差异不会影响乡村基本聚居单元的内部结构，不同类型单元的内部结构是相似的。

不同类型乡村基本聚居单元的内部结构虽相似，但自然地理条件的差异可能带来乡村基本单元空间模式的不同。根据本研究区内黄土丘陵山区、河谷川道区两个典型地貌类型的现代生产、生活空间构成特征，本章分别提出了黄土丘陵山区"枝状向心集聚"单元模式和河谷川道区"带状向心集聚"单元模式。

5 陕北黄土丘陵沟壑区乡村基本聚居单元的规模

乡村基本聚居单元是现代乡村聚居空间的基本构成细胞，其空间规模、人口规模是陕北现代乡村聚居空间系统的量化基础，也是现代乡村聚居空间模式研究的重要前提。

5.1 乡村基本聚居单元的空间规模预测

5.1.1 空间规模预测的关键变量

现代农林牧业生产半径是乡村基本聚居单元空间规模预测的关键变量。乡村基本聚居单元空间规模即腹地规模，是包括乡村住区、农业生产用地及相应的自然生态背景在内的空间范围。根据前文 4.4 节，为了保证现代农业生产生活绩效，理论上乡村住区应分布于乡村基本聚居单元的接近中部的位置，故单元空间规模是以乡村住区为中心，沿道路向外辐射 R（现代农业生产半径距离）所得的范围（图 5-1），现代农业生产半径自然成为单元空间规模预测的关键变量。

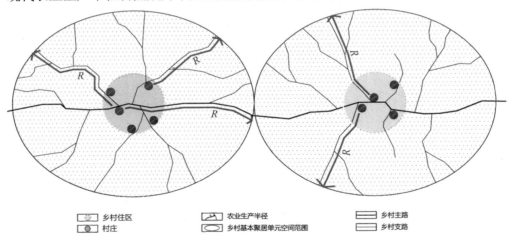

	乡村住区		农业生产半径		乡村主路
	村庄		乡村基本聚居单元空间范围		乡村支路

图 5-1　合理农业生产半径下的乡村基本聚居单元空间范围示意图
图片来源：作者自绘

乡村基本聚居单元具有一定空间范围，该空间范围内可能种植多种典型农作物，故其生产半径由多种典型农作物（农产品）的生产半径和种养比例共同决定。具体预测模型如下：

$$R_u = \sum R_{ij} \cdot q_{ij} \qquad (5\text{-}1)$$

式中：R_u 为乡村基本聚居单元的现代农业生产半径；

j 为陕北黄土丘陵沟壑区典型地貌类型；

i 为乡村基本聚居单元典型农作物（农产品）类型；

R_{ij} 为 j 地貌类型 i 类农作物的现代农业生产半径；

q_{ij} 为 j 地貌类型 i 类农作物在乡村基本聚居单元内的种养比例。

5.1.2　现代农林牧业生产半径的主要影响因素

陕北现代农林牧业以粮食作物、经济林果、设施蔬果、草畜为主要农产品，本研究将主要针对这些典型农产品的现代农业生产半径进行预测。农业现代化推进背景下，该地区农业生产半径还将继续增大，生产半径预测应综合考虑农业机械化程度、农作物（农产品）的耕作方式与管护要求、地形地貌条件等因素的综合影响。

1. 农业机械化水平

在传统农业社会，农业生产技术水平滞后，农户下地耕种基本靠步行，田间耕种基本靠人力和畜力，农业生产半径受到极大的限制。工业化背景下，农业生产技术及装备的提升与改进，带来农业生产半径的快速增长。一方面，农民前往生产地采用的交通工具由以步行、牲畜拉车为主转变为以农用机车、摩托车、电动车为主，相同出行时间内出行距离大大增加。根据抽样调查，目前陕北地区农民务农使用非人力交通工具的比例可以达到 70% 以上，其中电动车、农用车、摩托车占比分别为 31.8%、23.6% 和 16.9%（表 5-1），农机车时速可达 20～25 km/h，电动车时速可达 20 km/h，远大于 4～5 km/h 的步行速度，相同出行时间内出行距离增大了 3 倍以上。另一方面，小型农机设备广泛应用，农民进行田间作业的强度降低、耗时缩短。2012—2016 年，延安、榆林两市耕、种、收环节中使用的拖拉机、拖拉机配套农具、农用电动机、柴油机、联合收割机、脱粒机、农用水泵及节水灌溉机械数量呈明显增长趋势。根据当地抽样调查的结果，耕、种、收环节中分别有 93.2%、75.9% 和 54.3% 的农户使用了相关农机设备（表 5-2），90% 以上的农户认为农机设备应用缩短了耕作时间、降低了耕作强度，一定程度上延长了可用于耕作出行的时间。因此，农业生产半径预测应充分考虑农机化水平对其的影响。

表5-1　陕北黄土丘陵沟壑区农民务农的现状交通方式调查统计　　　　单位：%

交通方式	电动车	农机车	摩托车	自行车	步行	其他
比例	31.8	23.6	16.9	10.7	9.2	7.8
累计比例	72.3			10.7	9.2	7.8

资料来源：作者自绘

表5-2　陕北黄土丘陵沟壑区农民耕、种、收环节中使用农机设备的比例统计　　　　单位：%

耕作环节	耕		种		收	
是否使用农用机械	是	否	是	否	是	否
所占比例	93.2	6.8	75.9	24.1	54.3	45.7

资料来源：作者自绘

　　受沟壑地貌限制，陕北黄土丘陵沟壑区将采用"小型机械＋人工"为主的生产方式，因农、林、牧业典型农作物的耕、种、收工作环节与机械化潜力并不一致，故农机化水平预测不能一概而论。

2. 农作物（农产品）的耕作（养殖）方式与管护要求

　　各类农、林、牧产品种植（养殖）和管护要求差异较大，导致农民在不同农作物（农产品）生产地的工作时间、工作量消耗以及到地频率都不相同，从而影响生产半径的大小。

　　笔者在调查中发现，大棚作物、经济林果、粮食作物的耕作与田间管护要求差异巨大，平均每亩所需的用工量存在较大差距（图5-2）。其中，大多数粮食作物除了灌溉、施肥、收获之外基本不需要其他田间管护工作，农忙期短且各工作环节机械化程度较高，用工量较少；但苹果、梨、桃等果品种植，从灌溉、施肥、授粉、修剪、

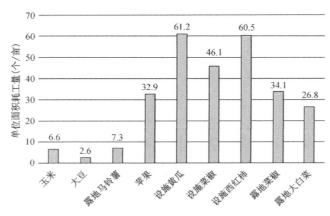

图5-2　陕北乡村不同农作物单位面积耗工量统计图

图片来源：作者自绘

疏果、套袋到收获的各个工作环节机械化水平低,管理耗时耗工量较大;与果品相似,大棚蔬菜瓜果种植受季节影响小,黄瓜等蔬菜全年均可生长,收获采摘频率高,田间管理要求高且较为频繁。

3. 地貌条件

地形地貌对陕北地区农业生产半径的影响较大。首先,沟壑地貌限制下,为了获得充足的光照,陕北农地主要分布在距沟底一定海拔高度的坡面上,且以梯田为主,为了配合农地的布局,现状乡村聚落大多小规模分散在沟壑的向阳坡地上,面向农耕区而居[119]。因此,一直以来,陕北农民务农时往往要跨河爬坡,民众能接受的农业生产半径比平原地区大。同时,在沟壑地貌的影响下,陕北地区农业生产半径的增长幅度比平原地区小,原因在于:①纵横的沟壑导致陕北地区道路起伏较大,致使同一区域内的实际出行距离远远大于直线空间距离。假设使用相同的交通工具出行耕作,在相同的出行时间内,该地区生产半径的直线距离会远小于平原地区。②在地形地貌条件的限制下,乡村道路设施建设与优化难度较大,若以实现该地区道路设施优化为前提,区域内乡村居民耕作时采用机动车或电动车出行时的设计车速与实际车速也会受到坡度的影响,一般坡度越大,机动车或电动车的车速越小。但当地居民能够接受的农业生产出行时间是一定的,故陕北地区由机动化务农所带来的耕作半径增长潜力会小于平原地区。

5.1.3 现代农林牧业生产半径预测模型

由前文可知,现代农林牧业生产半径的重要影响因素包括农机化水平、农作物(农产品)类型与地形地貌。不同类型农作物(农产品)的耕作(养殖)方式与管护要求不同,未来农机化水平的增长幅度不尽相同,生产半径也就不同;同时,不同地貌条件下同类农作物的农机化水平同样存在差异,农用机车的行驶速度也会不同,生产半径自然也不同。

农业生产半径包括时间距离和空间距离两类,空间距离难以直接量化,可根据出行时间进行推算。以陕北现代乡村小型机械化为主导的生产方式为前提,选择农业生产出行时间、农用机车车速、农作物(农产品)农机化修正系数为主要变量构建该地区现代农林牧业生产半径的预测模型,计算公式如下:

$$R_{ij}=v_j \cdot t_i \cdot x_i \qquad (5-2)$$

式中:R_{ij} 为 j 类地貌类型 i 类典型农作物(农产品)的现代农业生产半径;

    j 为陕北黄土丘陵沟壑区典型地貌类型；

    i 为陕北黄土丘陵沟壑区典型农作物（农产品）类型；

    t_i 为乡村居民种植（养殖）*i* 类农作物（农产品）可以接受的农业生产出行时间；

    x_i 为 *i* 类典型农作物（农产品）生产半径的农机化修正系数；

    v_j 为 *j* 类地貌类型农用机车行驶速度。

预测模型中对相关变量的解释如下：

第一，农民可以接受的农业生产出行时间应结合当地实地调查结果来确定。由于沟壑区耕地零碎，长期以来当地农民就需将大量时间耗费在耕种的往返途中，这个历史原因导致民众可以接受的农业生产出行时间较平原地区大，加之不同农作物（农产品）耕种频率、管护要求与难度差异较大，故生产出行时间取值会存在差异。

第二，农机化修正系数，具体指由于当地不同农作物（农产品）农机化水平差异而带来的对于现代农业生产半径预测结果的修正。当地粮食作物农机化水平最高，可取修正系数为1，其他类农作物（农产品）农机化水平较低，则修正系数小于1。

第三，农机车车速由乡村公路设计车速决定，设计车速受地形坡度与道路等级的直接影响，不同地貌类型的农机车行驶速度存在差异。

5.1.4　现代农林牧业生产半径预测的关键变量取值

现代农林牧业生产半径预测涉及农业生产出行时间、农机化修正系数和农机车车速三个关键变量，各个关键变量取值应综合考量相关规范与国内外相关研究成果，并通过研究区典型案例的深入调研综合确定。

1. 农业生产出行时间

笔者通过访谈了解到，陕北农民可以接受的农业生产出行时间较平原地区大，已有研究普遍认为当地农民可以接受的农业生产出行时间为 30 min[119][145]200-208，机动化务农的普及还可能使可接受的出行时间增大。

表 5-3　陕北黄土丘陵沟壑区农民可以接受的农业生产出行时间范围统计　　单位：%

时间范围	< 20 min	20 ～< 25 min	25 ～< 30 min	30 ～< 35 min	35 ～< 40 min	≥ 40 min
比例	10.3	27.2	30.5	21.7	7.8	2.5
累计比例	10.3	79.4			10.3	

资料来源：作者自绘

笔者以机动化务农为前提，针对该地区民众可以接受的农业生产出行时间取值范围进行了调查，调查结果与已有研究结论基本相符，被调查民众中选择"25～＜30 min"的人数最多，占比为30.5%，"20～＜25 min"的次之，占比为27.2%，接下来占比从多到少分别为"30～＜35 min""＜20 min""35～＜40 min""≥40 min"，比例依次为21.7%、10.3%、7.8%和2.5%（表5-3）。由此，本书将以机动化务农为前提的农业生产出行时间范围确定为"20～＜35 min"。

各类典型农作物（农产品）种植和管护要求差异较大，导致农民在农地的工作时间、工作量消耗和到地频率都不相同，从而影响出行时间的取值。在访谈调查中，笔者发现当地居民认同不同农作物（农产品）的管护工作量、难度差异，但这种差异对于出行时间的影响却难以量化。由此，笔者进行了棚栽作物、经济林果、粮食作物管护难易度和工作量大小的排序调查，在访谈中了解到，并不是所有农民对于这些作物都有种植或管护的经历，但虽未亲身经历，也有所了解，结合务农经验可以作答。农民普遍认为棚栽作物、经济林果的管护难度大于粮食作物，根据初步访谈结果制作相应问卷，问卷调查结果显示，选择"棚栽作物＞经济林果＞粮食作物"的农民数量最大，占比高达43%，选择"经济林果＞棚栽作物＞粮食作物"的比例为33%，选择"棚栽作物≈经济林果＞粮食作物"的占比为15%，选择"三类作物都差不多"的比例为5%，选择其他的占比4%（图5-3）。根据调查结果最终确定，棚栽作物的农业生产出行时间取值范围为"20～＜25 min"，经济林果的农业生产出行时间取值范围为"25～＜30 min"，粮食作物的农业生产出行时间取值范围为"30～＜35 min"（表5-4）。

表5-4 陕北典型农作物生产出行时间一览表　　　　　　　　单位：min

典型农作物（农产品）类型	粮食作物	经济林果	棚栽作物	畜产品
生产时间半径	30～＜35	25～＜30	20～＜25	20～＜25

资料来源：作者自绘

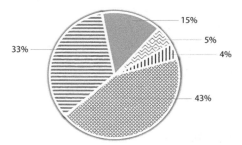

15%
5%
4%
33%
43%

▨棚栽作物＞经济林果＞粮食作物 ▤经济林果＞棚栽作物＞粮食作物
▨棚栽作物≈经济林果＞粮食作物 ▨三类作物都差不多 Ⅲ其他

图5-3 陕北乡村典型农作物管护难度的调查统计图
图片来源：作者自绘

图5-4 陕北白绒山羊标准化养殖小区实景
图片来源：参考文献[146]

陕北乡村畜牧业生产方式将由分散的传统庭院式养殖向标准化"畜牧小区"养殖转变（图5-4），畜牧养殖包含收割牧草、加工饲料、采集畜产品等生产内容[146]，综合考虑这些生产环节开展的频率、强度与难度，畜牧农产品生产时间半径取值"20～<25 min"。

2. 农机化修正系数

由于经济林果、棚栽作物、粮食作物和畜产品等种植、养殖的生产环节与作业要求不同，它们的现状农机化水平与农机化水平提升潜力存在较大差异。结合陕北的地形地貌特征，借鉴日韩发达国家及我国发达地区推广农业机械化的经验，针对2030—2035年远期阶段陕北现代乡村典型农作物生产的农机化水平进行大致预测，并在此基础上确定典型农作物的农机化修正系数。

在实地调研中笔者了解到，以谷子、玉米为代表的粮食作物目前农机化水平相对较高；以苹果为代表的经济林果农机化水平相对较低，人工授粉、修剪、疏果、套袋等环节机械化难度大，劳动力需求大；与经济果品相似，设施蔬菜瓜果种植与采运环节机械化推广难度大，农机化水平相对较低。

粮食作物以玉米为例，玉米从播种到收获大致需要整地、播种、间苗、中耕、收割等作业环节（表5-5），参考国内外发达地区经验，这些作业环节在技术上均可以实现小型机械化。陕北乡村目前主要在耕整环节上实现了较高的机械化率，起垄、覆膜、播种、收获等作业环节虽尚处于技术推广阶段，但推广前景比较乐观，故玉米等粮食作物农机化水平大幅提升的潜力较大。

表5-5　陕北地区玉米种植机械化方案及现状实施情况

主要田间作业项目	技术要点	机械化方案	现状实施情况及推广潜力
耕整地	使土壤松碎、地面平整	可以采用微耕机进行机械化翻耕	机械化基本实现
播种	在选种的基础上进行播种	可以选择播种、施肥、喷洒除草剂等可完成多道工序结合的播种机	目前以人工为主，各环节的机械化技术正在推广应用
中耕	根据地表杂草及土壤墒情适时中耕，具体包括松土、保墒、除草、追肥、开沟、培土等多项田间管理作业项目	中耕机具一般为微耕机或多行中耕机、中耕追肥机，可以采用地膜覆盖技术保墒集水增温增产，覆膜可以实施机械化，除草可使用机动喷雾机喷施除草剂	
收割	包括收割、脱粒、割秆、摘穗、剥叶等作业内容	一般采用人工割秆、摘穗、剥叶等工序，再由机械完成脱粒工序，也可使用联合收割机	

资料来源：作者自绘

经济林果以最为耗工的苹果为例，苹果从种植到收获也大致包括整地、播种、中耕、收获几个步骤（表5-6），为保证果品质量，种植过程还需进行果树整形修剪、辅助授粉、疏花疏果、套袋、病虫害防治等多个管护环节。参考国内外发达地区经验，灌溉、耕整、除草、喷药等环节在技术上可以实现机械化，但挖坑施肥、采摘、修剪、套袋、授粉和疏果等生产环节机械化难度较大，未来仍需依靠人工且人工需求量较大。由此推断，苹果等经济果品栽种农机化水平会有所提升，但较粮食作物提升幅度小。

表5-6　陕北地区山地苹果栽种机械化方案及现状实施情况

主要田间作业项目	技术要点	机械化方案	现状实施情况及推广潜力
整地春耕	使土壤松碎、地面平整	可采用微耕机耕整地	基本实现机械化
挖坑栽种	在选种的基础上挖坑栽种	—	以人工作业为主，较难机械化
修剪	使树体合理利用空间，包括刻芽、环剥（割）、扭梢、摘心及拉枝等措施	—	以人工作业为主，较难机械化
灌溉	土地灌溉	可采用机灌技术，也可采用滴灌、穴灌、渗灌等节水技术	现状主要靠天灌溉，机械化技术可以推广应用
喷药施肥	喷药施肥	可采用精准施药施肥技术	以人工作业为主，机械化技术可以推广应用
中耕除草	除草	可采用机械喷药机实现化学除草，或其他除草机械	以人工作业为主，机械化技术可以推广应用
辅助授粉	一般采取壁蜂授粉或人工授粉法	—	以人工作业为主，较难机械化
疏花疏果	去掉烂果、畸形果实，一般采取以花定果和间距疏果技术	—	以人工作业为主，较难机械化
套袋	在苹果幼果的时候开始套袋，以减少病虫害，使苹果果面斑点小	—	以人工作业为主，较难机械化
采摘	采摘	—	以人工作业为主，较难机械化

资料来源：作者自绘

　　与在大田进行机械化作业相比，大棚设施栽培要求在棚内进行，故要求进行机械作业的棚室体积尽量大、高度尽量高，作业机械体积尽量小、机械功率尽量大。大棚栽培大致包括耕整、播种、灌溉、施肥、中耕、采摘、储存等作业环节（表5-7）。除了采摘以外，其他作业内容在技术上可以实现机械化，但大棚蔬菜瓜果受季节影响小，全年收获采摘次数多、频率高，且在陕北地区用地条件的限制下棚室空间有限，目前机械化程度较低。随着农业生产技术的引进与推广应用，大棚栽培的农业机械化水平有望提升，但较粮食作物提升幅度小。

表 5-7　陕北地区设施蔬果种植机械化方案及现状实施情况

主要田间作业项目	技术要点	机械化方案	现状实施情况及推广潜力
耕整地	使土壤松碎、地面平整	可以采用微耕机进行机械化翻耕	机械化技术根据大棚体量而灵活应用，未来可推广应用
播种	在选种的基础上进行播种	可使用半自动播种机育苗，人工或机械移栽，也可使用播种机直接播种至棚内	以人工作业为主，机械化技术可以在一定程度上推广应用
灌溉施肥	灌溉施肥	可使用水肥一体灌溉系统，如喷滴灌系统与施肥系统共同建设	以人工作业为主，机械化技术可以在一定程度上推广应用
地膜覆盖	在地垄上铺膜	可采用地膜覆盖机铺设	以人工作业为主，机械化技术可以在一定程度上推广应用
中耕	包括松土、除草、追肥、开沟、培土等多项田间管理作业内容	可采用拖拉机、中耕犁	以人工作业为主，机械化技术可以在一定程度上推广应用
采摘	采摘	—	以人工作业为主，较难机械化

资料来源：作者自绘

　　畜牧养殖大致包括饲草种植与收获、饲草加工与储藏、动物喂养、畜产品采集与加工、舍棚清洁消毒等生产环节，从技术角度分析，这些环节均能实现机械化（表5-8）。退耕还林以来，陕北地区全面推广封山禁牧、舍饲养畜，目前畜牧业生产以小型家庭喂养为主，饲养规模小、分布散，受限于小型家庭养殖方式，除饲草种植与收获环节已部分实现机械化以外，其余环节均以人工作业为主，机械化水平较低。随着该地区畜牧业生产方式由分散家庭养殖向规模化、标准化"畜牧小区"逐步转变，畜牧业机械化水平将逐渐稳步提升。

表 5-8　陕北地区畜牧业养殖机械化方案及现状实施情况

主要作业环节	机械化方案	现状实施情况及推广潜力
饲草种植与收获	使用饲草料种植机械、饲草料回收打捆机械	部分机械化，推广潜力大
饲草加工与储藏	使用饲草料青储、加工机械	以人工作业为主，机械化技术推广潜力大
动物喂养	使用饲草料搅拌机械、自动送料机	
畜产品采集与加工	使用挤奶机、剪毛机、畜产品冷藏运输机械	
舍棚清洁、消毒	使用粪便无害化处理机械	

资料来源：作者自绘

　　由上述调查资料可知，陕北地区农机化作业水平存在发展不平衡的现象。从领域和产业结构看，粮食作物机械化水平高，畜牧业、林果业、设施农业机械化水平低；从种植业结构看，玉米机械化水平高于马铃薯和经济作物；从关键环节看，耕整地环节机械化水平高，播种和收获环节低（表5-9）。根据《陕西省"十三五"农业机械化发展规划（2016—2020年）》和《陕西省农业机械化发展中心2021年工作要点》，陕西省农业机械化快速发展，2015年底，全省主要农作物耕种收综合机械化水平达到61.23%，其中，关中平原区达到80%以上，陕北地区达到58%，接近全省平均水平（表5-10）。2020年全省主要农作物耕种收综合机械化率超过70%，2021年起在丘陵山区应积极探索宜机改造模式，加快提升林果业、畜牧业和设施农业机械化水平。考虑丘陵沟壑地貌对于该地区农机化作业水平提升的限制，预测2030—2035年陕北黄土丘陵沟壑区现代乡村主要粮食作物综合农机化水平大致可达85%，林果业、设施蔬果、畜牧业综合农机化水平大致可达60%（表5-11）。

表5-9　2015年陕西省主要农作物耕种收综合机械化水平一览表　　　　　　单位：%

农作物品种	玉米	马铃薯	苹果
耕种收综合机械化水平	72	32	40

资料来源：根据《陕西省"十三五"农业机械化发展规划（2016—2020年）》整理

表5-10　2015年陕西省各地貌区主要农作物耕种收综合机械化水平一览表　　单位：%

区域	陕西省	关中平原	陕南山区	陕北黄土高原
2015年陕西省主要农作物耕种收综合机械化水平	61	80	58	20

资料来源：《陕西省"十三五"农业机械化发展规划（2016—2020年）》

表5-11　远期阶段陕北地区现代乡村主要农作物综合机械化水平预测一览表

农产品类型	现状农机化水平（%）	现代乡村农机化水平提升预期
粮食作物	>60	基本实现全程机械化，农机化综合水平达到85%
经济林果	<40	加快果园精准施药技术、机械开沟施肥技术、精准施药技术、多功能作业平台技术的推广力度。全面提升林果业综合机械化水平，农机化综合水平达到60%
设施蔬果	<40	加快耕整、卷帘、灌溉、施肥、除草等环节机械化技术的推广力度，全面提升棚栽作物的综合机械化水平，农机化综合水平达到60%
畜产品	<30	加快饲草收获、饲草青储、饲草料搅拌及喂养、舍棚粪便清理消毒、畜产品采集等环节的机械化技术推广，农机化综合水平达到60%

资料来源：作者自绘

由于粮食作物的机械化水平最高，故假设粮食作物的农机化修正系数 $x_粮$ 为1，根据公式（5-3）可以分别推算出经济林果、设施蔬果、畜产品的农机化修正系数。典型农作物中还包括若干个小类，各类农作物可根据以下公式进行具体测算：

$$x_i = J_i / J \qquad\qquad (5-3)$$

式中：x_i 为 i 类农作物农机化修正系数；

J_i 为 i 类农作物的现代农业机械化水平预测值；

J 为粮食作物的现代农业机械化水平预测值（表5-12）。

表 5-12　陕北地区典型农作物农机化修正系数

农作物类型	粮食作物	经济林果	棚栽作物	畜产品
农机化修正系数	1.000	0.705	0.705	0.705

资料来源：作者自绘

3. 农机车车速

农机车行驶速度主要取决于地形坡度与道路等级。

根据高毅平、汤国安、周毅等学者关于黄土沟壑区不同区域地貌的坡度和土地利用特征的相关研究成果[147-148]（表 5-13），在以沟间地为主的正地形内，人居建设与农地（包括旱地耕地、梯田旱地、果园等）仅分布于 25°以下的坡度分段且以 15°以下为主；在沟坡地与沟底地为主的负地形内，人居建设与农地（包括坝地、水田、梯田等）仅分布于 6°以下的坡度分段内。由此，河谷川道区平均坡度取值 0°～5°，黄土丘陵山区平均坡度取值 10°～20°。考虑国家对乡村道路设施建设的持续投入，假设陕北地区现代乡村道路按四级道路进行新建和改善。

表 5-13　黄土沟壑区三种区域地貌形态和土地利用特征对比

地貌名称	坡度组合特征	坡度分段（°）	地貌部位	土壤侵蚀特点	土地利用方向
沟间地	梁峁区＜35°，黄河峡谷和梁区＜30°，塬梁区＜25°	＜6	梁峁顶或塬面	轻微土壤侵蚀，侵蚀以面侵蚀为主，往往形成一些细沟浅沟	适于旱地耕作，发展农田防护林和水保林
		6～＜15	梁峁顶	较强土壤侵蚀，细沟、浅沟普遍出现，并逐步向切沟方向发育	适于梯田旱地、果园，也可用于发展水保林和用作饲料栽培用地
		15～＜20	梁峁坡	线状侵蚀十分强烈，细沟浅沟逐渐发育成切沟，土壤侵蚀强烈	适于梯田旱地、果园，也可用于发展水保林和长期牧草地
		≥25	梁峁坡或沟缘线附近	冲沟大量发育，表土大量流失，甚至有基岩露出地表	应实行全面造林的土地利用政策
沟坡地	一般＞35°	＜35	沟沿线、坡脚线附近和沟坡上	切沟相间、冲沟大量发育，土壤侵蚀严重，而且出现重力侵蚀	宜于全面造林或发展水保林
		35～＜40	沟坡	坍塌严重，重力侵蚀已成为主要土壤侵蚀方式	这个地区应全面造林
		≥45	冲沟壁及沟坡	侵蚀作用开始减弱，地面覆盖层浅薄，基岩裸露，地表以陡崖形式出现	适于发展灌木林
沟底地	一般小于6°	＜2	主沟底、坝地或水田	无土壤侵蚀发生	土地利用适宜多样化，便于灌溉机耕的可用作菜地，也可发展农田防护林
		2～＜6	支沟底	无土壤侵蚀发生	适于机耕的可作为农田，也可作为农田防护林用地
		≥6	坡脚线及沟头垯窝地	有轻微土壤侵蚀及沟头溯源侵蚀	适于发展垯窝梯田或作为水保林

资料来源：参考文献[148]

根据现行《公路工程项目建设用地指标》（建标〔2011〕124号）中对于平原、微丘、山岭重丘三类地形区的坡度描述（表5-14），陕北地区应属平原微丘地区。同时，根据现行《公路工程技术标准》（JTG B01-2014），四级公路设计车速宜采用30 km/h，受地形、地质条件限制可适当降低。由此，陕北河谷川道区四级公路设计车速建议取值30 km/h，黄土丘陵山区属低山微丘区，设计车速考虑在30 km/h的基础上折减，取值20 km/h（表5-15）。

表5-14　我国地形区划分及地形特征一览表

地形区名称	平原地区	微丘地区	山岭重丘地区
地形特征	地形无明显起伏，地面自然坡度小于或等于3°的地区	地形起伏不大，地面自然坡度为3°～20°，相对高差在200 m以内的地区	地形起伏较大，地面自然坡度大于20°，相对高差在200 m以上的重丘地区

资料来源:《公路工程项目建设用地指标》（建标[2011]124号）

表5-15　陕北黄土丘陵沟壑区典型地貌区坡度范围及设计车速取值

陕北黄土丘陵沟壑区典型地貌区域	河谷川道区	黄土丘陵山区
坡度范围（°）	0～5	10～15
四级公路设计车速取值（km/h）	30	20

资料来源: 作者自绘

根据前文分析确定的各类典型农作物的农业生产出行时间、农机化修正系数、各地貌区农机车车速等关键变量取值（表5-16），可以计算出陕北黄土丘陵沟壑区不同地貌类型各类典型农作物的生产半径取值范围，继而根据各地乡村基本聚居单元内农作物（农产品）占比计算出单元的农业生产半径。

表5-16　陕北黄土丘陵沟壑区不同地貌区典型农作物生产半径取值范围对照表

地貌区域	河谷川道区				黄土丘陵山区			
作物类型	粮食作物	经济林果	设施蔬果	畜产品	粮食作物	经济林果	棚栽作物	畜产品
农业生产出行时间取值范围（min）	30～35	25～30	20～25	20～25	30～35	25～30	20～25	20～25
农机化水平修正系数	1	0.705	0.705	0.705	1	0.705	0.705	0.705
四级公路设计车速（km/h）	30	30	30	30	20	20	20	20
现代农业生产半径取值范围（km）	15.0～17.5	8.8～10.6	7.1～8.8	7.1～8.8	10.0～11.7	5.8～7.0	4.7～5.8	4.7～5.8

资料来源: 作者自绘

5.2 乡村基本聚居单元的空间范围与区划

基于乡村基本聚居单元现代农业生产半径预测的研究结论，对乡村基本聚居单元空间范围划定与区划方法进行研究。

5.2.1 乡村基本聚居单元的空间范围划定

本研究拟采用交通网络分析法进行辅助计算，交通网络分析法能够较为精确地反映实际出行距离，以及不同路网条件、交通方式与交通管制措施等对出行时间的影响[149]92，计算结果较为准确。交通网络分析模型包括最小化设施点数模型①、最大化覆盖范围模型②和最小化抗阻模型③等典型模型，目前在公共设施选址与位置分配研究中广泛应用。本研究选择最小化设施点数模型进行辅助计算。最小化设施点数模型的计算目标为：根据已知的设施服务半径，在设施数量与最大化范围中计算平衡点，在无须指定设施数量的前提下自动求得最少的设施数量和一定半径下全覆盖的设施点选址，并在此基础上根据选址结果划定服务区范围。

乡村基本聚居单元空间范围划定中涉及的乡村住区公共服务设施点选址、单元空间范围划定问题可以借助最小设施点数模型来解决，计算目标即为在未知乡村住区公共服务设施点数量的前提下，自动求得最少的设施数量和一定农业生产半径下全覆盖的设施点选址，并基于选址结果划定乡村基本聚居单元空间范围。在乡村基本聚居单元空间范围研究中，特别是远郊型单元，单元内农地可作为"需求点"，乡村住区公共服务设施点可作为"设施点"，现代农林牧业生产半径可作为"阻抗"，借助最小化设施点数模型可求得最少乡村住区公共设施数量与位置，以及现代农林牧业生产半径全覆盖下的乡村基本聚居单元空间范围。

借助最小化设施点数模型确定乡村基本聚居单元空间范围的主要工作步骤如下（表5-17）：

第一，基础数据准备。借助 GIS 软件，从谷歌地图数据、城乡规划空间数据、实地调研数据中获取后续分析所需的道路、农地、乡村居民点等数据。

---

① 最小化设施点数模型是最大化覆盖范围模型的改进模型，其目标是在所有候选的设施选址中挑选出数目尽量少的设施，使得位于设施最大服务半径之内的设施需求点最多。

② 最大化覆盖范围模型的目标是在所有候选的设施选址中挑选出给定数目的设施的空间位置，使得位于设施最大服务半径之内的设施需求点最多，该模型关注的是设施的最大覆盖问题。

③ 最小化抗阻模型的目标是在所有候选的设施选址中按照给定的数目挑选出设施的空间位置，使所有使用者到达距他最近设施的出行成本之和最短，该模型的现实意义在于使出行代价最小化。

第二，建立道路交通网络模型。借助 GIS 软件，以谷歌地图能够识别的城乡道路资料为基础，结合县级以上道路交通规划资料进行补充，同时适度考虑地貌限制下的乡村道路系统优化，建立道路交通网络模型。道路交通网络模型能够精确地模拟现实道路交通状况，将单行线、路口禁转、路口等候时间等因素都考虑在内，但对于乡村地域而言，实际交通状况相对简单，故在 GIS 中建立道路交通网络模型时主要设置道路的连通情况。

第三，村庄与农地整理。以村庄分布图、土地利用规划图为素材整理村庄与农地地块，农地以适度规模化为前提进行整理，单个农地地块面积一般为 $1 \sim 3 \text{ hm}^2$。根据笔者实地调研，陕北现有农业单劳动力可支撑的土地面积为 $3 \sim 4$ 亩，考虑小型机械化生产可使陕北地区乡村单劳动力的平均支撑土地面积成倍增长[1]，一般以 $1 \sim 3 \text{ hm}^2$ 单面积进行农地地块整理。由于农机化潜力存在较大差异，故不同农作物可在以上范围中进行灵活取值。如玉米等粮食作物农机化程度高，农地整理时地块规模可选择高值；水果、蔬菜等经济作物农机化程度低，农地整理时地块规模可选择低值。

第四，构建乡村住区公共设施位置分配模型。借助最小化设施点数模型的"位置分配"原理,确定"设施点""请求点"和"阻抗"。其中"设施点"包括"备选点"和"必选点"，由于乡村未来只可能围绕综合条件较好的村庄形成乡村住区并增配公共设施，故"备选点"为综合条件较好的优势村庄[2]，"备选点"中必然会保留下来的点为"必选点"，并将村庄的质心作为"设施点"的具体位置；"请求点"为若干个农地地块，农地以适度规模化为前提进行整理，将每个农地地块距离道路最近的点作为请求点的具体位置；"阻抗"为乡村基本聚居单元农业生产半径。在最小化设施点数模型中，若"设施点""请求点"和"阻抗"选择得不合理，将从根本上影响 GIS 计算结果的科学性。

第五，乡村住区公共设施位置分配计算。借助 GIS 的最小化设施点数模型，计算一定现代农业生产半径下的最小数量公共设施（村庄）位置及相应乡村基本聚居单元空间范围。由于起伏地貌下陕北乡村道路系统呈树枝状，乡道交汇处与乡道尽端可达性差异巨大，故根据公共设施位置分配计算得出的乡村基本聚居单元空间范围大多呈沿乡村主道分布的无规则面状。

---

[1]　根据产业洞察网《中国农场、牧场行业市场深度评估》，家庭农场平均经营规模可达200亩。因地貌限制,陕北乡村虽达不到这样的经营规模,但仍考虑在现状基础上可提升数倍。

[2]　应借助层次分析法,采用集合自然生态、社会、经济、环境和空间等方面的综合性评价指标体系进行现状村庄的发展潜力评价,通过评价预选出发展条件较好的优势村庄,作为乡村住区公共设施选址分析的"备选点"。

表 5-17　基于最小化设施点数模型的乡村基本聚居单元空间范围划定主要工作内容

步骤	主要内容	模型	模型作用
基础数据准备	获取后续分析所需的道路、农地、乡村居民点等数据	GIS 数据模型	GIS 空间数据转化
道路交通网络模型构建	以谷歌地图可以识别的城乡道路为基础，结合相关道路交通规划资料进行补充优化		
村庄与农地整理	以村庄分布图、土地利用规划图为素材整理村庄与农地地块，农地以适度规模化为前提进行整理，单个农地地块面积为 $1 \sim 3 \ hm^2$		
公共设施位置分配模型构建	合理确定"设施点""请求点"与"阻抗"[155]，其中，"设施点"即为根据村庄潜力评价初选出的优势村庄，将每个村庄的质心作为设施点的具体位置；"请求点"为若干农地地块，将每个农地地块距离道路最近的点作为请求点的具体位置；"阻抗"为乡村基本聚居单元农业生产半径	最小化设施点数模型	在所有的候选优势村庄中挑选出尽可能少的村庄，求得村庄数量与最大化覆盖范围的平衡点，以实现村庄公共设施覆盖率和使用效率的最大化
公共设施位置分配计算	确定在一定农业生产半径下，最小数量的公共设施（村庄）位置及乡村基本聚居单元空间范围		

资料来源：作者自绘

5.2.2　乡村基本聚居单元的空间区划

乡村基本聚居单元属城、镇以下的末端聚居单元，是"生态—生产—生活"基本功能协同一体的复合单元，现状村落（自然村或行政村）就是其构成元素。它不属于行政管理范畴，不具备行政管理职能，是为了实现相对独立完整的基本经济功能、社会功能和生态功能而进行的村落群集，群集后将打破行政村现有的行政区划范围。

为加强可操作性，保证与政府事权一致，乡村基本聚居单元空间范围划定和空间区划一般在同一镇域内进行。基于上一步位置分配所得的单元空间范围，本研究将综合考虑村域（自然村或行政村）边界、镇域边界进行乡村基本聚居单元的空间区划（图 5-5）。

第一，在镇域内的区域，将与单元空间范围吻合度最高的村域边界作为单元边界。以村域边界作为乡村基本聚居单元的边界，一方面，可以保证农地边界及其权属的完整性；另一方面，也有利于维持地区生态稳定。陕北乡村的自然组织系统与现状社会组织系统之间往往存在着较为密切的联系，具体表现为小流域的分水岭往往与行政村、自然村边界重合[94]。

第二，在超出镇域的区域，视超出镇域部分的具体情况而定：若超出镇域范围的部分不包含或包含少量农地资源，则直接将镇域边界确定为单元边界；若超出镇域范围的部分包含一定量的农地资源，则意味着前一阶段的乡村基本聚居单元位置配置计算不甚合理，需有针对性地调整参数后重新计算，再重复以上步骤。

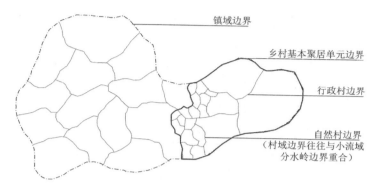

图 5-5　乡村基本聚居单元区划边界与镇域、村域、小流域分水岭边界的关系示意图

图片来源: 作者自绘

5.3　乡村基本聚居单元的人口规模预测

结合陕北黄土丘陵沟壑区乡村产业与社会经济的发展现实与未来预判,对已有乡村人口规模预测方法进行比选,同时根据对乡村基本聚居单元人口规模的主要社会经济影响因素所进行的分析,确定适宜的乡村基本聚居单元人口规模预测方法与模型。

5.3.1　乡村人口规模预测方法比选

专门针对乡村人口规模的预测方法相对较少,且不同的思路和方法各有侧重,大致可以划分为如表 5-18 所列的几类:

表 5-18　乡村人口规模预测方法思路、特点及适用范围一览表

人口规模预测思路	思路特点	适用范围
以设施经济门槛为依据的预测思路	通过公共服务设施、市政基础设施配置的经济门槛对乡村聚落人口规模最小值进行预测	广泛适用
以农业经济变量相关性为依据的预测思路	从耕地需要出发,根据单位耕地所需劳动力工日投入进行农业劳动力人口规模预测	广泛适用
	从收入角度出发,以农户在追求家庭收入最大化条件下的生产要素配置为前提计算农业劳动力数量	广泛适用
	将耕地收益与劳动力收入相结合,以保证单位劳动力一定收入为前提,根据特定地域内充分发挥土地资源自然生产力而获得的农产品收益进行乡村人口规模预测	广泛适用
以其他社会经济因素为依据的预测思路	以 "村庄合理布局的经济效益分析" 为出发点,引入人均耕地量、耕作半径和垦殖系数预测乡村聚落合理人口规模	广泛适用

资料来源: 根据参考文献[150]～[152]整理

第一类，结合公共服务设施、市政基础设施配置经济门槛对乡村聚落人口规模最小值进行预测，如惠怡安、赵思敏、贺艳华等分别借助实地调研、定量推算、理论分析方法，通过乡村公共设施"经济门槛"分析，探讨乡村聚落最小人口规模的确定方法[38-39, 150]。该预测方法及相应计算模型在业内已达成普遍共识，预测的关键点在于根据各地的公共设施配置内容及标准确定变量的取值。

第二类，从农业经济学角度研究农地的劳动力需求量或农地的人口承载力。施若华、邵晓梅、赵思敏、惠怡安、牛叔文等学者分别引入不同农业经济变量构建了数学模型[151-152]。农业是乡村经济发展的基础，该类方法对于乡村人口规模预测而言具有重要的决定意义，本研究将已有的典型方法与预测模型归纳如下：

（1）从耕地需要出发，根据单位耕地所需劳动力工日投入和各种农作物的种植面积来计算（施若华，牛叔文），可用公式（5-4）[91]：

$$L_t = \sum m_{ij}a_{ijt} \tag{5-4}$$

式中：L 为农业劳动力；

　　　m 为每亩作物的工日数；

　　　a 为某一具体作物的种植面积；

　　　i 为反映各农作物或生产活动的指标；

　　　j 为反映区域类型的指标；

　　　t 为时间指标。

该计算模型从耕地对农业劳动力的需求出发来计算农业劳动力规模，但对于畜牧业考虑较少，而畜牧业在陕北乡村农业经济中的重要性是不容忽视的。

（2）从收入角度出发，根据农户在追求家庭收入最大化条件下的生产要素配置为前提计算农业劳动力数量。该方法以农户追求家庭收入最大化为前提计算合理的农业劳动力数量，认为农村居民选择居住场所最根本的动力是追求收入最大化，并判断该前提是以农业劳动边际收益等于非农业劳动边际收益为标准的。这种方法重点关注了城镇化进程中的城乡人口动态流动阶段，为快速城镇化背景下乡村人口动态变化过程中的农业劳动力规模预测提供了新思路。

（3）将耕地收益与劳动力收入相结合，在充分发挥土地资源自然生产力基础上，以利用土地资源产出的各种产品所得收益来保证单位劳动力一定收入为前提，计算单位土地资源所能承载的最大劳动力数量，从而计算特定地域内土地资源的农业劳动力承载量[151]，可用公式（5-5）或公式（5-6）：

$$C = \frac{L}{S_{\min}} \qquad\qquad (5\text{-}5)$$

$$C = \frac{V}{B} \qquad\qquad (5\text{-}6)$$

式中：C 为区域土地资源劳动力人口承载量（人）；

$S_{\min}$ 为最小劳均耕地面积（hm^2／人）；

L 为区域总耕地面积（hm^2）；

V 为区域农产品总收益（元）；

B 为单位农林牧渔业劳动力收入标准（元／人）。

该数学模型引入最小劳均耕地面积和农业劳动力收入标准，计算在保证一定收入前提下的农业土地资源最大劳动力承载量。城乡劳动力收入均衡是现代城乡劳动力相对稳定的前提，该模型将收入标准作为农业劳动力规模预测重要变量的做法对于本研究而言具有重要的借鉴意义。

第三类，学者们还尝试从其他社会经济因素出发预测乡村聚落人口规模，如金其铭以"村庄合理布局的经济效益分析"为出发点，引入人均耕地量、耕作半径和垦殖指数预测乡村聚落合理人口规模[153]，可用公式（5-7）或公式（5-8）：

$$NM = K\prod R^2 \qquad\qquad (5\text{-}7)$$

$$N = \frac{K\prod R^2}{M} \qquad\qquad (5\text{-}8)$$

式中：R 为耕作半径；

N 为人口数；

M 为人均耕地数量；

K 为垦殖指数。

另外，贺艳华等综合设施门槛、耕作半径、邻里交往以及出行距离感知等方面对乡村聚居单元的人口规模的量化进行探讨[38]。

乡村聚落人口规模是乡村规划的重要定量内容，任何单一的预测方法与模型均无法保证预测结论的相对准确性。本研究在综合梳理社会、经济及环境等多因素对人口规模的影响作用基础上，尝试从多角度构建陕北黄土丘陵沟壑区的乡村人口预测方法与模型，旨在降低人口规模预测的误差。

5.3.2　乡村基本聚居单元人口规模的主要影响因素

本研究以 2030—2035 年处于现代化发展阶段的陕北黄土丘陵沟壑区乡村为主要研究对象，乡村基本聚居单元即为该地区现代乡村的末端聚居单元，其人口规模的影响因素涉及社会、产业经济和资源环境三大方面。其中，水资源承载力、生态承载力、生态足迹、生态盈亏等环境资源要素对于人口规模的影响作用一般在宏观尺度区域内体现，乡村基本聚居单元属中观尺度区域，故主要分析现代农林牧业、乡村旅游业和公共设施配置的相关影响要素（表 5-19）。

表 5-19　陕北黄土丘陵沟壑区乡村基本聚居单元人口规模影响因素一览表

影响因素	影响因子
现代农林牧业相关影响因素	现代农林牧业生产劳动对象的类型与规模、现代农林牧业生产劳动对象单位纯收益、现代农民预期收入基准、现代农民兼业化程度、农业补偿政策惠农力度、现代乡村主要农产品单位用工量
乡村旅游业相关影响因素	旅游人次、旅游者的人均消费量与消费构成、旅游相关产业的增加值率、旅游相关产业的劳动生产率
公共设施配置相关影响因素	设施配置内容、设施配置标准

资料来源：作者自绘

1. 现代农林牧业相关影响因素

基于现代乡村"人—地"动态平衡关系，陕北黄土丘陵沟壑区现代农林牧业资源可以承载一定量农业人口在此安居乐业，同时农林牧业资源的生产经营也需要相应规模的劳动力来支撑。

一方面，以保证城乡劳动力收入水平的相对平衡为前提，乡村基本聚居单元空间范围内的农业资源规模与收益可以承载相应规模的农业人口，一旦人口规模超过此限度，则会出现由于农业劳动力收入水平下降而导致的劳动力外流。由此，乡村基本聚居单元农业人口承载量的主要影响因素包括现代农林牧业生产劳动对象的类型与规模、现代农林牧业生产劳动对象单位纯收益和现代农民预期收入基准。与此同时，中央和地方的农业补偿政策惠农力度和现代农民兼业化程度也影响农业资源的人口承载量，农业补偿政策惠农力度越大、现代农民兼业化程度越高，可以养活的劳动力规模越大。

另一方面，为保证现代农业生产绩效，农业资源对劳动力有相应的需求量。故可根据现代乡村主要农产品的单位劳动用工量预测乡村基本聚居单元的农业劳动力人口规模，继而根据农业劳动力的抚养指数预测总人口规模。

2. 乡村旅游业相关影响因素

乡村旅游业对于乡村剩余劳动力吸附具有重要意义。陕北黄土丘陵沟壑区现代乡村以现代农林牧业生产方式为主导，乡村旅游业是以当地农林牧业资源为基础衍生的重要服务业。对于拥有独特历史、文化、生态或区位等旅游资源的乡村聚落而言，将更多地发挥文化传承和休闲娱乐功能，这类聚落往往以旅游服务业为主导，现代农业与旅游业复合发展，需要考虑乡村旅游业对于劳动力的吸附作用。

乡村旅游所涉及的食、住、行、游、购、娱等直接旅游服务行业可以提供一定量的就业岗位，对农村劳动力具有高容纳性。根据相关研究[154-156]，乡村旅游的总就业人口数量由旅游人次、旅游者的人均消费量与消费构成、旅游相关产业的增加值率与旅游相关产业的劳动生产率等因素共同决定。具体来说，旅游人次、旅游者的人均消费量与消费构成、旅游相关产业的增加值率决定了相关行业来自旅游业的总增加值，相关行业来自旅游业的总增加值与相关行业的全员劳动生产率又最终决定了旅游业带来的总就业人数。

乡村旅游主要以乡村自然风光与乡村人文活动为载体开展，旅游资源与旅游活动受季节变化影响大。旅游业以农户为经营服务主体，就业门槛低，可以为农村妇女、低学历者和老人等弱势群体提供就业机会，再加上农闲季节大量务农劳动力也可以参与到旅游服务行业中，因此乡村旅游就业人口应具体划分为直接、间接两类，且以间接就业人口为主，直接就业率成为预测乡村旅游直接就业人口数量的重要影响因素。

3. 公共服务设施配置

公共服务设施配置方面的影响因子主要包括公共设施配置内容及配置标准。在国家大力推进城乡基本公共服务均等化的背景下，现代乡村公共设施在配置内容、数量上将有所增加，配置质量也将有所提升，但公共设施正常运营必须达到相应的人口规模门槛要求，乡村聚落的人口规模应大于或等于该人口规模门槛。对于乡村基本聚居单元而言，基本公共服务设施中乡村小学的人口规模门槛最高。本研究主要从地区乡村发展现实和居民需求出发确定相关变量参数，并预测乡村小学的人口规模门槛。

5.3.3 基于农产品收益与农民预期收入基准的农业人口规模预测

1. 预测模型

农业资源、农业劳动力、农民收入标准是现代乡村地域人地系统的重要影响要素，根据现代乡村"人—地"动态平衡关系，结合前文的农业资源承载力影响要素分析，借鉴已有的乡村人口规模预测方法，本研究尝试提出基于农产品收益与农民预期收入基准的人口规模预测方法。

该方法以保证现代城乡收入相对平衡为前提，预测现代农业生产力水平下一定地域农产品总收益可以承载的农业人口，预测原理在于通过定量分析陕北黄土丘陵沟壑区现代农业生产总收益，在平衡现代农民预期收入基准、加权国家农业补偿政策发展指数和充分考虑现代农民兼业系数的基础上测算乡村基本聚居单元可承载的农业人口规模，可用公式（5-9）：

$$P_{\mathrm{A}}^1 = \sum_{i=1,\ j=1}^{n} \frac{\theta(N_i \cdot M_i + A_j \cdot B_j)}{I \cdot \beta} \tag{5-9}$$

式中：P_{A}^1 为基于农产品收益和农民预期收入基准的农业资源人口承载量（人）；

i 为标准农林作物类型；

N 为标准农林作物播种面积（hm^2）；

M 为现代乡村标准农林作物单位面积纯收益（万元 $/\mathrm{hm}^2$）；

j 为标准畜牧农产品类型；

A 为现代乡村标准畜牧农产品产出量；

B 为现代乡村标准畜牧农产品的每核算单位纯收益（万元 / 核算单位）；

I 为现代农民预期收入基准（万元 / 人）；

θ 为国家农业补偿政策发展指数；

β 为现代农民兼业系数。

本模型构建主要参考 5.3.1 小节中提及的"从耕地收益与劳动力收入相结合"角度的农业劳动力预测模型，与原有模型最大的不同在于，原有模型主要立足于现状，而本研究主要面向可预见的 2030—2035 年处于现代化发展阶段的陕北黄土丘陵沟壑区乡村，同时，本模型将陕北乡村农业经济中占据重要地位的经济林业和畜牧产业均考虑在内。

2. 预测的关键变量指标取值

预测模型中涉及现代乡村主要农产品单位纯收益、现代农民预期收入基准、现代农民兼业系数和国家农业补偿政策发展指数等关键变量，本小节主要根据国家与地区农业发展统计数据与实地调研数据，进行 2030—2035 年远期阶段各变量取值范围的大致预判，在乡村案例中可结合具体情况进行取值。

（1）现代乡村主要农产品单位纯收益

农产品单位纯收益受农产品供求关系、市场需求结构、同类商品竞争、农业生产要素价格及投入水平、国家政策调控等多种因素的综合影响，其未来变化存在较大的不确定性，本研究主要依据全国主要农产品成本与收益的统计数据进行分析预判。

从整体上说，城镇化背景下我国主要农产品价格的提升速度仍落后于生产成本的提升速度，单位纯收益呈逐年递减趋势。根据2011—2016年全国主要农产品单位纯收益的平均数据（表5-20），由于农产品收益的减少与生产成本的增加，玉米、苹果、设施蔬菜等农产品每核算单位纯收益整体呈下降趋势，如玉米每亩纯收益就由2011年的263.09元降为2016年的-299.70元，因其每亩现金收益下降了344.83元，而人工成本、物质成本分别上涨了162.61元和61.10元（表5-21）。

表5-20　2011—2016年全国主要农产品每核算单位纯收益一览表

农产品	核算单位	2011年	2012年	2013年	2014年	2015年	2016年
玉米	元／亩	263.09	197.68	77.52	81.82	-134.18	-299.7
苹果	元／亩	4 611.99	4 026.89	3 246.72	3 480.85	2 187.89	2 022.53
设施蔬菜平均	元／亩	2 557.67	2 455	2 852.27	2 069.78	2 187.89	2 022.53
规模生猪	元／头	457.48	133.46	103.91	-14.18	217.04	413.69
规模肉鸡	元／百只	—	—	—	—	—	153.17
规模蛋鸡	元／百只	—	—	—	—	—	374.3
规模肉羊	元／只	—	—	—	—	—	-67.96

资料来源：2012—2017年全国农产品成本收益资料汇编

表5-21　2011—2016年全国玉米成本收益数据一览表　　　　　　　单位：元／亩

项目	2011年	2012年	2013年	2014年	2015年	2016年
纯收益	263.09	197.68	77.52	81.82	-134.18	-299.70
现金收益	686.04	730.79	680.69	728.59	522.95	341.21
现金成本	341.28	391.11	408.87	417.12	426.59	424.68
人工成本	295.49	398.40	455.37	474.68	468.72	458.10
物质成本	308.45	344.58	359.71	364.80	376.22	369.55

资料来源：2012—2017年全国农产品成本收益资料汇编

具体来说，人工成本和农产品质量是影响农作物纯收益的主要因素。一般而言，人工成本越高，纯收益越低。就陕西省而言，由于陕北陕南大部属山地丘陵地貌，农机化水平限制下单位面积人工成本偏高，导致玉米等粮食作物纯收益低于全国平均水平，甘肃、四川、云南等山地省份情况类似，而农机化水平较高的新疆维吾尔自治区则相反（表5-22）。另一方面，农产品质量越好，纯收益越高。如关中渭北及陕北洛川塬地区苹果质量好价格高，纯收益远高于全国平均水平及其他省份（表5-23）。因此，特色农产品纯收益预测应充分考虑农产品在全国及区域范围内的特殊性。

表 5-22 　 2016 年全国不同省（自治区、直辖市）玉米成本收益对比一览表　　单位：元 / 亩

项目	陕西	重庆	四川	贵州	云南	甘肃	新疆
纯收益	-387.89	-403.67	-270.23	-542.24	-596.54	-915.55	-35.59
现金收益	373.07	247.12	311.69	332.32	407.18	559.93	570.90
现金成本	407.75	644.52	611.72	496.79	562.09	407.35	447.98
人工成本	726.88	946.18	785.45	949.43	1 030.12	1 130.73	310.38
物质成本	359.01	246.81	301.40	304.49	389.76	548.86	517.72

资料来源：《全国农产品成本收益资料汇编2017》

表 5-23 　 2016 年全国不同省（自治区）苹果成本收益对比一览表　　单位：元 / 亩

项目	陕西	甘肃	宁夏	山东	全国
纯收益	4 298.90	-357.71	576.51	2 150.65	896.80
现金收益	1 632.73	2 077.65	1 161.06	3 606.26	3 063.18
现金成本	6 582.28	5 097.53	1 927.23	6 179.03	3 222.35
人工成本	2 756.49	5 661.45	1 534.35	4 682.77	3 369.15
物质成本	1 066.06	1 713.80	682.38	2 684.80	1 681.65

资料来源：《全国农产品成本收益资料汇编2017》

　　结合当地调研，农户普遍认为玉米及薯类等传统粮食作物基本没有收益，红枣、苹果、西瓜等水果虽投入大，但收益较高（表 5-24、表 5-25）。由于农户主要只考虑了物质直接成本与雇工工费，而税费等间接费用、劳动者活劳动成本[①]未考虑在内，故玉米、马铃薯、生猪、羊等农产品纯收益调研数据普遍高于统计数据。

表 5-24 　 调查农户种植农作物亩产收益与成本统计表

农产品类型		收益		主要支出（元 / 亩）				纯收益（元 / 亩）	备注
		产量（斤 / 亩）	价格（元 / 斤）	农药、地膜等费用	雇佣农工费用	租用农机设备费用	其他支出		
粮食作物	玉米	1 000	1	300	400	200	100	0	农产品价格受市场因素影响大
	土豆	2 000	0.5	300	400	200	100	0	
	小米	500	3	300	450	200	100	450	
经济林果	红枣	1 000	3	150	450	100	200	2 100	
	苹果	3 000	2	700	1 500	200	500	3 100	
蔬菜瓜果	西瓜	6 000	0.8	500	1 500	200	400	2 200	

资料来源：作者自绘

表 5-25 　 调查农户从事养殖业的单位产量及收益统计表

牲畜类别	收益		物质支出（元 / 头）			纯收益（元 / 头）	备注
	出栏重量（斤 / 头）	价格（元 / 斤）	仔	饲料	其他支出		
生猪	250	6.5	300	600	300	425	农产品价格受市场因素影响大
羊	180	10	600	300	300	600	

资料来源：作者自绘

---

① 活劳动成本即劳动者在生产过程中的生活资料资金耗费。

综合实地调研数据与国家和陕西省统计数据（表 5-26），本研究以模糊由于供求关系改变带来的农产品价格年际变化为前提，在假设全国及区域范围内粮食价格波动基本一致，以及国家政策调控将给予农产品更大幅度的价格补贴以保证农业正收益的基础上，充分考虑各类农产品在区域与全国内的特殊性，大致预测出陕北现代乡村主要农产品的单位纯收益取值范围。其中，目前负收益的玉米、马铃薯等传统粮食作物纯收益将由负值提升至正收益，小杂粮、设施蔬菜、林果、畜产品纯收益将稳中有升，预测结果详见表 5-27。

表 5-26　2016 年陕西省主要农产品每核算单位纯收益一览表

农产品	玉米（元/亩）	苹果（元/亩）	设施西红柿（元/亩）	设施黄瓜（元/亩）	设施菜椒（元/亩）	规模生猪（元/头）	规模蛋鸡（元/百只）	散养肉羊（元/只）
每核算单位纯收益	-387.89	4 298.9	4 464.89	4 309.35	3 084.14	147.03	1 452.20	131.18

资料来源：《全国农产品成本收益资料汇编2017》

表 5-27　远期阶段陕北现代乡村主要农产品每核算单位纯收益预测值范围

农产品	玉米（元/亩）	马铃薯（元/亩）	小杂粮（元/亩）	大棚蔬菜（元/亩）	苹果（元/亩）	枣（元/亩）	猪（元/头）	羊（元/只）	鸡（元/百只）
每核算单位纯收益	0～200	0～200	300～400	5 000～6 000	6 000～8 000	3 000～4 000	400～500	400～500	800～1 000

资料来源：作者自绘

（2）现代农民预期收入基准

现代农民在乡村驻留的前提是城乡收入相对平衡，根据相关研究，英、美等发达国家在城乡收入比为 1.5 时城乡劳动力流动趋于稳定[2]80。借鉴发达国家经验，假设陕北黄土丘陵沟壑区城乡收入比为 1.5 时，当地农民选择在乡村驻留，即可根据该地区城镇居民人均可支配收入预测值，测算出该地区乡村居民人均可支配收入。

根据延安、榆林两市的统计年鉴，2000—2016 年两市城镇居民人均可支配收入相关数据在线性回归模型中显示出高拟合度（表 5-28、表 5-29），通过线性增长模式分别预测出 2030 年延安、榆林两市城镇居民人均可支配收入分别为 58 646 元和56 408 元，2035 年分别为 70 297 元和 65 753 元；根据城乡收入比 1.5，可进一步测算出 2030 年两市乡村居民人均可支配收入分别为 39 097 元和 37 605 元，2035 年分别为 46 864 元和 43 835 元（表 5-30）。

表 5-28　2000—2016 年延安市城镇居民人均可支配收入一览表　　　单位：元

年份	2000	2001	2002	2003	2004	2005	2006	2007	2008
城镇人均可支配收入	5 083	5 333	5 525	5 994	6 334	7 420	8 800	9 410	11 981
年份	2009	2010	2011	2012	2013	2014	2015	2016	
城镇人均可支配收入	14 933	17 880	21 188	24 748	27 643	30 588	33 127	30 693	

资料来源：《延安统计年鉴2017》

表 5-29　2000—2016 年榆林市城镇居民人均可支配收入一览表 　　　　　　单位：元

年份	2000	2005	2010	2011	2012	2013	2014	2015	2016
城镇人均可支配收入	3 505	6 100	17 545	20 721	24 140	26 820	25 676	27 765	29 781

资料来源：《榆林统计年鉴2017》

表 5-30　2030、2035 年延安、榆林两市城镇、乡村居民
人均可支配收入预测值一览表 　　　　　　单位：元

年份	城镇居民人均可支配收入预测值		乡村居民人均可支配收入预测值	
	延安	榆林	延安	榆林
2030	58 646	56 408	39 097	37 605
2035	70 297	65 753	46 864	43 835

资料来源：作者自绘

（3）现代农民兼业系数

现代农民兼业系数取决于未来城镇产出的有效劳动及其容量[137]1。陕北地区内外部环境与经济发达地区存在本质差异，城镇的主导非农产业主要包括石油和煤炭等能源化工产业、服务业、特色农产品加工业、文化旅游产业等，地域限制下城镇可产出的有效劳动容量远小于工业经济发达地区，陕北农民非农兼业比例将小于经济发达地区。

根据相关研究[53,55]，参考已有从第一、二、三产业产值比例划分乡村发展类型的相关量化指标（表 5-31），以及农户兼业类型划分的量化指标（表 5-32），预测陕北现代乡村在农林牧业主导下，农户以低度兼业为主，兼业系数即务农收入比重在 0.6～0.8。乡村与城镇的距离差异会带来兼业系数的取值差异，城镇近郊乡村农民兼业比重大、兼业系数低，城镇远郊乡村农民兼业比重小、兼业系数高。

表 5-31　基于第一、二、三产业产值比例的乡村发展类型划分指标

类型	划分指标及取值	类型	划分指标及取值
农业主导型	GDP1% ≥ 31.95%	工业主导型	GDP2% ≥ 60.49%
商旅服务型	GDP3% ≥ 41.79%	均衡发展型	不属于上述三个类型

注：GDP1%——GDP中第一产业所占百分比，GDP2%——GDP中第二产业所占百分比，GDP3%——GDP中第三产业所占百分比。
资料来源：根据参考文献[55]整理

表 5-32　农户兼业类型划分标准

农户类型	兼业程度	农业收入比重（%）
农业主导型	低度兼业	60～90
农工兼具型	中度兼业	50～60
非农主导型	高度兼业	0～40

资料来源：根据参考文献[53]整理

（4）国家农业补偿政策发展指数

考虑陕北黄土丘陵沟壑区的地貌和乡村现代化发展水平的限制，预测国家政策未来将给予该地区更多的扶持和优惠，故国家农业补偿发展指数取值 1 ~ 1.2。

5.3.4　基于农业资源用工需求量的农业人口规模预测

1. 预测模型

以保证农业资源的产出效益为前提，从现代农业生产的劳动力需求量出发，根据现代农业生产方式下各类标准农作物（农产品）的单位用工量及农作物（农产品）种植面积（产量），测算农业劳动力人口规模与总人口规模。

现代农业生产受地形因素影响，一般而言，地形越复杂，农业作业的难度越大，费工也越多，农业生产的成本就越高，也就是说山地地区的劳动力抚养能力比平原地区低。陕北现代农业生产宜采用"小型机械＋人工"的生产方式，适宜适度规模经营，与平原地区相比，该地区相同规模农地经营需要更多的劳动力。故基于农业资源劳动用工需求量的农业人口规模预测结果，是对前一种农业资源劳动力承载量预测结果的校核，若一定地域农业资源劳动力承载量小于劳动用工需求量，则意味着该地域内可养活的人口无法保证该地区农业资源的生产经营。

针对陕北乡村农林牧综合发展的现实，确定如下计算公式：

$$P_A^2 = \sum_{i=1,\ j=1}^{n} \frac{(N_i \cdot c_i + A_j \cdot d_j)\ \sigma}{L} \tag{5-10}$$

式中：P_A^2 为基于农业资源用工需求量的农业人口规模（人）；

i 为标准农林作物类型；

N 为标准农林作物播种面积（hm^2）；

c 为现代乡村标准农林作物的每核算单位用工量［工作日／（$hm^2 \cdot$ 年）］；

j 为标准畜牧农产品类型；

A 为现代乡村标准畜牧农产品产出量；

d 为现代乡村标准畜牧农产品的每核算单位用工量［工作日／（每核算单位·年）］；

σ 为农业劳动力抚养指数；

L 为单劳动力年用工量。

2. 预测的关键变量指标取值

测算模型中涉及现代乡村主要农产品单位用工量、农业劳动力抚养指数与单劳动年用工量等关键变量，本小节仍依据国家与地区农业发展统计数据与实地调研数据，参考相关研究结论，对 2030—2035 年远期阶段各变量取值范围进行大致预判，在乡村案例中可结合具体情况进行取值。

（1）现代乡村主要农产品单位用工量

农产品每核算单位用工量与农机化水平密切相关，农机化水平越高，每核算单位用工量越少。地形地貌、农业生产劳动对象类型是影响农机化水平的重要因素，一般而言，粮食种植农机化水平高于蔬果种植与设施农产品种植，同时，地貌越平坦，农机化水平越高，每核算单位用工量越小。

整体而言，农机化水平提升背景下，各类农作物单位用工量均逐年下降，但同年度内不同类农产品单位用工量差异较大，同年度内同类农产品在不同地貌区内的单位用工量差异也较大。根据 2011—2016 年国家及地方主要农产品成本收益相关资料，粮食、蔬果、畜牧产品等各类农产品单位用工量整体呈下降趋势（表 5-33）。与此同时，同年度内蔬果单位用工量远高于粮食、油料（表 5-34），山地区域省份的玉米、苹果单位用工量远大于平原区域省份（表 5-35、5-36）。

表 5-33　2011—2016 年全国主要农产品每核算单位用工量一览表

农产品	核算单位	2011 年	2012 年	2013 年	2014 年	2015 年	2016 年
玉米	日／（亩·年）	7.18	6.95	6.6	6.3	5.95	5.57
苹果	日／（亩·年）	40.32	40.37	37.89	40.1	37.39	37.55
设施蔬菜平均	日／（亩·年）	35.46	33.84	32.8	31.31	32.41	32.88
规模生猪	日／头	2.52	2.34	2.27	2.2	2.16	2.13

资料来源：2012—2017年全国农产品成本收益资料汇编

表 5-34　2016 年全国蔬、果、粮、油作物单位面积用工量对比一览表　　单位：日／（亩·年）

农产品	苹果	玉米	大豆	小麦	花生	油菜
单位用工量	37.55	5.57	2.60	4.54	15.18	7.10

资料来源：《全国农产品成本收益资料汇编2017》

表 5-35　2016 年山地与平原地貌不同省（自治区、直辖市）
玉米单位面积用工量对比一览表　　单位：日／（亩·年）

省（自治区、直辖市）	陕西	重庆	四川	贵州	云南	甘肃	山东	新疆
单位用工量	8.92	11.62	9.64	11.66	12.68	13.86	4.86	3.80

资料来源：《全国农产品成本收益资料汇编2017》

表5-36 2016年山地与平原地貌不同省份苹果单位面积用工量对比一览表 单位：日／（亩·年）

省份	陕西	甘肃	山东
单位用工量	32.89	68.59	53.31

资料来源：《全国农产品成本收益资料汇编2017》

　　本研究主要参考2011—2016年全国平均数据所呈现的单位用工量整体呈减少的趋势，根据陕西省及其他山地地貌区域的单位用工量平均数据（表5-37），结合各类农产品的耕、种、养要求，针对2030—2035年陕北黄土丘陵沟壑区现代乡村的主要农产品单位用工量取值范围进行大致预测，预测结果详见表5-38。

　　以苹果种植为例，2016年全国平均单位用工量37.55日／（亩·年），2011—2016年年均下降1.37%，2016年陕西省平均单位用工量为32.89日／（亩·年）。目前陕西苹果主产区在关中渭北和陕北洛川塬一带，这些区域地形平坦，农机化水平高，而陕北黄土丘陵沟壑区却难以达到这样的水平，故无法直接参考陕西省数据。参考其他山区省份数据，如甘肃省高达68.59日／（亩·年），同为苹果主产区的山东省为53.31日／（亩·年），故以40～50日／（亩·年）为现状值，以1.37%为年下降率，预测本研究区现代乡村苹果种植用工量为30～40日／（亩·年）。

表5-37 2016年陕西省主要农产品每核算单位用工量一览表

农产品	玉米［日／（亩·年）］	苹果［日／（亩·年）］	设施西红柿［日／（亩·年）］	设施黄瓜［日／（亩·年）］	设施菜椒［日／（亩·年）］	规模生猪（日/头）	规模蛋鸡（日/百只）	散养肉羊（日/只）
每核算单位用工量	6.61	32.89	60.49	61.16	46.08	5.6	23.2	6.02

资料来源：《全国农产品成本收益资料汇编2017》

表5-38 远期阶段陕北现代乡村主要农作物每核算单位用工量预测值范围

农产品	玉米、小米、大豆、马铃薯等［日／（亩·年）］	黄瓜、西红柿、菜椒等［日／（亩·年）］	苹果［日／（亩·年）］	枣［日／（亩·年）］	猪（日/头）	羊（日/只）	鸡（日/百只）
每核算单位用工量	5～7	35～45	30～40	15～25	3.5～4.5	3.5～4.5	5～10

资料来源：作者自绘

　　（2）农业劳动力抚养指数与单劳动力年用工量

　　抚养指数指每个劳动力抚养的人口数量，即农业人口／农业劳动力人口。参考相关研究，按每个家庭平均5人中有3个从业劳动力[88]101，σ取值约1.67，单劳动力年用工量取值300工作日／（人·年）[152]。

5.3.5 基于旅游就业人口需求量的旅游服务人口规模预测

乡村旅游业对就业的拉动作用非常明显，本研究所计算的旅游服务人口规模具体指由食、住、行、游、购、娱六要素组成的直接旅游服务行业就业的人口总量，相关行业涉及旅游景区（点）、旅行社、旅馆、餐饮、百货零售、游乐场、娱乐场所、旅游交通服务、旅游管理与公共服务等。

关于旅游服务人口规模的预测，相关文献中较为成型和系统的研究成果较少，乡村旅游的兴起晚于城市旅游，相关研究基本空白。借鉴城市旅游服务人口规模预测的相关研究成果，通过预测乡村旅游所涉及行业的旅游收入增加值对就业人口进行预测，计算原理为"产业旅游就业人数＝该产业旅游增加值／产业劳动生产率""与旅游相关的行业部门旅游增加值＝该行业部门的旅游业总收入 × 该行业的增加值率""各行业部门的旅游业总收入＝游客的总消费量 × 该游客在各行业部门的消费比例"。具体见公式（5-11）～公式（5-13）：

$$P_T = \sum_{i=1}^{n} \frac{Z_i}{S_i} \tag{5-11}$$

$$其中，Z_i = T \cdot L \cdot K_i \cdot J_i \tag{5-12}$$

$$P_T' = P_T \cdot \delta \tag{5-13}$$

式中：P_T 为基于旅游就业人口需求量的旅游服务人口数量（人）；

P_T' 为直接旅游就业人口数量（人）；

i 为与旅游相关的行业部门；

T 为年旅游总人次（万人）；

L 为乡村旅游游客的人均消费量（万元／人）；

K 为游客在相关旅游行业的消费比例；

J 为旅游相关行业的增加值率；

S 为相关旅游行业的劳动生产率（万元／人）；

δ 为旅游直接就业率，指旅游直接就业人口占旅游就业人口的比重，取值为30%。

与城市旅游相比，乡村旅游的食、住、行、游、购、娱等直接服务行业划分并不十分明确和清晰，比如以农户为经营主体的农家乐，包含了食、住、购、娱等多种服务功能，因此本研究将相关旅游行业归纳为 3 类，分别为交通运输及通信业（交通、运输、信息传输）、住宿餐饮和批发零售业（住宿、餐饮和购物）、游览娱乐服务业

（游览、娱乐、休闲及其他）（表 5-39）。

表 5-39   陕北乡村旅游相关服务行业类别与典型项目划分

行业门类	具体服务行业	乡村旅游典型项目
交通运输及通信业	交通、运输、信息传输	长途交通、景点内交通、邮电通信等
住宿餐饮和批发零售业	住宿、餐饮、购物	农家乐、民宿、度假酒店、农产品与手工艺品等的销售
游览娱乐服务业	游览、娱乐、休闲及其他	农业观光及采摘、户外运动拓展、农业文化（传统文化）教育与研习

资料来源：作者自绘

参考 2000—2011 年全国旅游相关产业来自旅游业的增加值率与劳动生产率历年数据（表 5-40），不同行业增加值率数据围绕 50% 上下波动，而各行业的劳动生产率数据均呈现明显的加速增长态势。由此，根据线性回归模型预测得出，2030—2035 年交通运输及通信业增加值率约为 52%，劳动生产率约为 12 万元／人；住宿餐饮和批发零售业增加值率约为 54%，劳动生产率约为 12 万元／人；游览娱乐服务业增加值率约为 56%，劳动生产率约为 10 万元／人。

表 5-40   2000—2011 年我国旅游相关行业来自旅游业的平均增加值率、劳动生产率

年份	交通运输及通信业		住宿餐饮和批发零售业（住宿、餐饮和购物）		游览娱乐服务业（游览、娱乐、休闲及其他）	
	增加值率（%）	劳动生产率（万元／人）	增加值率（%）	劳动生产率（万元／人）	增加值率（%）	劳动生产率（万元／人）
2000	51.52	3.04	43.42	2.20	47.80	1.42
2001	51.52	3.37	43.42	2.43	47.80	1.66
2002	48.10	3.59	50.12	2.56	55.54	1.85
2003	48.10	3.15	50.12	2.39	55.54	1.77
2004	48.10	3.52	50.12	2.56	55.54	1.97
2005	44.69	3.91	49.24	2.79	50.67	2.26
2006	44.69	4.31	49.24	3.16	50.67	2.54
2007	49.47	5.21	52.46	3.96	54.79	3.08
2008	49.47	5.68	52.46	4.77	54.79	3.58
2009	49.47	5.63	52.46	5.10	54.79	3.88
2010	49.47	6.33	52.46	6.08	54.79	4.33
2011	49.47	7.00	52.46	7.04	54.79	4.93

数据来源：根据参考文献[154]整理

5.3.6 基于公共设施经济效益的人口规模门槛值预测

1. 公共设施配置内容

在现代"城—镇—村"聚居体系中，乡村基本聚居单元是具备基本社会、经济功能的末端单元，需配置满足乡村基本社会、经济功能需求的各类服务设施和基础设施。

根据前文 4.4.1 节，乡村基本聚居单元应配置幼儿园、卫生所、阅览室、文化活动室、健身场地、养老服务站和村委会等基本公共服务设施。小学为选设公共服务设施，是否配置应主要考虑乡村基本聚居单元的人口规模，以及与城／镇区的距离。对于人口规模达到门槛值的远郊型单元，可设置相应等级的小学；若人口规模偏小，则采用"共享"的方式，或与城／镇区共享，或在几个临近的乡村基本聚居单元增设一所小学以实现共享。

2. 设置小学的人口规模门槛值预测

小学为乡村基本聚居单元人口规模门槛较高的选设公共设施，本研究主要结合地域发展特征，对设置小学的人口规模门槛值进行预测。计算公式为：

$$P_{\min}=M_{小学}/\gamma \tag{5-14}$$

式中：$P_{\min}$ 为乡村基本聚居单元设置相应类型小学的最小人口规模；

$M_{小学}$ 为相应类型小学每个年级的最少学生数；

γ 为人口出生率。

其中，小学每个年级的班级数、班额、人口出生率是决定乡村基本聚居单元人口规模门槛的关键。

小学各年级班级数、班额的确定主要考虑以下几个因素：

第一，从现行规范看，《农村普通中小学校建设标准》（建标 109—2008）、《中小学校设计规范》（GB50099—2011）中，规定完全小学规模最少可设 6 班，班额近期为 45 人／班，远期为 40 人／班；非完全小学为 4 班，30 人／班。《陕西省义务教育阶段学校基本办学标准（试行）》中对农村完全小学班级数量和班额的规定完全参照国家标准，标准中较少考虑省内陕南、陕北、关中三个区域社会经济发展条件方面的巨大差异，对于城市和农村的差异也考虑较少（表 5-41）。然而，与陕西省社会经济条件相似的其他省（自治区），如河南省、山西省、甘肃省、青海省和内蒙古自治区等，对于普通小学班额的规定均仅以国家规范为上限，与这些省份相比，陕西省的标准明显偏高。另外，与其他省（自治区）一刀切的做法相比，内蒙古自治区略微降低了乡村小学班额要求（城镇班额≤45人，农村班额≥25人，牧区和偏远山区班额≥20人），这样的规定在现实操作中将更具现实指导意义（表5-42）。

表5-41　国家现行规范标准与陕西省标准对完全小学规模和班额人数规定的对比

小学类型	项目	《农村普通中小学校建设标准》（建标109-2008）	《中小学校设计规范》（GB50099-2011）	《陕西省义务教育阶段学校基本办学标准（试行）》
完全小学	学校规模（班）	6，12，18，24	6，12，18，24	农村：6，12，18，24 城市：12，18，24，30
	班额（人／班）	45（近期）、40（远期）	45（近期）、40（远期）	农村：45（近期）、40（远期） 城市：45
非完全小学	学校规模（班）	4	4	—
	班额（人／班）	30	30	—

资料来源：国家及陕西省相关规范标准

表5-42　国内与陕西相似其他省（自治区）完全小学规模和班额人数规定的对比

项目	《河南省义务教育学校办学条件基本标准（试行）》（2016年）	《山西省义务教育学校办学基本标准（试行）》（2012年）	《甘肃省义务教育学校办学标准》（2019年）	《青海省标准化小学办学标准（试行）》（2012年）	《内蒙古自治区中小学校办学条件标准（试行）》
学校规模（班）	6，12，18，24，30，36	6，12，18，24，30，36	农村：≥6 城市：≥12	12，18，24，30，36	12，18，24
班额人数（人／班）	≤45	≤45	≤45	≤45	城市、县镇：≤45； 农村：≥25 牧区和偏远山区：≥20

资料来源：各省（自治区）相关规范标准

第二，从发展现实看，2004—2010年的统计数据显示，陕西省普通小学平均班额增长较为缓慢，各年份全省平均班额人数在29～41人，城镇小学平均班额人数在48～54人，乡村小学平均班额人数在26～28人，呈现出城镇小学班额大于省平均值，农村小学班额小于省平均值的现实特征（表5-43）。具体分析这组数据，在全省范围内，关中地区的班额大于陕北、陕南地区，同一区域内镇区小学班额又远大于乡村小学，故陕北地区乡村小学的班额会远小于全省小学班额的平均值。另外，城镇化进程中，乡村人口规模还会持续下降，故从现实可操作的角度出发，乡村小学班额要求应适当下调。

表5-43　2004—2010年陕西省城镇、乡村小学平均班额人数对比　　　　　单位：人

项目	2004年	2005年	2006年	2007年	2008年	2009年	2010年
陕西省小学平均班额人数	29	29	31	41	32	33	34
陕西省城镇小学平均班额人数	48	49	51	54	54	54	54
陕西省乡村小学平均班额人数	26	26	26	26	27	27	28

资料来源：2004—2010年陕西省统计年鉴

第三，从教育水平的提升趋势看，衡量教育发展水平的标准不仅在于班额的大小，师生比也是一个重要的标准。自20世纪50年代以来，越来越多的西方发达国家提倡"小班化"教育模式，美国、英国、法国、澳大利亚、丹麦等发达国家班额人数一般不会超过35人[1]。由于教育经费、教育观念与管理等多方面原因，小班化教学在我国的发展还比较滞后，但这对于乡村小学教育质量的提升来说是个契机。陕北地区乡村居民点小而分散，常住人口逐年减少，虽可通过迁村并点增大聚落规模，但自然地理条件限制下规模增大的幅度与平原地区相比小得多，人口规模增长幅度限制下通过扩大班额提升教学质量不现实，故通过小班化教学提高师生比，从而提升教育质量较为可行。

综上，本研究将现行规范中对于乡村小学的班额标准适当调低，即完全小学每个年级设1个班，最小班额取值30人，非完全小学设一至四年级，最小班额取值20人。

人口出生率主要依据人口统计资料，同时结合人口生育政策确定。2001年至2016年，陕西省的人口出生率基本维持在1.010%～1.067%（图5-6），仅2010、2011年分别降至0.973%和0.975%，结合全面三孩政策的实施，预测陕西省未来的人口出生率不会低于1%，受社会经济水平及文化的影响，陕北地区的人口出生率还会略高于全省平均水平。与此同时，陕北乡村人口出生率的预测还应充分考虑城乡出生率的差别，基于多种原因，我国乡村地区人口出生率普遍高于城镇，根据六普的人口数据，2010年全国总人口出生率1.181%，其中城市出生率0.882%，镇出生率1.153%，乡村出生率1.438%，乡村出生率为全国平均水平的1.217倍。综合考虑以上因素，陕北乡村人口出生率取值为1.22%。

根据公式（5-14），设置完全小学的乡村基本聚居单元人口规模门槛约

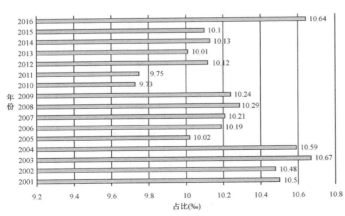

图5-6　2000—2016年陕西省人口出生率统计图

图片来源：作者自绘

---

[1] 澳大利亚、巴西、丹麦、法国、英国、美国规定的小学学生和教师的比例分别为19.7:1、21.7:1、9.5:1、17.7:1、20.5:1、20.0:1。

为 2 500 人，设置非完全小学的乡村基本聚居单元人口规模门槛约为 1 650 人。

5.3.7 乡村基本聚居单元人口规模预测方法的综合分析

陕北黄土丘陵沟壑区现代乡村的发展将以现代农林牧业和乡村旅游业为主导。现代农林牧业以农业资源为主要劳动对象，乡村旅游业围绕特色农林牧资源、文物古迹等开展，两种产业对劳动力的需求方式存在较大差异，应分别研究人口规模预测方法。

本研究从"农产品收益与农民预期收入基准""农业资源用工需求量""旅游就业人口需求量"三方面构建乡村人口规模预测模型，并从公共设施配置的经济效益角度预测设置乡村小学的人口规模门槛值。几种农业人口规模预测方法和人口规模门槛值的具体作用如下（图 5-7）：

第一，"基于农产品收益与农民预期收入基准""基于农业资源劳动用工需求量"的乡村人口规模预测模型主要针对现代农林牧业。第一种方法以城乡收入相对均衡为出发点，计算相应农业资源收益可以承载的人口规模；第二种以农业资源的劳动力需求量为出发点，计算保证相应农业资源生产经营和产出效益的人口规模。从两个角度测算的农业人口规模会存在差异，在实证研究中可以取两种计算结果的平均值。

假设测算模型中的各变量取值恰当，若第一种方法所得的人口规模小于第二种方法，意味着乡村基本聚居单元可养活的人口无法保证区域农地的耕种，这个结果凸显了陕北乡村农业资源、劳动力规模和收入水平之间存在的较大矛盾，不仅可揭示出该地区乡村现代化实现的艰巨性和复杂性，也将进一步论证国家在该地区投入更多资金、出台更多惠农政策的必要性。

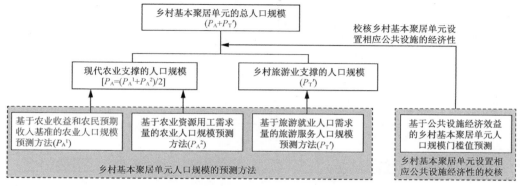

图 5-7　乡村基本聚居单元人口规模预测方法的综合分析

图片来源：作者自绘

　　第二，"基于旅游就业人口需求量"的人口规模预测模型主要针对乡村旅游业，发展旅游业的乡村基本聚居单元可使用该方法预测旅游业的支撑人口规模。

　　第三，从公共设施配置的经济效益角度预测设置乡村小学的乡村基本聚居单元人口规模门槛值，主要用于校核乡村基本聚居单元设置小学的经济性。与平原地区相比，地貌起伏的陕北黄土丘陵沟壑区交通条件较差，农机化水平、土地垦殖指数和农业资源单位产量偏低，现代农业生产半径及主要由生产半径决定的乡村基本聚居单元空间范围偏小，单元内的农业资源及收益可以承载的人口规模也比平原地区小，因此，陕北地区可能仅有少量具有农业发展优势的乡村基本聚居单元可以支撑小学，而大多数乡村基本聚居单元只能与城／镇区共享小学。

　　第四，根据乡村基本聚居单元的产业经济特征，选择相应的测算模型进行人口规模测算。根据前文4.3节，基于主导产业差异，乡村基本聚居单元可以划分为现代农林牧业主导型、乡村旅游业主导型、乡村旅游业与现代农林牧业复合发展型三个主要类型，三类单元均须使用"基于农产品收益与农民预期收入基准""基于农业资源劳动用工需求量"的农业人口规模预测模型，乡村旅游业主导型、复合发展型单元还须使用"基于旅游就业人口需求量"的人口规模预测方法预测旅游服务人口规模，现代农业支撑的人口规模（P_A）与旅游业支撑的人口规模（$P_T{}'$）之和（$P_A+P_T{}'$）即为乡村基本聚居单元的总人口规模（表5-44）。总人口规模与人口门槛值的比较结果，可以为乡村基本聚居单元是否配置乡村小学提供依据。

表5-44　不同主导产业类型的乡村基本聚居单元人口规模预测对照表

单元类型	产业类型	乡村人口规模测算方法			总人口规模测算	设置乡村小学的人口门槛
		基于农产品收益和农民预期收入基准的农业人口规模测算（P_A^1）	基于农业资源劳动用工需求量的农业人口规模测算（P_A^2）	基于旅游就业人口需求量的旅游服务人口规模测算（P_T）		
现代农林牧业主导型	现代农林牧业	√	√	—	$(P_A^1+P_A^2)$ /2	完全小学（2 500人）、非完全小学（1 650人）
乡村旅游业主导型	乡村旅游业＋现代农林牧业	√	√	√	$(P_A^1+P_A^2)$ /2$+P_T{}'$	
复合发展型	现代林业＋乡村旅游业	√	√	√	$(P_A^1+P_A^2)$ /2$+P_T{}'$	

注："√"代表使用该模型；"—"代表不使用该模型。

资料来源：作者自绘

5.4 小结

根据乡村基本聚居单元重构的内在机制、主要类型和功能结构，本章提出了乡村基本聚居单元的空间规模与人口规模预测方法与模型，主要结论如下：

第一，乡村基本聚居单元空间规模测算的关键在于对现代农林牧业生产半径的预测，现代农林牧业生产半径预测的主要变量包括农业生产出行时间、农机化修正系数和农机车车速等。

第二，乡村基本聚居单元空间范围主要借助 GIS 交通网络分析模型的最小化设施点数模型进行辅助运算，乡村基本聚居单元区划是其在地理空间中的具体落位，应综合考虑与单元空间范围吻合度最高的村域、镇域边界进行划定。

第三，现代农林牧业主导生产方式下，陕北现代乡村将以现代农林牧业和乡村旅游业为主导，针对两类产业劳动力需求方式的巨大差异，提出基于农产品收益与农民预期收入基准的农业人口规模预测方法，预测关键变量包括现代乡村主要农产品单位纯收益、现代农民预期收入基准、现代农民兼业系数和国家农业补偿政策发展指数；以地区现代农业小型机械化为前提的基于农业资源劳动用工需求量的农业人口规模预测方法，预测关键变量包括现代乡村主要农产品单位用工量、农业劳动力抚养指数和单劳动力年用工量；以及基于旅游就业人口需求量的旅游服务人口规模预测方法，预测关键变量包括旅游总人次、游客人均总消费量和旅游直接就业率。

第四，基于公共设施的经济效益，结合当地社会经济特征，预测乡村基本聚居单元设置完全小学与非完全小学的最小人口规模分别约为 2 500 人和 1 650 人。

6 陕北黄土丘陵沟壑区现代乡村聚居空间模式

"基于乡村基本聚居单元的现代乡村聚居空间模式构建"是本研究针对陕北乡村特殊的社会、经济、地理环境提出的乡村空间重构新思路。本章在界定现代乡村聚居空间模式的构建内容与关键控制指标的基础上，基于乡村基本聚居单元的主要类型、功能结构、空间模式和规模测算等方面的相关结论，分别提出了黄土丘陵山区、河谷川道区两个地貌类型的现代乡村聚居空间的等级结构模式、功能结构模式和形态结构模式，并归纳总结支撑现代乡村聚居空间模式的关键控制指标。

6.1　基于乡村基本聚居单元的现代乡村聚居空间模式构建

本节主要界定基于乡村基本聚居单元的现代乡村聚居空间模式的构建内容，以及现代乡村聚居空间模式的关键控制指标内容，旨在为陕北黄土丘陵沟壑区现代乡村聚居空间模式研究奠定理论基础。

6.1.1　构建内容

本研究所界定的现代乡村聚居空间，指为满足乡村居民的现代化生产生活需求，在一定乡村地域内由一系列不同类型乡村基本聚居单元组成，且单元间相互密切联系的一个有机整体。现代乡村聚居空间模式，具体是指不同类型乡村基本聚居单元组构所形成的聚居空间结构、功能和形态，可具体细化为等级结构模式、功能结构模式和形态结构模式三个方面。

在强调城乡融合一体化发展的现代化阶段，乡村不是脱离城镇存在的，相反，城乡之间应是一种基于产业分工而形成的互补互利关系，故一定地域内的现代乡村聚居空间模式研究应放入该地域所在的城乡聚居空间体系中，在厘清城、镇、乡基本聚居单元互补关系的基础上进行针对性研究。

1. 等级结构模式

等级结构指要素（地理要素、专题要素等）按各自规定的标准划分等级的组织方式。

现代乡村聚居空间的等级结构，具体指以乡村基本聚居单元作为基础层级，进而组合形成现代乡村聚居空间的层级关系。乡村基本聚居单元是一个乡村住区及相应农业生产用地的实体空间表现，这个单元具备基本的现代乡村生产、生活功能且不能再分割。根据城乡融合关系，现代乡村聚居空间的等级结构研究必须将乡村所在地域的城／镇也纳入其中一并考虑，城／镇与所有乡村基本聚居单元互相联系，并形成一个等级层次系统，不同等级层次、同一等级层次之间均存在着某种联系。

不同乡村地域的地形地貌和农业经济发展水平不同，城、镇、村的类型与分布密度会存在差异，乡村基本聚居单元的类型、空间规模尺度和组合等级关系也可能不同，即由乡村基本聚居单元组构所形成的现代乡村聚居空间等级结构模式不同。

2. 功能结构模式

功能结构指实现组织目标所需要的各项业务的功能类型以及地位作用。

现代乡村聚居空间的功能结构，具体指不同类型乡村基本聚居单元的主要社会、经济功能及其在现代乡村聚居空间系统中的地位作用。

根据中心地理论，乡村必然借用或共享高等级中心地（城／镇）的较高等级社会、经济功能。在城乡融合发展的现代化阶段，现代乡村聚居空间的功能结构模式应放入乡村所在的整个城乡聚居空间体系中进行研究，在厘清城、镇、乡村基本聚居单元互补关系的基础上有针对性地研究乡村基本聚居单元的主导功能。

3. 形态结构模式

形态就是外表的形状与体态，是事物的外在；结构是组成整体的各部分的搭配和安排，是事物的内在。形态结构指各个组分排列方式的外在空间表现形式。

现代乡村聚居空间的形态结构模式是对现代乡村社会、经济、文化结构的空间映射和组合关系的提炼。具体指一定地域内，在自然环境和人工建设共同作用下形成的乡村基本聚居单元及其与周边城／镇区的组合关系和外部形态。作为现代乡村聚居空间系统的基本细胞，乡村基本聚居单元的空间模式影响和决定着乡村聚居空间的形态结构模式。

6.1.2　构建的关键控制指标

基于乡村基本聚居单元的现代乡村聚居空间模式的构建，需要提取反映乡村基本聚居单元人地规模、空间尺度等的关键控制指标，具体包括不同类型乡村基本聚居单元的空间规模、人口规模，乡村基本聚居单元住区的空间规模、建设用地规模、公共设施人口门槛。

其中，乡村基本聚居单元的空间规模是反映其腹地面积大小和分布密度大小的重要指标，也是决定现代乡村聚居系统空间尺度的重要指标，主要由现代农业生产半径决定。

乡村基本聚居单元的人口规模是现代乡村聚居系统的人口基础,主要由单元内的产业资源承载力决定。

乡村基本聚居单元住区的空间规模是反映乡村住区空间尺度的重要指标。因沟壑山区建设用地条件限制,乡村住区往往由多个呈分散集聚状的村庄组成,相当于一定空间范围内的扩大住区,其空间规模主要由公共设施服务半径决定。

乡村基本聚居单元住区的建设用地规模,即乡村住区内所有村庄的建设用地面积总和,主要由居住户数和户均建设用地面积决定。

乡村基本聚居单元住区的公共设施人口门槛,即乡村住区内相应公共设施配置运营的人口规模门槛,本书重点关注设立乡村小学的人口门槛。

6.2 现代乡村聚居空间的等级结构模式

本节基于前文 5.1 节中关于陕北乡村现代农业生产半径的测算结论,结合黄土丘陵山区、河谷川道区两个地貌类型内的城、镇、村的类型与分布,针对不同地貌类型的现代乡村聚居空间等级结构进行研究。

6.2.1 不同地貌类型的现代乡村聚居空间等级结构差异

现代乡村聚居空间内的乡村基本聚居单元类型与组合关系,主要取决于现代农业生产半径直线距离、城/镇辖区空间范围和城/镇区分布,黄土丘陵山区和河谷川道区的以上要素均存在巨大差异。

首先,不同等级河谷及地貌类型内城/镇、村生成的数量、等级与规模存在明显差异。本研究对延安、榆林两市的宝塔区、安塞区、吴起县等 13 个县(市、区)进行了统计分析,县(市、区)的城区均分布于黄河及其一、二级支流所在的流域河谷,69% 的镇区分布于黄河及其一、二级支流所在的流域河谷,31% 的镇区分布于三级支流所在的小流域(表 6-1)。结合对城乡建设用地分布情况的梳理可知,河谷川道区即黄河及其一、二级支流所在区域的用地相对宽裕,建设条件较好,是城/镇区的主要分布地,同时也是乡村聚居空间或分布区域。黄土丘陵山区主要是三级支流所经区域,用地相对狭小,是乡村聚居空间的主要生成地,仅存在少量镇区分布。

表 6-1　研究区内 13 个县（市、区）城区、镇（乡）分布与不同等级河谷关系一览表

县（市、区）	人居分类	一级支流	二级支流	三级支流	黄河	县（市、区）	人居分类	一级支流	二级支流	三级支流	黄河
宝塔区	城区	1	—	—	—	佳县	城区	—	—	—	1
	镇	5	4	—	—		镇	—	3	7	2
	乡	—	2	2	—						
安塞区	城区	1	—	—	—	子洲县	城区	—	1	—	—
	镇	4	3	—	—		镇	—	7	4	—
	乡	1	—	—	—		乡	—	1	—	—
志丹县	城区	—	1	—	—	清涧县	城区	1	—	—	—
	镇	3	3	—	—		镇	2	—	—	5
	乡	—	1	—	—		乡	1	—	1	4
延长县	城区	1	—	—	—	吴堡县	城区	—	—	—	1
	镇	3	—	3	—		镇	—	—	2	3
延川县	城区	1	—	—	—	米脂县	城区	1	—	—	—
	镇	1	5	1	—		镇	1	—	7	—
子长市	城区	1	—	—	—	绥德县	城区	1	—	—	—
	镇	5	2	1	—		镇	7	3	3	1
吴起县	城区	1	—	—	—						
	镇	1	2	5	—						

资料来源：作者自绘

　　同时，两个地貌类型的现代农业生产半径直线距离存在明显差异。河谷川道区相对平坦，两点间距离无须考虑地形修正影响；但黄土丘陵山区地貌复杂多变，必须考虑沟壑坡度与地形起伏对两点间距离的修正影响，故即便实际距离相同的农业生产半径，在丘陵山区的直线距离会小于河谷川道区。

　　根据农业生产半径直线距离、城／镇辖区空间范围与城／镇、村分布差异，陕北现代乡村聚居空间内的乡村基本聚居单元组合存在以下两种可能性。为便于论述，假定 R 为现代农业生产半径，D 为城／镇区与城／镇辖区范围内所有农地之间的距离。

　　第一，当 $R > D$ 时，以城／镇区为中心的现代农业生产半径（R）辐射范围可覆盖整个城／镇辖区（图 6-1），意味着农民定居于城／镇区及其近郊就能保证现代农业生产绩效，则理论上只需保留城／镇区近郊的村庄，其他村庄仅须为不愿迁居的农村老人暂时保留相应人居空间即可，远期可逐步消解。此时乡村聚居空间以城／镇区近郊融合发展的乡村住区及乡村基本聚居单元为主体。

　　第二，当 $R < D$ 时，则意味着以城／镇区为中心的现代农业生产半径（R）辐射范围不能覆盖整个城／镇辖区，故除保留城／镇区近郊的村庄外，还须保留远离

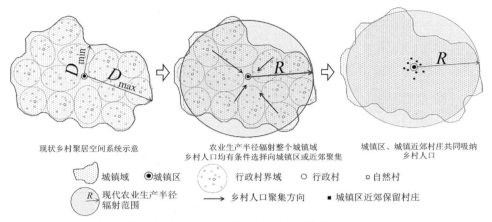

图 6-1　$R > D$ 时乡村人口向城／镇区及近郊村庄聚集示意图
图片来源：作者自绘

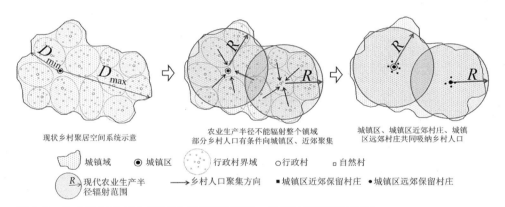

图 6-2　$R < D$ 时乡村人口向城／镇区及近郊、远郊村庄聚集示意图
图片来源：作者自绘

城／镇区的村庄（图 6-2）。此时，农业劳动力可根据农地的位置灵活选择城／镇区、城／镇区近郊或远郊的村庄聚集，乡村聚居空间由城／镇区近郊融合发展的乡村住区及乡村基本聚居单元、城／镇区远郊须集聚提升的乡村住区及乡村基本聚居单元共同组成。

6.2.2　黄土丘陵山区"镇—近郊单元＋远郊单元"等级结构

　　黄土丘陵山区仅有部分镇区分布，根据该地貌区内多个县（市、区）单元内的镇辖区空间尺度实测，结合前文 5.1.4 节中关于各地貌类型的典型农作物现代农业生产半径的测算结论，针对性地研究该地貌类型的现代乡村聚居空间等级结构。

基于 2014 年陕西省的镇区及镇辖区分布矢量数据，在全部位于研究区内的延安、榆林 13 个县（市、区）中，借助 GIS 软件量取各个镇区所在地至本镇辖区边界的直线距离范围（表 6-2），测量结果显示，各县（市、区）内最小距离（D_{min}）在 0.83 ～ 9.35 km，最大距离（D_{max}）在 6.35 ～ 39.37 km。

表 6-2 吴起、志丹等 12 个县（市、区）内各城／镇区与相应城／镇域边界的直线距离范围

单位：km

县（市、区）	最大距离范围 D_{max}	最小距离范围 D_{min}	县（市、区）	最大距离范围 D_{max}	最小距离范围 D_{min}
吴起县	14.84 ～ 39.37	3.64 ～ 9.07	米脂县	8.23 ～ 20.11	1.49 ～ 4.35
志丹县	15.12 ～ 23.39	4.27 ～ 1.02	佳县	7.08 ～ 17.09	1.52 ～ 4.85
安塞区	12.18 ～ 28.01	3.65 ～ 7.68	吴堡县	6.35 ～ 14.46	1.42 ～ 3.33
子长市	11.57 ～ 26.37	0.9 ～ 5.85	绥德县	7.12 ～ 18.63	1.83 ～ 4.36
延川县	10.03 ～ 22.64	2.78 ～ 5.86	清涧县	8.35 ～ 22.93	1.24 ～ 5.23
子洲县	9.42 ～ 18.21	1.89 ～ 5.16	延安市	11.20 ～ 24.70	0.83 ～ 9.35

资料来源：作者自绘

综合前文关于远期阶段黄土丘陵山区粮食作物、林果作物、设施蔬果、畜产品的现代农业生产半径的预测结论，该地貌类型的现代农业生产半径实际距离取值范围为 4.7 ～ 11.7 km（表 6-3），考虑到地形起伏对于距离的修正，参考相关研究结论[157]，黄土沟壑区整体平均坡度取值为 20%，地形起伏修正系数取值为 1.57，现代农业生产半径直线距离（R）粗略测算为 3.0 ～ 7.5 km。

借助 GIS 缓冲区技术[①]，对以各镇区为中心的现代农业生产半径辐射范围进行粗略计算（现代农业生产半径取直线距离平均值为 5.25 km）。测算结果如图 6-3 所示，因镇域空间尺度偏大，特别是研究区的中西部，单个镇域内现代农业生产半径（R）小于城镇区与镇辖区边界的距离（D）的区域占大多数，镇以下乡村空间应包含镇区近郊的乡村住区及乡村基本聚居单元，以及镇区远郊的乡村住区及乡村基本聚居单元，且以镇区远郊乡村基本聚居单元为主体。

---

① 区域层面的生产、生活空间相关关系的分析对空间精度要求不高，因此本书采用缓冲区分析法。

表 6-3 黄土丘陵山区农业生产半径（R）、镇区与镇域边界的距离范围（D）对照表

单位：km

项目	农林牧业生产半径取值范围（R）				镇区与镇域边界的直线距离范围（D）	
	粮食作物	经济林果	设施蔬果	畜产品	最大距离范围（D_{max}）	最小距离范围（D_{min}）
实际距离	10.0～11.7	5.8～7.0	4.7～5.8	4.7～5.8	6.35～39.37	0.83～9.35
	4.7～11.7					
直线距离	3.0～7.5					

资料来源：作者自绘

现代乡村聚居空间的等级结构研究应将乡村及其所在地域的城/镇纳入考虑因素中。因黄土丘陵山区仅有镇区分布，故在远期现代化阶段，该地貌区镇村体系等级结构可归纳为"镇—近郊单元＋远郊单元"。因此，在保证与政府事权一致的前提下，该地貌类型单个镇域内镇以下的乡村聚居空间由一个镇区近郊单元和多个镇区远郊单元组构而成，其中，镇区近郊单元的乡村住区临近镇区，拥有共享镇区较高等级公共设施及配套设施的优势。农业劳动力可根据生产地分布，灵活选择在镇区、镇区近郊或远郊的乡村住区聚居。

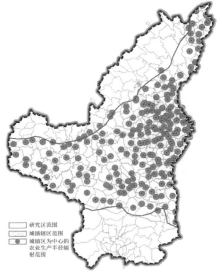

图 6-3 黄土丘陵山区以镇区为中心的现代农业生产半径辐射范围与各镇辖区关系示意图

图片来源：作者在标准地图［审图号：GS（2019）3333号］基础上绘制

6.2.3 河谷川道区"城/镇—近郊单元"等级结构

河谷川道区人居建设空间以城/镇区为主体，城/镇区和村庄分布密度大，现代乡村聚居空间等级结构与丘陵山区完全不同，具体预测结果如下。

第一，河谷川道区各城/镇区间的时空距离比黄土丘陵山区的小。在延河、秀延河、无定河、洛河、周河、大理河等黄河一、二级支流所流经的河谷川道区中，共分布了安塞区、宝塔区、延长县城、米脂县城、绥德县城、吴起县城、志丹县城、甘泉县城、子洲县城、

延川县城、清涧县城、子长市区 12 个县（市、区）城区单元，34 个镇区单元（表 6-4）。

表 6-4　黄河一、二级支流内县（市、区）城区、镇区一览表

河流名称	河流等级	分布县（市、区）城区	分布镇区
延河	黄河一级支流	安塞区、宝塔区、延长县城	镰刀湾镇区、化子坪镇区、建华镇区、沿河湾镇区、河庄坪镇区、李渠镇区、甘谷驿镇区、黑家堡镇区、张家滩镇区
无定河	黄河一级支流	米脂县城、绥德县城、	镇川镇区、城郊镇区、四十里铺镇区、白家硷镇区、薛家峁镇区、崔家湾镇区
洛河	黄河一级支流	吴起县城、甘泉县城	铁边城镇区、金丁镇区、旦八镇区、永宁镇区
清涧河	黄河一级支流	延川县城、清涧县城、子长市区	下廿里铺镇区、宽州镇区、折家坪镇区、马家砭镇区、杨家园子镇区、安定镇区
周河	黄河二级支流	志丹县城	双河镇区、顺宁镇区、周河镇区
大理河	黄河二级支流	绥德县城	张家砭镇区、石家湾镇区、苗家坪镇区、马蹄沟镇区、周家硷镇区、马岔镇区

资料来源：作者自绘

表 6-5　黄河一、二级支流内各城／镇区间距离一览表

河流	所属县（市、区）	起止城镇	距离（km）	河流	所属县（市、区）	起止城镇	距离（km）
延河	安塞区段	镰刀湾镇区—化子坪镇区	13.2	洛河	志丹县	金丁镇区—旦八镇区	12.5
		化子坪镇区—建华镇区	22.9			旦八镇区—永宁镇区	34.1
		建华镇区—安塞区	3.9	周河	志丹县	双河镇区—志丹县城	2.4
		安塞区—沿河湾镇区	5.6			志丹县城—顺宁镇区	11.3
		沿河湾镇区—河庄坪镇区	8.8			顺宁镇区—周河镇区	19.7
	宝塔区段	河庄坪镇区—宝塔区	2.1	大理河	绥德县	绥德县城—张家砭镇区	0.5
		宝塔区—李渠镇区	4.0			张家砭镇区—石家湾镇区	10.3
		李渠镇区—甘谷驿镇区	9.8			石家湾镇区—苗家坪镇区	8.8
		甘谷驿镇区—黑家堡镇区	10.2		子洲县	苗家坪镇区—子洲县城	2.6
	延长县段	黑家堡镇区—延长县城	21.2			子洲县城—马蹄沟镇区	9.1
		延长县城—张家滩镇区	21.3			马蹄沟镇区—周家硷镇区	13.1
无定河	米脂县段	镇川镇区—米脂县城	12.5			周家硷镇区—马岔镇区	8.4
		米脂县城—城郊镇区	5.0	清涧河	延川县	延川县城—下廿里铺镇区	12.9
	绥德县段	城郊镇区—四十里铺镇区	11.4			下廿里铺镇区—清涧县城	4.4
		四十里铺镇区—绥德县城	15.9		清涧县	清涧县城—宽州镇区	0.9
		绥德县城—白家硷镇区	6.4			宽州镇区—折家坪镇区	7.7
		白家硷镇区—薛家峁镇区	9.3			折家坪镇区—马家砭镇区	1.8
		薛家峁镇区—崔家湾镇区	6.1		子长市	马家砭镇区—杨家园子镇区	11.5
洛河	吴起县	铁边城镇区—吴起县城	30.2			杨家园子镇区—子长市城区	5.2
		吴起县城—金丁镇区	29.1			子长市城区—安定镇区	10.4

资料来源：作者自绘

表 6-6 河谷川道区农业生产半径（R）、城／镇区间距离范围（D）对照表

农林牧业生产半径取值范围（R）（km）				城／镇区间距离范围及占比（%）				
粮食作物	经济林果	设施蔬果	畜产品	0 ～ <5 km	5 ～ < 10 km	10 ～ < 15 km	15 ～ < 20 km	≥ 20 km
15.0 ～ 17.5	8.8 ～ 10.6	7.1 ～ 8.8	7.1 ～ 8.8	30	25	27.5	2.5	15
7.1 ～ 17.5				82.5			17.5	

资料来源：作者自绘

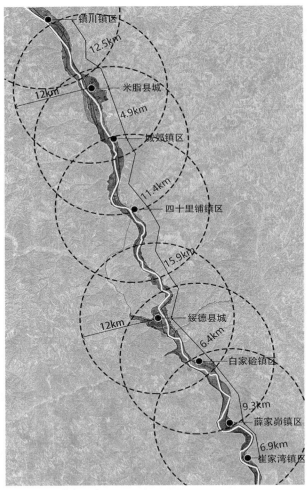

图 6-4 河谷川道区以城／镇区为中心的现代农业生产半径辐射范围示意图（无定河流域米脂、绥德县域段）

图片来源：作者自绘

借助 2017 谷歌卫星遥感影像辨识城／镇区分布并测量区间距离，城／镇区间距离在 0.5 ～ 34.1 km，其中，"0 ～ <5 km"的占 30%，"5 ～< 10 km"的占 25%，"10 ～< 15 km"的占 27.5%，"15 ～< 20 km"的占 2.5%，"≥ 20 km"的占 15%。数据分布呈现向 15 km 以下集中的明显偏态，占比高达 82.5%，15 km 及以上的距离仅占 17.5%，主要分布于洛河流经的志丹县、吴起县，延河流经的延长县境内（表 6-5、表 6-6）。

第二，河谷川道区典型农作物现代农业生产半径直线距离较黄土丘陵山区大。根据第五章中各类典型农作物现代农业生产半径的测算结论，该地貌区现代农业生产半径（R）取值范围为 7.1 ～ 17.5 km，由于地势相对平坦，故两点间直线距离不用考虑地形修正影响（表 6-6）。

第三，根据生产半径与各城／镇区间距离的对比，83%

的城／镇区间的距离（0.9～13.2 km）在现代农业生产半径最小值的两倍（7.1×2＝14.2 km）以内，93% 的城／镇区间距离（0.9～21.3 km）在现代农业生产半径平均值的两倍（12×2＝24 km）以内，意味着以城／镇区为中心的农业生产半径（R）范围基本可以辐射整个河谷川道区域，故该地貌类型大部分区域只须设置城／镇区近郊的乡村住区及乡村基本聚居单元。农业劳动力选择在城／镇及其近郊区居住，即可保证现代农业生产绩效。

以无定河流域内的米脂、绥德县域段为例，如图 6-4 所示，自北向南镇川镇区、米脂县城、米脂县城郊镇区、四十里铺镇区、绥德县城、白家碱镇区、薛家峁镇区、崔家湾镇区之间沿河道的距离为 5.0～15.9 km，以它们为中心的生产半径辐射范围（生产半径取均值 12 km）相互重叠，完全可以辐射整个河谷。

综上，在远期现代化阶段，河谷川道区城乡聚居空间结构可归纳为"城／镇—近郊单元"，城／镇以下的乡村聚居空间主要由城／镇区近郊的乡村住区与乡村基本聚居单元组成，城乡聚居空间主要呈现出"镇区—镇区近郊乡村基本聚居单元""城区—城区近郊乡村基本聚居单元"的组合形式，农业劳动力可根据农地的位置灵活选择城／镇区或城／镇区近郊的乡村住区聚居。

需要说明的是，以上探讨主要考虑现代农业，对乡村旅游产业较少涉及，对于该区域内拥有独特旅游资源的村庄应予以保留，因这类村庄较为特殊且数量较少，不会对整个空间结构产生影响，故在本小节中不做进一步探讨。

6.3 现代乡村聚居空间的功能结构模式

根据陕北两个典型地貌类型的现代城乡聚居空间等级结构研究结论，基于现代化阶段城、镇、乡村的产业分工与主导功能梳理，研究现代乡村聚居与乡村基本聚居单元的主导功能。

6.3.1 现代城乡聚居体系的功能结构

现代乡村聚居功能取决于其地理位置和其在城乡聚居系统中的地位。

在陕北现代"城—镇—村"聚居体系中，城市是人口、经济、就业与公共设施的聚集地，这里生活条件优越、社会化程度高、公共资源利用便捷，发展优势与吸引力明显。建制镇的角色难以发生质变，由于第二产业发展条件较落后，非农就业支撑条件较弱，且缺乏城镇化动力，故镇区将继续延续农业型地区中心区角色，未来主要承担农业商贸、农副产品精深加工等农业产业现代化服务功能，同时为乡村地区配置相对高等级的公共服务设施与基础设施[1]88。乡村仍将主要承担特色农产品供给及文化传承、休闲娱乐功能，积极发展现代农林牧业及以农林牧业为核心衍生和剥离出的乡村旅游业、特色农产品加工业和物流业等，参与到城乡大分工之中，并提供支撑现代乡村生产生活的基本公共服务设施与基础设施。

作为与乡村联系最为紧密的较高等级聚居地——镇区，应具备较完备的社会经济功能，并提供支撑这些功能的教育、医疗、文体、商业、行政办公等生活服务设施及农资销售、农业合作社、农业企业、农产品商贸物流等现代农业服务设施，具体如下：

镇区社会功能与农业服务功能：

（1）社会功能及相应设施

①教育设施——中学、小学、幼儿园、托儿所；

②行政管理设施——党政、司法、经济管理机构；

③文化体育设施——小型图书馆（阅览室）、文化活动站、健身场地；

④医疗卫生设施——医院、妇幼保健站、防疫站；

⑤社会福利设施——养老院；

⑥商业金融设施——银行、超市、书店、药店、宾馆、旅社；

⑦集贸市场设施——蔬菜粮油市场、小商品批发市场；

⑧生活性基础设施——镇区道路、供水厂（站）及给水管网、污水处理厂（站）与污水管网、垃圾处理厂（转运站）、小型变电站、电信中端局、天然气门站。

（2）现代农业服务功能及相应设施

①现代农业产业服务设施——农业合作社、生产资料销售部、农机具维修、农产品商贸物流；

②现代农业加工业——农业企业。

6.3.2 乡村基本聚居单元的基本社会经济功能

作为城乡聚居体系中的末端聚居单元，在共享城／镇区公共服务设施的同时，乡村基本聚居单元应具备基本的社会经济功能，并提供初级教育、行政办公、医疗养老、社会福利、文体、商业、现代农业生产基础服务设施等。

在黄土丘陵山区"镇—近郊单元＋远郊单元"等级结构中，镇以下包含一个镇区近郊乡村基本聚居单元和多个镇区远郊乡村基本聚居单元。镇区作为上一层级的中心地，必须配置较高等级的生产生活服务设施（如人口门槛较高的小学等）；乡村基本聚居单元作为低等级聚居单位，在共享镇区较高等级公共设施的同时，必须配置基本的生活、生产服务设施和基础设施，若远郊单元人口规模达到了设置小学的人口规模门槛，单元内也可配置小学设施。

在河谷川道区"城／镇—近郊单元"等级结构中，因城／镇区分布密度大、空间距离较小，理论上城／镇以下仅设置城／镇区近郊乡村基本聚居单元即可，近郊单元在共享城／镇区较高等级公共设施的同时，必须配置基本的生活、生产服务设施和基础设施。

乡村基本聚居单元基本社会功能与现代农业生产功能：

（1）社会功能及相应设施

①初级教育设施——幼儿园（托儿所）、乡村小学为选设（远郊单元人口达到小学门槛值时可设置，近郊单元共享城／镇区小学故不设置）；

②行政管理设施——村委会；

③文化体育设施——阅览室、文化活动站、健身场地；

④医疗保健设施——卫生所、计生服务站；

⑤社会福利设施——养老服务站；

⑥商业配套设施——日用百货店、小型超市；

⑦生活性基础设施——乡村道路、供水高位水池、给水管道（渠）、小型污水处理设备（地埋式）、污水管道（渠）、垃圾收集点及小型垃圾转运站、移动基站（乡村基本聚居单元内的多个村庄应分设）。

考虑乡村住区内村庄的发展条件差异，幼儿园、阅览室、卫生所、养老服务站、小型超市等公共服务设施尽量集中布置在人口、用地和交通等条件最好的中心村庄。同时，中心村庄和其他村庄都须完善基础设施，尤其应关注路面硬化到户、水厕、4G通信网络服务的实现。

（2）现代农业生产功能及相应设施

①现代农业生产基础服务设施——农资配送、农技推广、农机具储藏、农产品保鲜、储藏及包装；

②生产性基础设施——机耕路、水利灌溉、气象设施。

6.4　现代乡村聚居空间的形态结构模式

　　根据不同地貌类型现代乡村聚居空间的等级结构模式，研究一定地域内乡村基本聚居单元及其与周边城/镇区的组合关系和外部形态，归纳总结现代乡村聚居空间的形态结构模式。

6.4.1　黄土丘陵山区"斑块簇群"单元组合模式

　　根据前文 6.2.2 节，为保证与政府事权一致，黄土丘陵山区乡村聚居空间重构一般考虑在各自镇域内完成。在该地貌类型的"镇—近郊单元＋远郊单元"等级结构中，单个镇域内镇以下的乡村聚居空间由一个镇区近郊单元和多个镇区远郊单元组构而成。

　　根据该地貌类型乡村基本聚居单元的空间模式——枝状向心集聚模式，以及不同单元在镇域内的组合规律，本研究提出该地貌类型的乡村基本聚居单元组合模式——斑块簇群模式（图 6-5），具体描述如下。

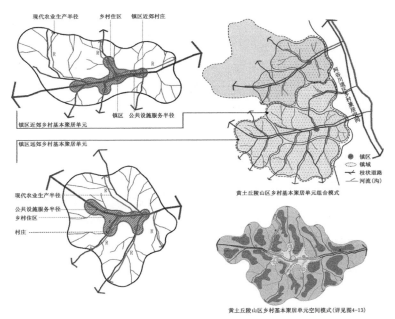

图 6-5　黄土丘陵山区乡村基本聚居单元组合形态模式——斑块簇群模式
图片来源：作者自绘

第一，黄土丘陵山区各镇域内的乡村聚居空间由一个镇区近郊乡村基本聚居单元和多个远郊乡村基本聚居单元共同构成。在山区沟壑地貌与树枝状道路网的限制下，乡村基本聚居单元呈现无规则斑块状形态，镇以下的乡村聚居空间由多个无规则斑块状单元以咬合方式簇群组合形成，各个单元之间通过树枝状道路网实现交通联系。

第二，镇区近郊单元以镇区为中心并围绕其四周分布，乡村住区由镇区近郊村庄构成，住区村庄与镇区公共设施的距离控制在公共设施的合理服务半径内。

第三，镇区周边道路等级较高、可达性较好，相同农业生产半径控制下镇区近郊乡村基本聚居单元空间规模、人口规模都将大于远郊乡村基本聚居单元。

以米脂县为例对该乡村聚居空间模式进行解释，米脂县中部的无定河川道区面积约 24 km²，川道区东西两侧的黄土丘陵山区面积约 1 154 km²。全部位于黄土丘陵山区的镇包括郭兴庄镇、龙镇镇、杜家石沟镇、沙家店镇、印斗镇、桃镇和杨家沟镇，大部分位于河谷川道区的镇包括银州镇和城郊镇。

在全部位于山区的 7 个镇中，由于镇区发展条件较好，其近郊必然形成近郊型乡村住区及乡村基本聚居单元，但在起伏地貌和枝状道路网的限制下，当地主要由现代农林牧业生产半径决定的近郊型单元空间范围仅能覆盖本镇域的小部分，而米脂县内农业资源是散布的，近郊型单元未能覆盖的农业资源需要也能够支撑相应规模的农业人口，故除近郊型单元外，还须对远郊型单元及其乡村住区进行重构。

根据前文 5.2 节，远郊型单元乡村住区的位置和规模是未知的，单元空间范围划定和空间区划难度较大，本研究拟采用交通网络分析模型中的最小化设施点数模型进行辅助计算，计算过程中须综合分析单个镇域内的现状村庄、农业资源的类型、数量、规模和分布等的具体情况。本书第 7 章将结合杜家石沟镇乡村聚居空间重构对黄土丘陵山区乡村聚居空间的形态结构模式进行案例研究。

6.4.2 河谷川道区"带状串珠"单元组合模式

根据前文 6.2.3 节，在河谷川道区"城／镇—近郊单元"等级结构中，城／镇区之外的乡村聚居空间主要由城／镇区近郊乡村基本聚居单元组构而成，多个"镇区—镇区近郊乡村基本聚居单元""城区—城区近郊乡村基本聚居单元"在带状河谷内不断延展并组构为全域。

根据该地貌类型乡村基本聚居单元的空间模式——带状向心集聚模式，以及不同单元在河谷川道区内的组合规律，本研究提出该地貌类型的乡村基本聚居单元组合模式——带状串珠模式（图6-6），具体描述如下。

第一，该地貌区以"镇区—镇区近郊乡村基本聚居单元""城区—城区近郊乡村基本聚居单元"为主体。其中，城／镇区是河谷川道区人居空间的主体和中心地，城／镇区近郊乡村基本聚居单元以城／镇区为核心向周边进行延展和填充。

第二，该区域内主要道路沿河流呈带状分布，由于被川道内良田和植被隔离，加之考虑对河道洪水淹没区与两侧山体潜在的地质灾害区域的退避，各个单元内的住区呈串珠状分布，各个单元在整体上呈现出带状延展分布的特征。

第三，相对于黄土丘陵山区，河谷川道区用地较平坦开阔，故在相同农业生产半径控制下形成的城／镇区近郊乡村基本聚居单元空间规模较大。

第四，针对远离城／镇区但拥有特色产业资源（如旅游资源）的村庄，因特色产业资源可以稳定住相应规模的人口，故对其应予以保留，并根据其人口规模配置相应的服务设施。随着产业发展带来的用地规模的增大，应控制其空间结构形态的紧凑性，以维持川道自然生态系统稳定。

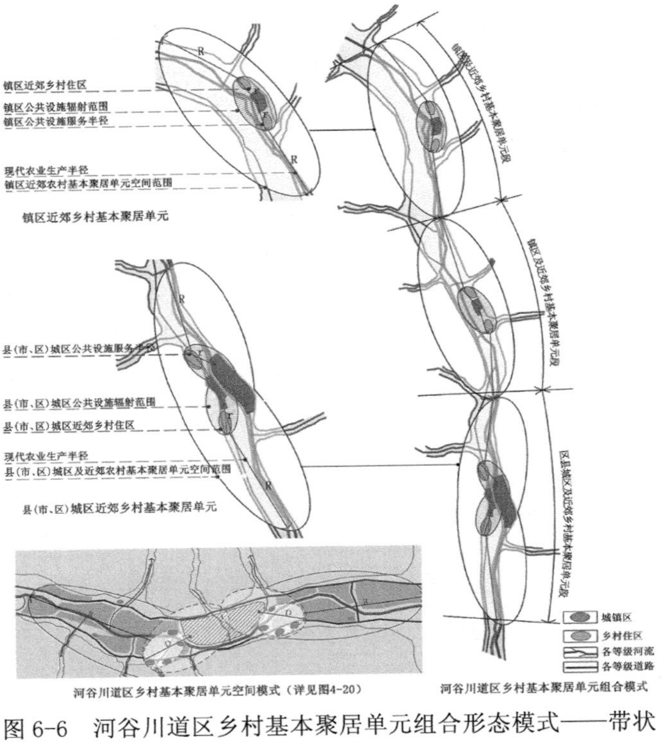

以米脂县的河谷川道区为例，其沿无定河的直线距离约18 km，河谷宽度1.3～2.5 km，农田分布区域宽度基本在1.6 km。这里分布着银州镇和城郊镇的局部，是县域内的主要城镇化区域，包含县城、城郊镇区和32个村庄。根据《米脂县县城总体规划（2014—2030年）》，县城远期规划建设区将占据河谷川道区的较大部分区域，并与城郊镇镇区连成一个整体。根据县城远期规划建设区范围，17个现状村庄被纳入其内，未来将逐

图6-6 河谷川道区乡村基本聚居单元组合形态模式——带状串珠模式

图片来源：作者自绘

步就地城镇化，剩余 15 个村庄距县城远期规划建设区边界的距离基本在 8 km 以内。

本研究将县城和城郊镇镇区看作一个整体进行研究。根据米脂县县城总体规划确定的远期县城规划建设区南 / 北边缘的小学布局，以及当地农民可以接受的城区小学通勤出行时间（15 ～ 20 min），电动车出行距离为 3.75 ～ 5 km，本研究取平均距离 4.4 km 进行测算。分别以规划小学所在地为中心，以 4.4 km 为半径划定小学服务范围，根据服务范围，在未被纳入县城远期规划建设区的 15 个村庄中，8 个村庄位于小学服务范围内，分别为县城北侧的孟岔村、蒋沟村、

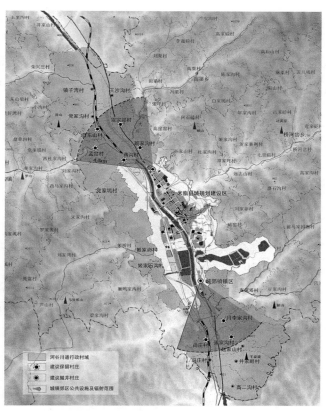

图 6-7　米脂县河谷川道区乡村聚居空间重构意向图
图片来源：根据《米脂县县城总体规划（2014—2030年）》相关图纸绘制

背东山村、班家沟村和雷家峁村，以及城郊镇镇区南侧的川李家沟村、张家沟村和尚庄村；其余 7 个村庄不在小学服务范围内，分别为县城北侧的王沙沟村、党家沟村和镇子湾村，以及城郊镇镇区南侧的冯庄村、赵家山村、井家畔村和高二沟村（图 6-7）。由此，本研究建议远期阶段保留孟岔村、蒋沟村、背东山村、班家沟村、雷家峁村、川李家沟村、张家沟村和尚庄村，幼儿园、卫生室、养老服务站等基本公共设施建设、基础设施优化和宅基地再利用扶持政策等均应优先考虑以上建议保留村庄，以逐步引导河谷川道区乡村人口主动搬迁，而对于其他村庄则建议逐步撤并。

6.5　现代乡村聚居空间模式的关键控制指标

现代乡村聚居空间由不同类型的乡村基本聚居单元构成，现代乡村聚居空

间模式的关键控制指标包括乡村基本聚居单元的空间规模和人口规模；乡村基本聚居单元住区的空间规模、建设用地规模和公共设施人口门槛等，涉及现代农业生产半径、农作物单位面积（产量）纯收益、农作物单位面积（产量）用工需求量、现代农民兼业系数、现代农民预期收入基准、国家农业补偿政策发展指数、旅游人次、旅游人均消费量、公共设施配置内容及服务半径、户均建设用地面积等重要变量。根据前文相关研究结论对以上变量的取值进行总结和归纳，并作为陕北现代乡村聚居空间模式构建的重要量化控制指标。

1. 乡村基本聚居单元的空间规模

现代农业生产半径是乡村基本聚居单元空间规模和乡村聚居系统空间尺度的关键量化指标。根据前文 5.1 节中关于各地貌区不同典型农作物生产半径的取值范围的分析结论，黄土丘陵山区粮食作物、经济林果、设施蔬果、畜产品生产半径取值范围分别为 10.0 ～ 11.7 km、5.8 ～ 7.0 km、4.7 ～ 5.8 km、4.7 ～ 5.8 km，考虑该地貌区乡村聚居单元仅种植粮食作物或棚栽作物的极端情况，根据公式（5-1），计算得出该地貌区乡村聚居单元的农业生产半径取值范围均为 4.7 ～ 11.7 km。该距离为实际距离，若考虑地形的起伏，地形修正系数取值 1.57，则该地貌区乡村聚居单元的现代农业生产半径直线距离为 3.0 ～ 7.5 km。

河谷川道区粮食作物、经济林果、棚栽作物生产半径取值范围分别为 15 ～ 17.5 km、8.8 ～ 10.6 km、7.1 ～ 8.8 km，同样考虑仅种植粮食作物或棚栽作物的极端情况，得出该地貌区乡村聚居单元的现代农业生产半径取值范围为 7.1 ～ 17.5 km。

2. 乡村基本聚居单元的人口规模

乡村基本聚居单元的人口规模是现代乡村聚居空间系统的人口基础。远期现代化阶段现代农林牧业主导生产方式下，乡村产业主要包括现代农林牧业和乡村旅游业，根据 5.3 节中对于乡村基本聚居单元现代农业资源承载人口与乡村旅游业承载人口的预测模型，可结合乡村基本聚居单元的产业发展现状及产业规划进行预测。其中，在现代农业资源承载的人口规模预测中，农作物单位面积（产量）纯收益、农作物单位面积（产量）用工需求量、农民兼业系数、现代农民预期收入基准和国家农业补偿政策发展指数为关键变量，在乡村旅游业承载的人口规模预测中，总旅游人次、旅游人均消费量为关键变量，各变量的具体取值详见 5.3.3，5.3.4，5.3.5 小节。

不同乡村基本聚居单元内的土地利用结构、农作物类型与种植比例各不相同，旅游业发展情况更是千差万别，实际应用中须结合乡村案例进行具体预测。

3. 乡村基本聚居单元的公共设施人口门槛

根据前文 6.3.2 节的相关结论，乡村基本聚居单元应配置幼儿园、卫生服务站、阅览室、文化活动站、健身场地、养老服务站、村委会等基本公共服务设施，小学为选设设施，设置非完全小学的乡村基本聚居单元人口规模门槛为 1 650 人，设置完全小学的乡村基本聚居单元人口规模门槛为 2 500 人。

其中，对于城／镇区远郊型单元而言，自然地理条件限制下可能仅有少量远郊型单元的人口规模可以达到小学的设置门槛，而大多数远郊型单元规模偏小，建议共享城／镇区小学，或多个单元共享一所小学；城／镇区近郊型单元可就近在城／镇区小学入学，这类单元不再增设小学。

4. 乡村基本聚居单元的住区空间规模

公共设施服务半径是乡村基本聚居单元住区空间规模的关键量化要素。在前述基本公共设施中，幼儿园／小学等教育设施对于家庭生活的社会化稳定具有重要作用，幼儿园／小学学生的接送也是每个家庭每个工作日的通勤行为，故将幼儿园／小学的合理服务半径确定为乡村基本聚居单元住区空间规模的关键量化要素。

根据前文调研结果，"10～< 15 min""15～< 20 min"分别为乡村居民可以接受的乡村、城镇小学通勤出行时间，在远期现代化阶段，考虑乡村居民主要使用电动车（或摩托车）进行接送，选取电动车（或摩托车）时速为 15 km/h，计算得出乡村、城镇小学的服务半径分别为"2.5～< 3.75 km""3.75～< 5 km"。由此确定城／镇区远郊型单元住区空间规模的量化指标为"10～< 15 min"出行时间和"2.5～< 3.75 km"出行距离，城／镇区近郊型单元住区空间规模的量化指标为"15～< 20 min"出行时间和"3.75～< 5 km"出行距离。

5. 乡村基本聚居单元的住区建设用地规模

户均建设用地面积是确定乡村基本聚居单元内乡村住区建设用地总规模的关键量化指标。本书所界定的户均建设用地面积，除住宅建设用地外，还包括道路用地、公建用地、绿地广场、生产服务用地、市政设施用地等其他建设用地。

目前，国家及地方的建设与国土资源管理部门在村庄建设用地规模控制方面均有相关规定，但都存在一定的不适应性。

首先，2006 年起执行的《陕西省农村村庄建设规划导则（试行）》中规定了村庄规划人均建设用地指标（表6-7）及各类建设用地构成[①]，这种按人均面积计量农村建设用地的方式，主要参考城镇规划建设用地的控制与引导方式，但乡村建房按户计量，该控制方式实质上无法适用于乡村地域。同时，2005年起执行的《陕西省农村宅基地管理办法》要求严格执行一户一处宅基地，并规定了农村宅基地面积标准的上限（表6-8）。但村庄除住宅用地外，还需要道路用地、公建用地和户间空地等，伴随着生活质量的提升，其他用地占比还会逐渐增大，故依据农村宅基地面积标准无法直接测算出总建设用地面积。

表6-7 《陕西省农村村庄建设规划导则（试行）》中的村庄人均建设用地指标控制　单位：m²

项目	占用非耕地为主的村庄	以占用耕地建设为主的村庄
村庄人均建设用地面积	100～150	80～120

资料来源：《陕西省农村村庄建设规划导则（试行）》

表6-8 《陕西省农村宅基地管理办法》中的宅基地面积（包括附属用房、庭院用地）标准
单位：m²

项目	平原地区村庄	川地、塬地村庄	山地、丘陵区村庄
宅基地面积	≤133	≤200	≤267

资料来源：《陕西省农村宅基地管理办法》

由此，针对在土地使用与建筑建造等方面都具有较强地域性的陕北乡村，应在相关规范指导下结合实地调研研讨户均建设用地面积指标。根据已有研究和实地踏勘可总结出以下几点规律。

第一，陕北村庄建设用地主要包括窑（房）舍用地、院落用地、户间道路用地和户间空地；第二，因选址区位、交通、用地条件等的差异，户均建设用地面积存在明显的区域差异，大致范围为300～800 m²，主要集中在350～500 m²，平均值为464 m²；第三，根据各类建设用地的平均值，窑（房）舍用地、院落用地、户间道路用地和户间空地分别占26.7%、42.8%、8.1%和22.4%，院落用地占比最大；第四，由于受地形限制，川道区村庄各户间排列相对紧密，户均建设用地面积小，山区村庄内户与户并非紧密相连，户均建设用地面积偏大；第五，由于相关部门未把房前屋后的空地统计在内，故户均用地统计值小于实际占地值[81]（表6-9）。

[①] 《陕西省农村村庄建设规划导则（试行）》中规定，村庄建设用地由居住建筑用地、公共建筑用地、道路广场用地、公共绿地及其他用地（包括生产用地、公用工程设施用地等）构成，以上各类用地占比分别为50%～70%、6%～12%、9%～16%、1%～5%和6%～15%。

表 6-9　陕北黄土丘陵沟壑区乡村聚落土地利用调查

区县	村庄	户数（户）	户均统计聚落面积（m²）	户均实有聚落用地					实用数比统计数增加的比例（%）
				窑洞面积（m²）	院落（m²）	户间道路（m²）	户间空地（m²）	合计（m²）	
榆阳区	古塔镇黄家圪崂	101	194.3	79.9	114.4	37.5	75.5	307.3	58.2
	古塔镇李家庙	11	485.2	156.0	329.2	86.7	324.7	896.6	84.8
	古塔镇赵庄	167	271.0	103.6	167.4	25.2	40.0	336.2	24.1
	鱼河镇王庄	40	267.9	113.7	154.4	84.7	99.7	452.3	68.8
	平均		253.7	99.2	154.5	38.7	68.5	360.9	42.3
绥德县	韭园镇韭园村	120	344.4	133.2	211.2	41.8	66.7	452.9	31.5
	韭园镇马莲沟	43	257.4	104.1	153.3	20.2	52.0	329.7	28.1
	平均		321.4	125.5	195.9	36.1	62.8	420.4	30.8
宝塔区	李渠镇杨兴庄	71	268.9	113.1	155.4	25.1	71.8	365.4	36.1
	李渠镇刘庄	67	533.0	210.3	322.7	22.5	62.3	617.8	15.9
	李渠镇碾庄	95	311.1	135.0	176.1	30.6	87.4	429.1	37.9
	元龙寺乡黄屯	66	318.9	107.4	211.5	49.3	89.2	457.4	43.4
	元龙寺乡陈家屯	170	260.8	109.8	151.0	52.6	135.3	448.7	72.0
	元龙寺乡元龙寺村	136	294.7	87.7	207.0	52.3	187.2	534.2	81.3
	平均		313.7	120.0	193.7	42.2	118.9	474.7	51.3

资料来源：根据参考文献[81]整理

　　将各项建设用地的实有值与相关规范对比可知：第一，陕北现状村庄的实际户均建设用地面积为 464 m²，超出了《陕西省农村宅基地管理办法》中 267 m² 的上限规定，主要源于当地居民有利用院落歇息、晾晒粮物的习惯，加之黄土山地便于平整土地，故院落用地面积较大。近年来窑（房）舍空间逐渐扩建，且质量得到提升，窑舍用地明显增加，至少未来不会下降，但院落用地面积可适当下调。第二，由于窑居的分散布局形态，农户可利用的房前屋后空置地面积均值高达 118.9 m²，较平原地区大得多，虽不合规定，但在管理中较难控制，下调的可能性不大。

　　与此同时，现代乡村的机动化（电动化）出行对道路要求较高，道路用地面积会有所增加，现代农业机械化生产也需要更多的生产服务用地，公建用地、绿化广场用地等的面积也会有所增加。由此，综合确定陕北乡村户均建设用地面积范围为 400～500 m²，河谷川道区取值为 400～450 m²，黄土丘陵山区取值为 450～500 m²。

　　综上，将黄土丘陵山区现代乡村聚居空间的基本构成细胞——镇区近郊乡村基本聚居单元、镇区远郊乡村基本聚居单元，河谷川道区现代乡村聚居空间的基本构成细胞——城区近郊乡村基本聚居单元、镇区近郊乡村基本聚居单元的关键控制指标取值进行归纳总结，具体如表 6-10 所列。

表6-10　陕北黄土丘陵沟壑区现代乡村聚居空间模式的关键量化要素及取值

典型地貌类型	现代乡村聚居空间的构成细胞	乡村基本聚居单元的空间规模·现代农业生产半径·实际距离(km)	·直线距离(km)	·出行时间(min)	乡村基本聚居单元的人口规模	公共设施配置·配置内容·必设	·选设	配置门槛	公共设施人口门槛	住区空间规模·幼儿园/小学服务半径·实际距离(km)	·直线距离(km)	·出行时间(min)	户均建设用地面积(m²)
黄土丘陵山区	镇区近郊乡村基本聚居单元	4.7~11.7	3.0~7.5	20~35	$(P_A^1+P_A^2)/2+P_T'$	小学	幼、文、体	完全小学/非完全小学	≥2500人/≥1650	2.5~3.75	1.6~2.4	10~15	450~500
黄土丘陵山区	镇区远郊乡村基本聚居单元	4.7~11.7	3.0~7.5	20~35	$(P_A^1+P_A^2)/2+P_T'$	与镇区共享	幼、文、体			3.75~5.0	2.4~3.2	15~20	450~500
河谷川道区	镇区近郊乡村基本聚居单元	7.1~17.5	7.1~17.5	20~35	$(P_A^1+P_A^2)/2+P_T'$	与镇区共享	幼、文、体			3.75~5.0	3.75~5.0	15~20	400~450
河谷川道区	城区近郊乡村基本聚居单元	7.1~17.5	7.1~17.5	20~35	$(P_A^1+P_A^2)/2+P_T'$	与城区共享	幼、文、体			3.75~5.0	3.75~5.0	15~20	400~450

注：P_A^1、P_A^2、P_T'测算模型详见5.3.3、5.3.4、5.3.5节；

农作物单位纯收益、农作物单位应用工量、农民兼业系数、现代农民预期收入基准和国家农业补贴政策发展指数等乡村基本聚居单元人口规模测算重要变量取值详见5.3.3、5.3.4节；

考虑到黄土丘陵山区起伏地形对于两点间直线距离的影响，该地貌区地形修正系数取值为1.57。

资料来源：作者自绘

6.6 小结

基于现代乡村聚居空间模式的构建内容与关键控制指标界定，本章提出黄土丘陵山区、河谷川道区两个典型地貌类型的现代乡村聚居空间模式，具体结论如下。

第一，现代乡村聚居空间模式具体包括现代乡村聚居空间的等级结构模式、功能结构模式和形态结构模式，支撑现代乡村聚居空间模式的关键控制指标包括乡村基本聚居单元的空间规模和人口规模，乡村基本聚居单元住区的空间规模、建设用地规模和公共设施人口门槛。

第二，由于现代乡村聚居空间内的乡村基本聚居单元类型与组合等级关系存在差异，两个典型地貌类型的现代乡村聚居空间的等级结构模式不同，其中，黄土丘陵山区为"镇—近郊单元+远郊单元"等级结构，河谷川道区为"城／镇—近郊单元"等级结构。

第三，作为城乡聚居体系的末端聚居单元，乡村基本聚居单元具备基本的社会经济功能，应提供幼儿园、阅览室、健身场地、卫生所、养老服务站和日用百货店等基本公共服务设施，同时完善生产、生活相关基础设施。小学为乡村基本聚居单元的选设公共设施，是否设置主要取决于单元人口规模和与城／镇区的距离。

第四，根据黄土丘陵山区、河谷川道区两个地貌类型的乡村基本聚居单元空间模式，以及乡村基本聚居单元组合的等级结构模式，提出黄土丘陵山区的"斑块簇群"单元组合模式和河谷川道区的"带状串珠"单元组合模式。

7 现代乡村聚居空间模式的案例研究
——以米脂县杜家石沟镇为例

本章选择米脂县杜家石沟镇为典型案例对乡村聚居空间重构进行研究，对前文建立的概念、方法和空间模式进行应用和检验。

7.1 杜家石沟镇发展概况与问题

7.1.1 概况

杜家石沟镇位于米脂县城西 12.5 km 处（图 7-1），属典型的黄土丘陵山区镇（图 7-2），全镇中部低四周高，镇域海拔高度 865～1 178 m。镇域内林草资源丰富，林草覆盖率可达 45.73%，流域面积为 152 km²，退耕还林累计面积 3.7 万亩，经济林 2.6 万亩。流经镇域的主要河流为无定河支流杜家石沟河。镇域道路交通条件较差，沿杜家石沟河的林石路—石崔路可与县城实现联系，另可与北部龙镇、南部子洲县实现联系。

2019 年全镇辖 42 个行政村 118 个自然村，5 120 户 17 915 人，最新一轮迁村并点中合并为 18 个行政村（图 7-3，表 7-1）。全镇盛产小米、绿豆、洋芋等农副产

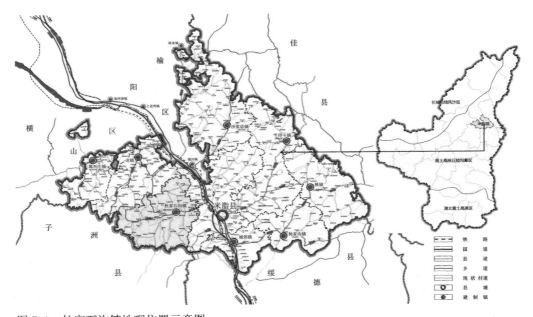

图 7-1 杜家石沟镇地理位置示意图

图片来源：作者在标准地图［审图号：GS（2019）3333号］、米脂县县域总体规划（2014—2030）部分图件基础上绘制

DEM值
■ 高: 1178
■ 低: 865

图 7-2　杜家石沟镇地形地貌图
图片来源：作者自绘

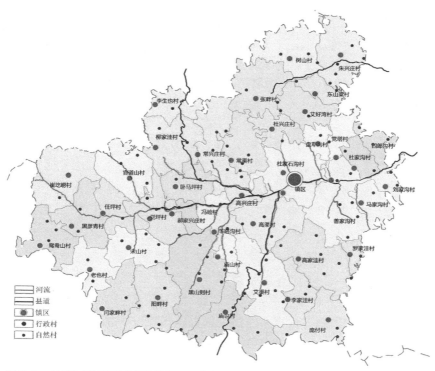

图 7-3　杜家石沟镇行政区划图（42 个行政村）
图片来源：作者自绘

品，以小米、玉米种植，羊（白绒羊、绵羊）、笼养鸡、生猪等的畜牧养殖为主[①]，苹果种植处于培育阶段，拥有号称"黄土高原小山峡"的柳家洼峡谷旅游风景区、貂蝉洞和杜氏精英纪念馆，生态旅游产业具有一定发展潜力，但旅游项目开发尚处于起步阶段。全镇种、养、经、劳务产业结构为 13∶30∶25∶32，主要收入来源为外出务工，其次为小杂粮种植和畜牧养殖，2015 年底全镇年人均纯收入 9 646 元。

表 7-1　杜家石沟镇合并行政村明细表

序号	合并前（42 个行政村）	合并后（18 个行政村）
1	黑彦青（458）、鸳鸯山（435）、崔圪崂（348）、老也（180）	黑彦青（1 421）
2	党坪（580）、任坪（285）、宋山（333）、官道山（480）、郝家兴庄（159）	党坪（1 837）
3	柳家洼（520）、李生也（287）、卧马坪（462）	柳家洼（1 269）
4	常兴庄（785）	常兴庄（785）
5	常渠（534）	常渠（534）
6	闫家畔（413）、阳畔（314）	闫家畔（727）
7	黑山则（756）	黑山则（756）
8	高兴庄（322）、冯硷（208）、羊路沟（169）、庙山（150）	高兴庄（849）
9	杜家石沟（924）、杜兴庄（274）	杜家石沟（1 198）
10	庞付（354）、李家洼（160）	庞付（514）
11	善家沟（779）、党塔（211）	善家沟（990）
12	高家洼（781）、罗家洼（154）	高家洼（935）
13	杜家沟（246）、马家沟（349）、刘家沟（183）、四郎沟（212）	杜家沟（990）
14	树山（608）、朱兴庄（359）、张畔（428）	树山（1395）
15	东山梁（148）、艾好湾（330）、盘草沟（176）	艾好湾（644）
16	高渠（808）	高渠（808）
17	艾渠（735）	艾渠（735）
18	庙也（677）	庙也（677）

资料来源：杜家石沟镇镇政府

7.1.2　问题

1. 村庄散布且规模小，公共服务水平低下

　　由于沟壑地貌的限制，杜家石沟镇现状村庄规模偏小且布局分散，民居以窑洞为主，公共设施以 1～2 层平房为主（图 7-4、图 7-5）。各个自然村组都散布于农

[①]　2015年羊存栏11 763只，家禽存栏4.5万只，生猪存栏1 512头。

党坪小学　　　　　　　　文化广场　　　　　　　　　老年大学　　　　　　　戏台

图 7-4　党坪村公共设施与公共空间实景图
图片来源：作者自摄

窑舍及院落　　　　　　户间道路与门前屋后的农作物　　　　牲口圈舍

图 7-5　党坪村窑居实景图
图片来源：作者自摄

耕用地中，窑洞一般依据地形自由建设，户与户之间通过户间道路联系。

镇域内有医院 1 所，一贯制中学 1 所，小学 3 所（其中完小 1 所，初小 2 所），幼儿园 1 所，其中一贯制中学和幼儿园设置于镇区，另外 3 所小学分别位于党坪村、高兴庄村和杜家沟村。近年来新建了柳家洼、庙也、杜家石沟等 12 个文化资源基础服务点，在庙也、杜家石沟、柳家洼、党坪等 5 个村建设了体育健身广场和文化室（表7-2，图 7-6）。

表 7-2　杜家石沟镇现状医疗教育设施情况一览表

名称	所在村落	类型	备注
杜家石沟镇卫生院	杜家石沟村（镇区）	—	—
杜家石沟镇石沟中学	杜家石沟村（镇区）	一贯制，寄宿制	2017 年春季招收小学 6 个班，78 人；中学 3 个班，87 人
杜家石沟镇党坪小学	党坪村	完小，寄宿制	2017 年春季招收幼儿班 3 个，20 人；小学 6 个班，44 人
杜家石沟镇卧羊小学	高兴庄村	初小，寄宿制	2017 年春季招收小学 5 个班，24 人
杜家石沟镇杜家沟小学	杜家沟村	初小，走读制	2017 年春季招收幼儿班 2 个，7 人；小学 1 个班，5 人
杜家石沟镇中心幼儿园	杜家石沟村（镇区）	—	2017 年春季招收幼儿班 3 个，72 人

资料来源：杜家石沟镇镇政府

教育设施所在的村庄都集中分布于贯穿镇域东西的镇域主干路——石崔路沿线，镇域内留守的大部分农民子女就学较为不便，孩子上学一般选择寄宿。新建的

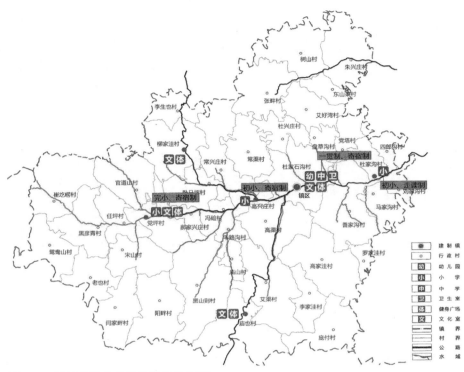

图 7-6 镇域现状公共服务设施分布图
图片来源：作者自绘

村级文化体育设施虽在一定程度上丰富了农民的文化体育生活，但仍有大量村庄及居民不在设施辐射范围内，居民满意度低、设施使用低效等问题突出。

2. 人口外流明显，宅院空废和土地荒废现象普遍

由于农业、旅游经济相对落后，镇域内人口外出务工比例较大。根据 2019 年米脂县统计年鉴，杜家石沟镇总人口 17 915 人，其中乡村人口 14 024 人，乡村劳动力资源数 9 694 人，乡村从业人员 6 314 人，其中农业从业人员 2 424 人，农业从业人员占总人口的比例仅为 13.5%。同时，根据 2016 年杜家石沟镇的入户调查数据，举家外出的家庭占总户数的 51.3%，外出人口占总人口的 59.7%，外出男性占男性总人口的 60.5%。人口大量外流带来种植业的萎缩，耕地撂荒现象普遍存在。全镇耕地总面积 11.68 万亩，2015 年实际耕种面积约 5.2 万亩，实际耕种面积约占耕地总面积的 44.5%。

7.2 杜家石沟镇相关产业发展规划

结合当地农业资源条件，借助米脂县被确定为"陕西省优质苹果基地县"的契机，该镇确立了"生态立镇，果业兴镇，旅游强镇"的产业发展战略。

一方面，积极推进"果业主导"的现代生态农业发展道路，通过土地流转，全力实施山地苹果标准化示范基地建设，在已经发展的山地苹果园基础上继续扩大种植规模（图7-7），有效推进种植业内部结构的调整。同时，大力发展畜牧产业，深化发展一村一品，力争全镇生猪、羊、笼养鸡饲养量分别达到1.2万头、2万只、4.5万只[1]。

另一方面，围绕柳家洼休闲度假游、貂蝉洞历史文化观光游和杜氏精英纪念馆教育基地游大力发展生态文旅项目，逐步完善旅游服务配套工程，建设涉及柳家洼、朱兴庄、杜兴庄、常渠等9个村的"农业＋旅游＋貂蝉传说"乡村旅游线路，建设"朱兴庄—杜兴庄—常渠—柳家洼—党坪"旅游环线[2]。

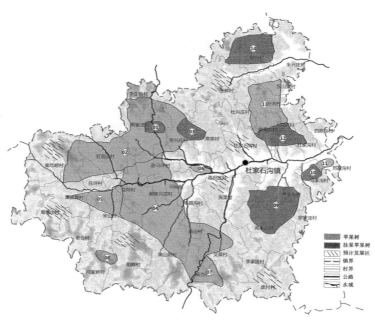

图7-7 杜家石沟镇山地苹果种植基地建设现状及规划示意图
图片来源：根据杜家石沟镇苹果产业结构规划图绘制

---

① 根据尚金楼在"杜家石沟镇十九次党代会第一次会议""中共杜家石沟镇第十八届第一次代表大会"上的发言整理。
② 根据尚金楼在"杜家石沟镇十九次党代会第一次会议""中共杜家石沟镇第十八届第一次代表大会"上的发言整理。

7.3 杜家石沟镇乡村聚居空间重构

杜家石沟镇位于黄土丘陵山区，在远期现代化阶段，该镇将由镇区近郊乡村基本聚居单元（后文简称"镇区单元"）与远郊乡村基本聚居单元组构而成。

根据 3.3.4 小节的初步结论，陕北黄土丘陵沟壑区将于 2030—2035 年步入远期现代化阶段，基于米脂县较低的现状城镇化水平（仅为 41.69%），下文选择 2035 年为时间节点进行预测。

7.3.1 乡村聚居空间重构的技术路线与方法

本研究拟通过基于发展潜力评价的优势村庄预选、乡村基本聚居单元公共设施选址分析、乡村基本聚居单元区划与比选、公共设施服务区分析、村庄布点建议 5 个步骤实现，各个步骤的核心目标与步骤间的相互关系如图 7-8 所示，各个步骤中使用的关键技术方法见下文。

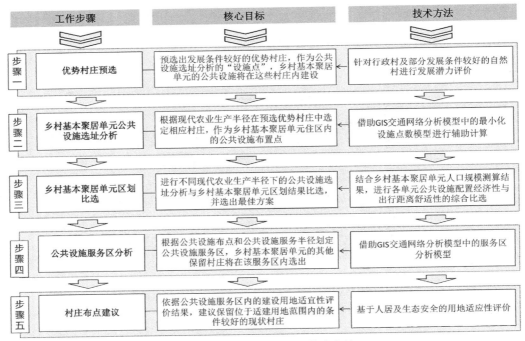

图 7-8 乡村聚居空间重构的主要工作步骤、核心目标、技术方法
图片来源：作者自绘

7.3.2 优势村庄预选

通过村庄发展潜力评价预选出发展条件较好的优势村庄，作为下一步乡村基本聚居单元公共设施选址分析的"设施点"，乡村基本聚居单元住区的公共设施将在这些村庄内新建。借助层次分析法，针对自然生态、社会、经济、环境和空间的集成进行综合性评价[158]，预判现状村庄的发展潜力，评价指标体系及指标权重见表 7-3。

表 7-3　村庄发展潜力评价指标体系及指标权重

目标层（A 层）	准则层（B 层）		指标层（C 层）		指标类型	指标备注
	因子	权重	因子	权重		
居民点发展潜力评价	生态适应性水平	0.11	坡度	0.32	数据量化指标	——
			地质条件	0.56	定性分级指标	
			高程	0.12	数据量化指标	
	资源水平	0.34	人均耕地资源	0.50	数据量化指标	按面积计算
			旅游资源	0.50	定性分级指标	旅游资源的质量与等级
	人口与社会经济条件	0.13	人口规模	0.19	数据量化指标	户籍人口
			产业发展水平	0.56	定性分级指标	
			农民人均可支配收入	0.16	数据量化指标	当年农户收入
			农户搬迁意向	0.09	定性分级指标	
	交通与区位条件	0.21	交通可达性	0.50	定性分级指标	与高速、国道、县道、乡道的关系
			中心可达性	0.50	数据量化指标	与中心城镇的距离
	空间与建设条件	0.21	适宜用地扩展条件	0.13	定性分级指标	
			公共设施水平	0.34	定性分级指标	按医疗站、小学、幼儿园、集市、文化体育等分类计分
			基础设施水平	0.23	定性分级指标	按水电设施、电话、互联网、有线电视等普及率分类计分
			村庄建设水平	0.16	定性分级指标	房屋建筑、环境等的质量
			村庄集中度	0.07	数据量化指标	按空间统计学方法，计算居民点的内部标准距离
			与相邻村庄距离	0.07	数据量化指标	——

资料来源：根据参考文献[158]整理

优势村庄初选除依据评价结果外，还应考虑优势村庄在案例镇域内分布的均衡性，若已选出的村庄过于集中于镇域局部，为保证 GIS 计算的合理性，应将综合得分略低的其他村庄增加为优势居民点。

根据村庄发展潜力评价指标体系，对杜家石沟镇现状村庄的发展潜力进行评价。评价结果显示，杜家石沟村（镇区）、黑彦青村、党坪村、柳家洼村、常兴庄村、常渠村、黑山则村、艾渠村、树山村、高家洼村、善家沟村、高渠村、庙也村综合得分较高，这些村庄现状人口规模相对较大，主要分布于无定河支流杜家石沟河两侧，与镇域交通主干路石崔路联系便捷。

考虑到实际情况，善家沟村、高渠村、庙也村宜被去除。其中，善家沟村和高渠村位于镇区近郊（与镇区距离在3 km以内），可共享镇区公共设施，实质上已被纳入镇区近郊单元；庙也村临近镇域的南边界，若以其为中心形成乡村基本聚居单元将过于偏离镇域，也不宜成为下一步的预选点。故最后选定黑彦青村、党坪村、柳家洼村、常兴庄村、常渠村、黑山则村、艾渠村、树山村、高家洼村和石沟村作为下一步乡村住区公共服务设施选址分析的"设施点"（图7-9）。

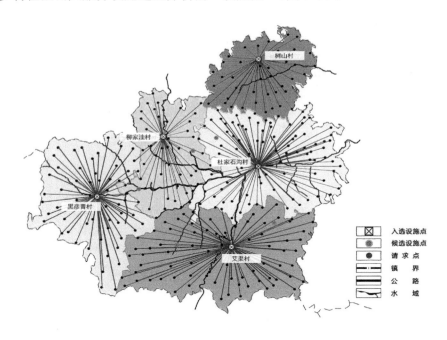

图7-9　杜家石沟镇优势村庄分布图
图片来源：作者自绘

7.3.3　乡村基本聚居单元公共设施选址分析

根据前文5.2节，借助GIS交通网络分析模型中的最小化设施点数模型对乡村基本聚居单元公共设施的选址进行分析。

1. 现代农业生产半径预测

2015年，该镇实有果园约1.5万亩，耕地中常用耕地约4.2万亩，临时性耕地约1万亩，秋收农作物中秋粮36 992亩、油料2 590亩、蔬菜瓜果1 994亩、其他作物3 600亩，苹果9 424亩、枣3 750亩、梨1 500亩，其他水果126亩（表7-4）；畜牧业中羊出栏11 763只（山羊7 463只、绵羊4 300只），猪出栏2 778头，家禽出栏4.5万只。

表7-4　2015年杜家石沟镇秋收农作物及果园面积一览表 单位：亩

秋收农作物：45 176									果园：14 800				
玉米：6 811	薯类：13 713	绿豆：2 712	红豆：1 883	谷子：6 537	其他杂粮：5 336	油料：2 590	蔬菜瓜果：1 994	其他作物：3 600	苹果：9 424	枣：3 750	梨：1 500	桃：66	葡萄：60

资料来源：2015年米脂县统计年鉴

根据杜家石沟镇的农业发展规划，预测远期阶段，该镇还将在现状基础上继续增大山地苹果种植面积，而小米、豆类等小杂粮、牧草、设施蔬果稳中略升，油料作物基本持平，玉米、马铃薯等传统谷物则相对下调，各类典型农作物预测种植面积详见表7-5。在畜牧养殖业方面，考虑到该地区养殖白绒羊的优势，以及规模生猪、笼养鸡养殖对生态环境的负面影响，预测羊产量大幅提升，笼养鸡基本持平，生猪略有提升，羊、生猪和鸡的年产量分别为2万头、5 000头和4.5万只。

表7-5　杜家石沟镇各类农作物种植面积与农产品产量预测值一览表

	种植业						畜牧养殖业		
	传统粮食（亩）	小杂粮（亩）	油料（亩）	设施蔬果（亩）	牧草（亩）	果树（亩）	羊（只）	猪（头）	鸡（万只）
现状	20 524	16 468	2 590	1 994	3 600	14 000	11 763	2 778	4.5
规划	12 000	16 000	2 500	5 000	7 000	20 000	20 000	5 000	4.5

资料来源：作者自绘

结合以上各类标准农作物种植面积预测值，计算林果、粮食、油料、设施蔬果、牧草的大致种植比例为20：28：3：5：7，考虑油料、牧草种植的农机化水平与粮食相似，故林果、粮食和设施蔬果的比例为4：7.4：1。同时，根据表5-16，黄土丘陵山区粮食作物、经济林果、棚栽作物的现代农业生产半径分别为10.0～11.7 km、5.8～7.0 km和4.7～5.8 km。最后代入公式（5-1）进行计算，得出杜家石沟镇的现代农业生产半径为8～10 km。

2. 不同农业生产半径下的乡村基本聚居单元公共设施选址分析

根据前文 5.2 节的乡村基本聚居单元空间范围划定与空间区划方法，农业生产半径分别取值 8 km、9 km 和 10 km，计算不同抗阻下的差异化公共设施布点和乡村基本聚居单元区划结果，具体如下。

第一，借助 GIS 技术建立杜家石沟镇的道路交通网络模型。根据米脂县土地利用总体规划空间矢量数据，以谷歌地图能够识别的公路系统（包括村道和机耕路）为基础建立道路交通网络模型（图 7-10），模型中新增"朱兴庄—杜兴庄—常渠—柳家洼—党坪"旅游环线，并结合地形打通、新建某些村道和机耕路。

第二，借助 GIS 技术建立公共设施位置分配模型。将石沟村（镇区）、黑彦青村、柳家洼村、常兴庄村、常渠村、黑山则村、艾渠村、树山村、高家洼村和党坪村村庄所在地的质心确定为"设施点"，其中，石沟村作为镇区所在地，被设置为设施点中的"必选点"。同时，根据土地利用规划空间矢量数据进行农地的划分与识别，以适度规模经营为前提，每个农地地块的用地面积为 1 ～ 3 hm²，玉米等粮食作物取

图 7-10　杜家石沟镇交通网络模型
图片来源：作者自绘

图 7-11　杜家石沟镇乡村基本聚居单元公共设施选址模型

图片来源：作者自绘

高值，果蔬等经济作物取低值，将划分后的每个农地地块与乡道的最近接触点确定为"请求点"（图 7-11）。

第三，现代农业生产半径分别取值 8 km、9 km 和 10 km，并进行公共设施位置分配的计算，计算后得到不同"抗阻"下的公共设施布点及相应的乡村基本聚居单元空间范围。根据计算结果，各个乡村基本聚居单元的边界基本位于杜家石沟镇内，故将与各单元空间范围吻合度最高的村域边界确定为单元的最终地理边界。

其中，以 8 km 为生产半径计算选出 5 个公共设施布置点——石沟村（镇区）、树山村、柳家洼村、艾渠村和黑彦青村，该选址布点结果下可将整个镇域划分为 1 个镇区单元和 4 个远郊乡村基本聚居单元（树山单元、柳家洼单元、艾渠单元和黑彦青单元），从选址结果看，各个单元空间辐射范围大致平衡，树山单元与柳家洼单元辐射范围略小，配置计算结果如图 7-12。

以 9 km 为生产半径计算选出 4 个公共设施布置点——石沟村、树山村、艾渠村和黑彦青村，该选址布点结果下可将整个镇域划分为 1 个镇区单元和 3 个远郊

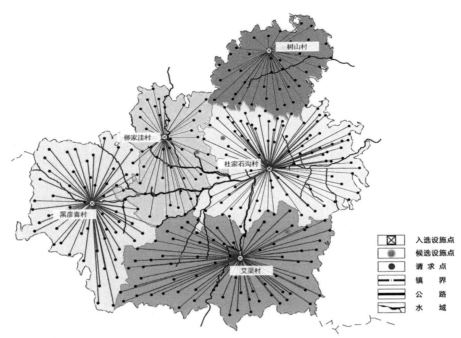

图 7-12   8 km 生产半径下的公共设施布点及乡村基本聚居单元区划
图片来源：作者自绘

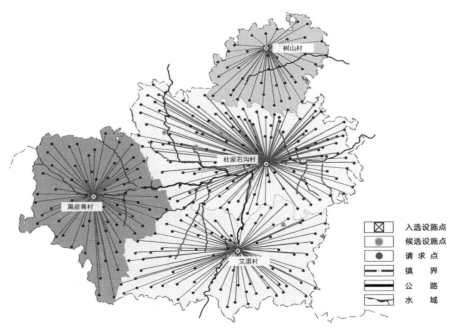

图 7-13   9 km 生产半径下的公共设施布点及乡村基本聚居单元区划
图片来源：作者自绘

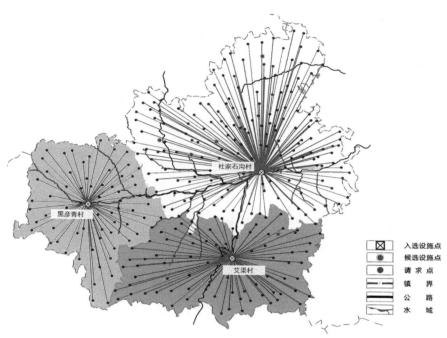

図例:
- ☒ 入选设施点
- ◉ 候选设施点
- ⦿ 请 求 点
- 镇 界
- 公 路
- 水 域

图 7-14　10 km 生产半径下的公共设施布点及乡村基本聚居单元区划
图片来源：作者自绘

乡村基本聚居单元（树山单元、艾渠单元和黑彦青单元）。与 8 km 生产半径下的计算结果相比，镇区单元的空间范围大幅增加，其他 3 个单元大致不变，配置结果详见图 7-13。

以 10 km 为生产半径计算选出 3 个公共设施布置点——石沟村、艾渠村和黑彦青村，该选址布点结果下可将整个镇域划分为 1 个镇区单元和 2 个远郊乡村基本聚居单元（艾渠单元和黑彦青单元）。与前两个计算结果相比，生产半径的进一步增大使树山单元也并入了镇区单元，镇区单元的空间辐射规模再次增大，其他 2 个单元大致不变，配置结果详见图 7-14。

7.3.4　乡村基本聚居单元区划比选

在不同农业生产半径下计算得出的不同公共设施选址及乡村基本聚居单元区划结果中，农业生产半径越大，位置分配所得的乡村基本聚居单元数量越少、单元空间规模越大，但耕作出行的舒适性会有所下降，反之亦然。

依据上一步不同现代农业生产半径下的公共设施和乡村基本聚居单元区划结果，参照前文 5.3 节中的人口规模测算方法对乡村基本聚居单元人口规模进行测算。根据 5.3.6 小节中的乡村小学人口规模门槛取值确定各单元的公共设施配置，综合考量公共设施配置经济性与出行距离舒适性选择最佳方案，具体如下。

第一，根据乡村基本聚居单元空间区划，基于现状农地种植面积及当地农业产业结构调整目标，分别预测远期各个单元内的耕地、园地等的面积（表 7-6）。

表 7-6　不同农业生产半径下乡村基本聚居单元区划相关数据一览表

生产半径	单元名称	公共设施组团所在地	流域面积（km²）	耕地面积（亩）	园地面积（亩）
8 km	镇区单元	石沟村（镇区）	36.50	14 498	2 939
	树山单元	树山村	20.21	2 472	4 888
	柳家洼单元	柳家洼村	22.55	8 937	2 665
	艾渠单元	艾渠村	40.74	11 364	5 191
	黑彦青单元	黑彦青村	32.00	10 229	4 317
9 km	镇区单元	石沟村（镇区）	55.03	22 636	5 325
	树山单元	树山村	20.21	2 472	4 888
	艾渠单元	艾渠村	40.74	11 364	5 191
	黑彦青单元	黑彦青村	36.02	11 028	4 596
10 km	镇区单元	石沟村（镇区）	75.24	25 108	10 213
	艾渠单元	艾渠村	40.74	11 364	5 191
	黑彦青单元	黑彦青村	36.02	11 028	4 596

资料来源：作者自绘

第二，根据前文 5.3.3，5.3.4，5.3.5 小节中相关研究结论，对远期阶段杜家石沟镇主要农产品单位纯收益与单位用工量、农民兼业系数、农民预期收入基准、国家农业补偿政策发展指数等关键变量进行取值。其中，主要农产品中玉米、小米、马铃薯、西红柿、大豆、苹果、枣的每亩纯收益取值分别为 200 元、400 元、200 元、6 000 元、1 000 元、8 000 元和 4 000 元，生猪每头纯收益 500 元，山羊每只纯收益 400 元，笼养鸡每百只纯收益 400 元；玉米、小米、马铃薯、西红柿、大豆、苹果、枣每亩每日用工量的取值分别为 4 人、4 人、4 人、45 人、4 人、40 人和 20 人，生猪每头每日用工量 4 人，山羊每只每日用工量 4 人，笼养鸡每百只每日用工量 3 人；农民兼业系数取值为 0.8；农民预期收入基准 42 880 元（城镇居民预期可支配收入取值 64 000 元，城乡收入比为 1.5∶1）；国家农业补偿政策发展指数取值为 1.2。

将数据代入 5.3 节公式（5-9）～公式（5-11）中进行计算可得，8 km 生产半径下镇区单元1 329人，树山单元1 245人，柳家洼单元1 020人，艾渠单元1 694人，黑彦青单元1 457人。9 km生产半径下镇区单元2 256人，树山单元1 245人，艾渠单元1 694人，黑彦青单元1 550人。10 km生产半径下镇区单元3 501人，艾渠单元1 694人，黑彦青单元1 550人（表7-7）。

表7-7　不同生产半径下乡村基本聚居单元人口规模预测结果一览表　　　　单位：人

生产半径	单元名称	现代农业的承载人口规模预测			基于旅游就业人口需求量的旅游服务人口规模预测	合计
		基于农产品收益和农民预期收入基准的农业人口规模预测	基于农业资源用工需求量的农业人口规模预测	平均值		
8 km	镇区单元	1 273	1 385	1 329	—	1 329
	树山单元	1 334	1 156	1 245	—	1 245
	柳家洼单元	976	1 000	988	32	1 020
	艾渠单元	1 716	1 671	1 694	—	1 694
	黑彦青单元	1 466	1 448	1 457	—	1 457
9 km	镇区单元	2 155	2 293	2 224	32	2 256
	树山单元	1 334	1 156	1 245	—	1 245
	艾渠单元	1 716	1 671	1 694	—	1 694
	黑彦青单元	1 560	1 540	1 550	—	1 550
10 km	镇区单元	3 489	3 449	3 469	32	3 501
	艾渠单元	1 716	1 671	1 694	—	1 694
	黑彦青单元	1 560	1 540	1 550	—	1 550

资料来源：作者自绘

　　第三，根据乡村基本聚居单元人口规模预测结果，综合考量小学设置的经济性，以及各单元内适宜建设用地量与出行距离的舒适性进行比选，选定9 km生产半径下的乡村基本聚居单元区划为最佳方案。

　　由此，远期现代化阶段，杜家石沟镇被划分为中东部镇区单元、西部黑彦青单元、南部艾渠单元和东北部树山单元，各个单元平面呈无规则斑块状，4个斑块簇群排列填充整个镇域。因镇区位于乡村主道——石沟路中段，交通最为便利，故镇区单元空间范围最大。各个单元内的乡村住区将分别围绕石沟村（镇区）、黑彦青村、艾渠村和树山村为中心形成，公共设施也将主要在这些中心村庄进行新建。

7.3.5　公共设施服务区分析

借助 GIS 交通网络分析模型的服务区分析方法，以乡村基本聚居单元的公共设施所在村庄为中心，基于合理的公共设施服务半径对公共设施服务区进行计算。

根据前文，当地乡村居民可以接受的镇区公共设施服务半径为 3.75～5.0 km，远郊乡村基本聚居单元公共设施服务半径为 2.5～3.75 km。分别以石沟村（镇区）、黑彦青村、艾渠村和树山村为中心，根据镇区公共设施服务半径 3.75～5 km、远郊乡村基本聚居单元公共设施服务半径为 2.5～3.75 km，计算各单元内服务半径上、下限所对应的公共设施服务区（图 7-15）。受黄土丘陵山区枝状路网的限制，服务区平面形态仍呈树枝状，道路路网的密度和可达性决定了服务区的空间规模。

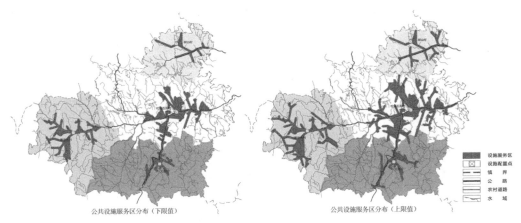

公共设施服务区分布（下限值）　　　　公共设施服务区分布（上限值）

图 7-15　各乡村基本聚居单元公共设施服务区分布
图片来源：作者自绘

7.3.6　建议保留村庄布点分析

基于对前文计算所得的各个公共设施服务区内的建设用地适宜性评价，建议保留位于适建用地范围内的现状村庄，若建议保留村庄拥有适宜扩张建设用地的条件，则其未来还将逐步扩大成为积极吸纳单元内其他区域移民的重要载体。

借助层次分析法，主要从人居及生态安全角度，结合坡度、坡向、高程、地质灾害、土地利用现状、河流缓冲距离、水体保护区、自然与人文景观保护区、基本农田保护区、自然与人文景观保护区缓冲距离等自然生态因素构建评价指标体系。评价指标体系应充分结合地区现实，在相关规范和研究成果基础上确定，具体见表 7-8、表 7-9。

表 7-8　基于人居及生态安全的用地适应性评价指标体系及赋值一览表

目标层	准则层	指标层	分类指标	赋值
用地适应性评价	自然因子	坡度	＜ 10%	7
			10% ～ 25%	5
			＞ 25%	1
		坡向	平地、南坡、西南坡	7
			东南坡、西坡、东坡	5
			西北坡、东北坡和北坡	1
		高程	＜ 900 m	7
			900 ～ 1 200 m	5
			＞ 1 200 m	1
		地质灾害	低易发区	7
			中易发区	3
			高易发区	1
		河流缓冲距离	＞ 100 m	7
			30 ～ 100 m	5
			＜ 30 m	1
		土地利用现状	农村居民点	7
			耕地、园地、林地、牧草地	3
			其他农用地、未利用地	1
			城镇及其他建设用地、水域	—
	生态因子	基本农田保护区	保护区范围	—
		水体保护区	保护区范围	—
		自然与人文景观保护区	保护区范围	—
		自然与人文景观保护区缓冲距离	＞ 1 500 m	7
			500 ～ 1 500 m	3
			＜ 500 m	1

资料来源：作者自绘

表 7-9　基于人居及生态安全的用地适应性评价指标权重一览表

评价目标	一级指标	一级权重	二级指标	二级权重	综合权重
用地适应性评价	自然因子	0.66	坡度	0.2	0.13
			坡向	0.1	0.07
			高程	0.08	0.05
			地质灾害	0.38	0.25
			河流缓冲距离	0.09	0.06
			土地利用现状	0.15	0.10
	生态因子	0.34	基本农田保护区	0.17	0.06
			水体保护区	0.17	0.06
			自然与人文景观保护区	0.17	0.06
			自然与人文景观保护区缓冲距离	0.49	0.16

资料来源：作者自绘

　　在杜家石沟镇内的 4 个公共设施服务区内进行建设用地适应性评价（图 7-16）。由于受大范围数据精度的限制，该评价结果只能支撑保留村庄选址建议，不能支撑村庄建设用地选择。评价结果显示，适宜建设与较适宜建设用地规模大致沿主要乡村道路分布，用地规模偏小且分布不十分连续（图 7-17）。分别对照公共设施上限服务区和下限服务区内的现状村庄，综合考虑这些村庄的发展现状，去掉上限服务区中发展条件较差、距离中心村庄较远的村庄，最终确定乡村基本聚居单元乡村住区内的建议保留村庄（图 7-18、表 7-10）。

　　在枝状道路限制下，这些建议保留村庄大致呈"枝—点"状分布，由于镇区所在地及周边用地条件较好，农地面积较大，村庄分布也较密，故镇区单元内的建议保留村庄数量最多、适建用地面积也最大。

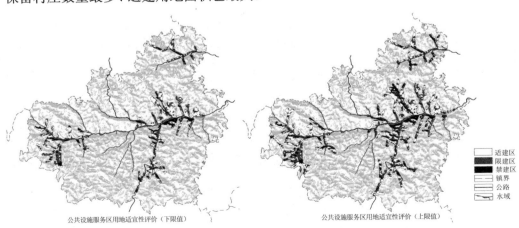

公共设施服务区用地适宜性评价（下限值）　　公共设施服务区用地适宜性评价（上限值）

适建区　限建区　禁建区　镇界　公路　水域

图 7-16　各乡村基本聚居单元公共设施服务区的适建用地评价结果

图片来源：作者自绘

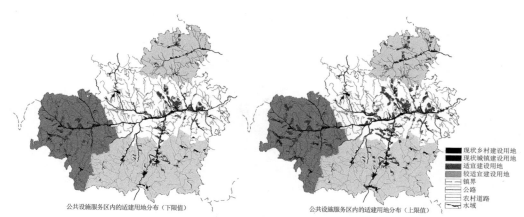

图 7-17 各乡村基本聚居单元公共设施服务区的适建用地分布

图片来源：作者自绘

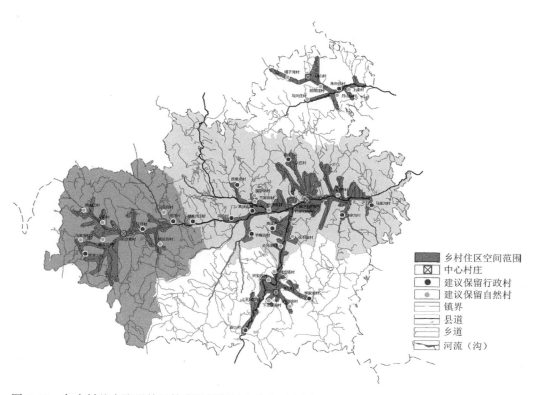

图 7-18 各乡村基本聚居单元的建议保留村庄分布示意图

图片来源：作者自绘

表 7-10 各乡村基本聚居单元公共设施服务区内的建议保留村庄一览表

单元名称	包含的行政村域	公共设施服务区内的建议保留村庄	
		行政村	自然村
镇区单元	杜家石沟村、常渠村、高渠村（部分）、善家沟村（部分）、马家沟村、刘家沟村、杜家沟村、四郎沟村、常兴庄村、卧马坪村、柳家洼村、李生也村、高兴庄村、杜兴庄村（部分）、盘草沟村（部分）、党塔村（部分）、官道山村（部分）、党坪村（部分）、郝家兴庄村（部分）、冯硷村（部分）、羊路沟村（部分）	杜家石沟村、高兴庄村、冯硷村、常兴庄村、高渠村、羊路沟村、善家沟村、马家沟村、杜兴庄村	卧羊寺村、猫卧岗村、兰家峁村、花石崖村、善家坪村
黑彦青单元	崔屹崂村、鸳鸯山村、黑彦青村、老也村、闫家畔村、任坪村、官道山村（部分）、宋山村（部分）、党坪村（部分）、郝家兴庄村（部分）、阳畔村（部分）	鸳鸯山村、黑彦青村、任坪村、党坪村、郝家兴庄村	雨山屹村、井沟村、马家湾村、邢家峁村、瓦窑峁村、猪皮峁村
艾渠单元	黑山则村、庙山村、艾渠村、庙也村、高家洼村、李家洼村、庞付村、罗家洼村、高渠村（部分）、善家沟村（部分）、阳畔村（部分）、宋山村（部分）、郝家兴庄村（部分）、冯硷村（部分）、羊路沟村（部分）	庙也村、艾渠村、李家洼	上王家沟村、下王家沟村、兴窑湾村、兴安庄村、桃圪塔村
树山单元	树山村、朱兴庄村、东山梁村、艾好湾村、张畔村、杜兴庄村（部分）、盘草沟村（部分）、党塔村（部分）	树山村、朱兴庄村	塌子湾村、马兴庄村、前阳洼村、上渠村、月山渠村

资料来源：作者自绘

7.3.7 典型村庄与公共设施建设引导

图 7-19 黑彦青单元建议保留村庄分布
图片来源：作者自绘

根据上文，黑彦青单元内的住区以黑彦青村为中心，鸳鸯山村、任坪村、党坪村、郝家兴庄村、雨山屹村、井沟村、邢家峁村、马家湾村、瓦窑峁村、猪皮峁村为建议保留村庄（图7-19）。根据7.2.5小节的建设用地适宜性评价方法，结合相应精度的地形图进行建议保留村庄的建设用地适宜性评价。

根据评价结果，黑彦青单元内各建议保留村庄的适建用地大致沿杜家石沟河及其支沟（石崔路及支路）分布，基本包含了各村庄的现状宅院，杜家石沟河沿线的"任坪村—党坪村—郝家兴庄村"段建设用地分布较密，有条件成为

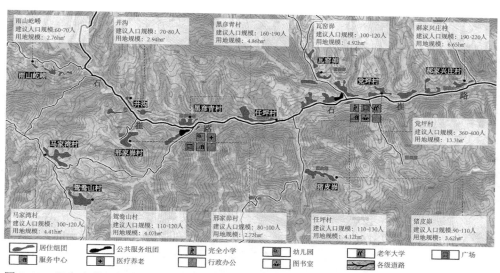

图 7-20　黑彦青单元各建议保留村庄的居住与公共设施空间分布示意图

图片来源：作者自绘

未来吸纳周边乡村人口的重要载体，但应注意严控建设用地间的距离，避免沟道内的建设延绵。根据各个村庄的适建用地规模，按照户均建设用地面积 450～500 m²、户均人口 4.2 人，可大致测算出各个建议保留村庄的人口容纳量范围（图 7-20）。

　　以黑彦青单元的中心村庄——黑彦青村为例进行村庄与公共设施空间布局的深化与落实。该村庄的适建用地主要分布在石崔路与鸳鸯山村的乡道交叉口周边，以及现状宅院主要分布的乡道沿线的坡麓台地上。根据适建用地分布，规划决定在乡道交叉口对土地进行平整并新建幼儿园、医疗养老和服务中心等公共设施，同时建设健身广场和文化广场，便于村民开展文化体育活动。与此同时，根据现状窑舍的建筑质量评价，保留坡麓台地上质量条件较好的宅院，并结合地形条件新建部分宅院，既可保证宅院间的舒适空间距离，又可适度提升土地利用效率，并形成相对集约紧凑的宅院布局形态，促进村民间的邻里交往（图 7-21、图 7-22）。为防止水土流失，建设用地沿线必须进行水土保持与固沙防护处理，种植柠条、紫穗槐等作物以形成生态防护林带，生态防护林带、梯田种植区、果林种植区、生态林区等共同构成该村庄的非建设用地背景。

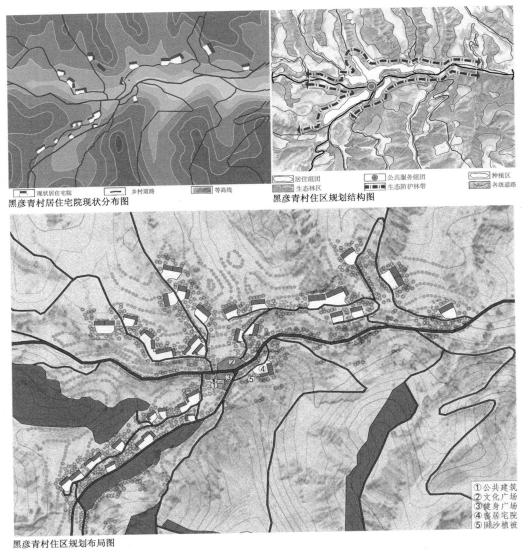

黑彦青村住区规划布局图

图 7-21　黑彦青村现状宅院分布图及住区规划图
图片来源：作者自绘

7.3.8　实施的政策建议

　　城镇化与现代化进程中乡村人居空间的普遍收缩、消解和集聚化趋势，客观上要求陕北乡村聚居空间进行重构。从现有镇村体系到最终实现乡村聚居空间重构，需要一个较长的时间段，空间重构的实现途径并非"自上而下"的村庄撤并，而是

图 7-22　陕北窑洞院落群规划鸟瞰效果图

图片来源：西安建大城市规划设计研究院

通过"自上而下"的政策设计，引导当地居民"自上而下"地主动迁移与集聚，同时针对村庄布局与发展实施动态引导与管控，具体如下。

第一，在配套设施建设方面，针对不同发展前景的村落，建立差异化的配套设施建设标准，不能搞简单的"一刀切"或"均质化"。公共服务设施、道路设施与基础设施建设方面，对于重点发展村落，应给予足够的倾斜，而对于一般村落，仅保证生活底线即可[62]105，通过配套设施的完善刺激居民向重点发展村落主动搬迁。

第二，宅院和土地管理等其他政策也应与之相配合，如在宅基地建设用地审批和土地流转方面，对于重点发展村落可适当放宽，而对于非保留村落则进行限制，旨在为重点发展村落创造集聚条件，同时限制其他村落的发展条件。

第三，还应建立针对性的空废宅院与空废土地再利用奖励机制。对于重点发展村落而言，主要是建立其空废宅院或土地的再利用扶持政策或货币补偿政策；对于缺乏发展潜力的村落，主要是研究其由宅院生活系统向农林牧业生产系统转型的经济调控政策和扶持政策，积极促进窑居空废宅院所在地的土地转型，以实现社会、经济和环境效益的综合最大化。

根据上文可确定杜家石沟镇乡村聚居空间重构的相关引导政策。首先，在公共设施建设方面，依据前文各乡村基本聚居单元的人口规模测算结果，结合镇域内的现状小学、幼儿园、图书室、文体广场等公共设施分布，建议首选在各单元住区的中心村庄，包括镇区单元（石沟村）、黑彦青单元（黑彦青村）、艾渠单元（艾渠村）、树山单元（树山村）新建公共设施。具体来说，在艾渠村新建 1 所非完全小学，在艾渠村、黑彦青村、树山村分别新建 1 所幼儿园，在石沟村、艾渠村、黑彦青村和树山村分别新建 1 个养老医疗站，在树山村新建文体设施（图 7-23）。而其他保留村庄不增设公共设施，但须完善基础设施，非保留村庄仅保证生活底线，以促进村民向重点发展村落主动搬迁。

在宅院与土地管理政策方面，针对前文所确定的建议保留村庄，特别是拥有适宜建设用地扩展条件的保留村庄，如石沟村、黑彦青村、艾渠村和树山村等中心村庄，或者位于小流域主沟杜家石沟河沿线的任坪村、党坪村和郝家兴庄村等，应放宽宅基地审批指标和程序，以及土地流转程序，并建立有效的货币补偿政策，以有效促进其空废宅院的再利用以及土地流转。而对于非保留村庄，建议取消宅基地审批，并建立宅基地退出及向农业生产用地转型的货币补偿政策，鼓励这些村庄的村民向建议保留村庄主动搬迁。

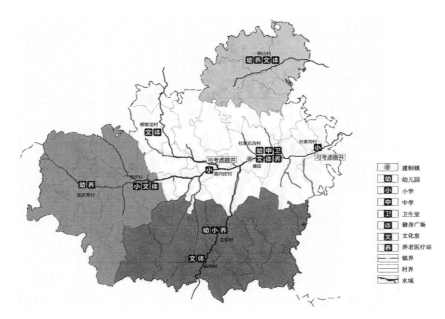

图 7-23 杜家石沟镇主要公共服务设施规划布点建议
图片来源：作者自绘

7.4 小结

基于前文的理论探讨，本章研究了乡村聚居空间重构的技术路线和方法，并以米脂县杜家石沟镇为例进行了案例研究。远期现代化阶段，杜家石沟镇被划分为中东部镇区单元、西部黑彦青单元、南部艾渠单元和东北部树山单元，受枝状道路网的限制，单元平面呈无规则斑块状，4个单元簇群排列填充整个镇域，单元乡村住区位于单元大致中部位置，住区平面呈沿主路的树枝状，各个村庄大致沿道路呈"枝—点"状松散集聚分布，与前文提炼的黄土丘陵山区现代乡村聚居空间模式一致。

8　结论

8.1 主要结论

本研究针对陕北黄土丘陵沟壑区乡村聚居发展面临的现实与科学问题,遵循"生态—生产—生活"一体化协同机制,揭示了乡村聚居空间重构的主要动因,依据人类聚居学理论,从乡村聚居空间的基本细胞入手,提出乡村基本聚居单元的概念、主要类型、功能结构、空间模式和规模预测方法,最终建立了陕北黄土丘陵沟壑区现代乡村聚居空间模式,主要形成以下研究结论。

1. 陕北黄土丘陵沟壑区乡村聚居发展面临的主要问题

城镇化与农业现代化背景下,以小型机械化为主导的现代农林牧业生产方式与既有沟壑型分散式小村落聚居空间模式的失配问题日益加剧,导致生产生活空间错位、宅院空间空废严重、留守人口与现代农业劳动力需求不匹配、乡村公共服务水平难以提升等突出问题,现有乡村聚居空间模式已难以为继。

2. 陕北黄土丘陵沟壑区乡村聚居空间重构的动因

结合陕北乡村自然生态、现代农业、村庄空间分布与发展等方面的现状与趋势特征,将乡村聚居发展演变的影响因素梳理为自然生态环境限束因素、农业生产方式动力因素和乡村社会生活协动因素,其中,城镇化与农业现代化快速推进背景下的农业生产方式转型是乡村聚居空间模式重构的根本动因。

3. 陕北黄土丘陵沟壑区乡村基本聚居单元的概念

乡村基本聚居单元是匹配陕北乡村远期阶段现代农林牧业主导生产方式的,通过若干现状自然村、行政村群集而形成的基本生态、生产和生活功能协同一体的地理空间单元。它是当前乡村聚落集约化、现代化转型后的相对稳定形态,也是未来陕北黄土丘陵沟壑区现代乡村聚居空间构建的基本单位。在功能上,它涵盖农业生产、居住生活与服务、生态维育功能;在空间上,它是生产空间(农地、林地空间等)、生活空间(居住生活空间、公共服务空间等)以及自然生态空间密切关联的集合;在规模上,现代农、林、牧业生产半径与生产空间尺度决定其生产空间规模,生产空间内的产业资源承载力决定其人口规模。

4. 陕北黄土丘陵沟壑区乡村基本聚居单元的空间模式

根据乡村基本聚居单元的主要类型和功能结构,针对黄土丘陵山区、河谷川道区两个典型地貌类型的现代生产、生活空间构成特征,分别提出了黄土丘陵山区"枝状向心集聚"单元模式和河谷川道区"带状向心集聚"单元模式。

5. 陕北黄土丘陵沟壑区乡村基本聚居单元的规模预测方法

本研究提出了匹配现代农林牧业生产半径、生产空间尺度及生产组织方式的乡村基本聚居单元空间规模和人口规模预测方法。其中，空间规模预测的关键在于对现代农林牧业生产半径的预测，对此本研究提出了农机化导向下的以农作物农机化修正系数、农林牧业生产出行时间、农机车行驶速度为主要变量的农林牧业生产半径预测方法与模型；在人口规模预测方面，基于现代乡村"人—地"动态平衡机制，本研究提出基于农产品收益与农民预期收入基准的农业人口规模预测方法与模型，以地区现代农业适度小型机械化为前提的基于农业资源用工需求量的农业人口规模预测方法与模型，以及基于旅游就业人口需求量的旅游服务人口规模预测方法与模型，继而根据不同类型乡村基本聚居单元的经济发展与产业结构特征，选择相应模型进行预测。

6. 陕北黄土丘陵沟壑区现代乡村聚居空间模式

基于现代乡村聚居空间模式的构建内容与关键控制指标，本研究提出了分别针对黄土丘陵山区、河谷川道区两个典型地貌区的现代乡村聚居空间的等级结构模式、功能结构模式和形态结构模式，以及支撑现代乡村聚居空间模式的关键控制指标。其中，在等级结构模式方面，黄土丘陵山区为"镇—近郊单元＋远郊单元"等级结构，河谷川道区为"城／镇—近郊单元"等级结构；在形态结构模式方面，分别提出黄土丘陵山区的"斑块簇群"单元组合模式，以及河谷川道区的"带状串珠"单元组合模式。

8.2　创新点

1. 提出匹配现代农林牧业生产方式的乡村基本聚居单元概念

区别于以往"行政村—自然村"或"中心村—基层村"的乡村聚居空间组织方式，面向可预见的陕北黄土丘陵沟壑区乡村现代化发展阶段，遵循农业生产方式决定乡村聚居空间模式的客观规律，针对现代农林牧业主导生产方式对于劳动力规模、结构以及职住空间关系等方面的新诉求，提出与之匹配的"乡村基本聚居单元"概念，并将其作为新的基本细胞来组合构建现代乡村聚居空间，为新型城镇化和农业现代化背景下的地区乡村聚居空间重构提供新思路。

2. 建立乡村基本聚居单元的规模预测方法

依据"生产—生活"匹配原理，运用城乡规划学、农学、经济学等跨学科技术方法，建立农机化导向下的现代农业生产半径及乡村基本聚居单元空间规模预测方法。进而基于现代乡村"人—地"动态平衡关系与地区现代农林牧业生产力水平，分别建立基于农产品收益与农民预期收入基准、农业资源用工需求量、旅游就业人口需求量的人口规模预测方法。

3. 建立基于乡村基本聚居单元的现代乡村聚居空间模式

"基于乡村基本聚居单元的现代乡村聚居空间模式构建"是本研究针对陕北乡村特殊的社会、经济、地理环境提出的乡村聚居空间重构新思路。根据黄土丘陵山区、河谷川道区两个典型地貌类型中不同类型乡村基本聚居单元的规模预测结论与现代乡村生产、生活空间构成特征，分别提出针对两个地貌类型的现代乡村聚居空间的等级结构模式、功能结构模式、形态结构模式，以及支撑现代乡村聚居空间模式的关键控制指标。

在等级结构模式方面，黄土丘陵山区为"镇—近郊单元＋远郊单元"等级结构，河谷川道区为"城／镇—近郊单元"等级结构；在形态结构模式方面，提出黄土丘陵山区的"枝状向心集聚"单元模式与该地区的"斑块簇群"单元组合模式，以及河谷川道区的"带状向心集聚"单元模式与该地区的"带状串珠"单元组合模式。

8.3 研究展望

乡村研究跨越多层面多领域，本书主要从农业生产方式转型视角，进行陕北黄土丘陵沟壑区现代乡村聚居空间模式研究，无论在理论、方法或者案例研究方面都处于探索尝试阶段，研究成果与结论仍存在不足，后续研究工作将从以下几个方面进行完善和拓展。

（1）本研究侧重从宏观和中观层面来建立陕北黄土丘陵沟壑区现代乡村聚居空间模式，是对该地区必然到来的乡村聚居空间重构的科学应对，旨在为该地区乡村远期现代化阶段的适度集聚提供路径指引，而非强制性的和一蹴而就的简单村庄迁并，因此在微观层面涉及的具体的村庄集聚整合，还须充分考虑其农业现代化水平、农业经济收入、人才技术支撑和配套政策等条件的成熟情况，以及村民的意愿，从而避免该地区乡村聚居发展中出现削足适履、事倍功半的情况。

（2）本研究提出的陕北黄土丘陵沟壑区乡村基本聚居单元的规模预测方法，是建立在该地区当前的自然、经济及社会环境和对远期现代化阶段的自然、经济及社会条件的预判的基础之上的，该预测方法对该地区乡村发展具有普遍参考价值。但在实际发展过程中，不可避免会出现相关变量的变化，以及不可预计的政策、投资等带来的突发影响，因此在具体操作过程中，须结合彼时彼地的发展环境条件对变量因素进行动态调整，以保证该方法的适应性和可操作性。

（3）本研究主要针对陕北黄土丘陵沟壑区镇以下的乡村聚居空间系统的重构方法进行研究，未来将向与乡村地域关系密切的建制镇拓展，研究镇村体系的整体空间模式与规划方法。

参考文献

［1］于洋. 城镇化进程中黄土沟壑区基层村绿色消解模式与对策研究［D］. 西安：西安建筑科技大学，2014.

［2］赵思敏. 基于城乡统筹的农村聚落体系重构研究：以咸阳市为例［D］. 西安：西北大学，2013.

［3］Patterson H, Anderson D. What is really different about rural and urban firms? Some evidence from Northern Ireland［J］. Journal of Rural Studies, 2003, 19（4）：477-490.

［4］Lanjouw J O, Lanjouw P. The rural non-farm sector: Issues and evidence from developing countries［J］. Agricultural Economics, 2005, 26（1）：1-23.

［5］郑俊，甄峰. 国外乡村发展研究新进展［M］// 中国城市规划学会. 规划创新：2010 中国城市规划年会论文集. 重庆：重庆出版社，2010.

［6］Rigg J. Land, farming, livelihoods, and poverty: Rethinking the links in the Rural South［J］. World Development, 2006, 34（1）：180-202.

［7］Bryceson D F.The scramble in Africa:Reorienting rural livelihoods［J］. World Development, 2002, 30（5）：725-739.

［8］Briedenhann J, Wickens E. Tourism routes as a tool for the economic development of rural areas: Vibrant hope or impossible dream?［J］. Tourism Management, 2004, 25（1）：71-79.

［9］Mathur A, Ambani D. ICT and rural societies: Opportunities for growth［J］. International Information & Library Review, 2005, 37（4）：345-351.

［10］张小林,盛明. 中国乡村地学学研究的重新定向［J］. 人文地理,2002,17（1）：

81-84.

[11] 李红波，张小林. 国外乡村聚落地理研究进展及近今趋势 [J]. 人文地理，2012，27(4):103-108.

[12] 毛丹，王萍. 英语学术界的乡村转型研究 [J]. 社会学研究，2014，29（1）：194-216.

[13] Paquette S, Domon G. Changing ruralities, changing landscapes: Exploring social recomposition using a multi-scale approach [J]. Journal of Rural Studies, 2003, 19 (4): 425-444.

[14] Paquette S, Domon G. Trends in rural landscape development and sociodemographic recomposition in southern Quebec (Canada) [J]. Landscape and Urban Planning, 2001, 55 (04): 215-238.

[15] Meitzen A. Siedelung und Agrarwesen der Westgermanen und Ostgermanen, der Kelten, Römer, Finnen und Slaven [J]. Jahrbücher Für Nationalökonomie Und Statistik, 2016, 67(1): 747-756.

[16] Demangeon A. Types de Villages en France [J]. Annales de Geographie, 1939 (48): 1-21.

[17] 陈宗兴,陈晓键. 乡村聚落地理研究的国外动态与国内趋势 [J]. 世界地理研究，1994，3（1）：72-76.

[18] Christaller W. Reproduced in R. W. Dickenson Germany [M]. London: Methuen, 1961.

[19] Roberts B K. Rural settlement in Britain [M]. London:Hutchinson, 1979.

[20] Hill M. Rural settlement and the urban impact on the countryside[M]. London: Hodder & Stoughton, 2003.

[21] Uhlig H, et al. Rural settlement [J]. International Working Group for the Geographical Terminology of the Agricultural Landscape. Vol II.

[22] Hoskins W G. The making of the English landscape [M]. London: Hodder & Stoughton, 1955.

[23] Everson J, Fitzgerald B. Settlement patterns [M]. London: Longman, 1969.

[24] Ruhiiga, TM. Rural settlement and retail trade business in the

eastern cape [J]. Development Southern Africa, 2000 (2): 189-200.

[25]Robinson P S. Implication of rural settlement patterns for development: A historical case study in Qaukeni, Eastern Cape, South Africa [J]. Development Southern Africa, 2003, 20 (3): 405-421.

[26]Jaarsma C F. Approaches for the planning of rural road networks according to sustainable land use planning [J]. Landscape and Urban Planning, 1997, 39 (1): 47-54.

[27]Sieber N. Appropriate transport and rural development in Makete district, Tanzania [J]. Journal of Transport Geography, 1998, 6 (1): 9-73.

[28]Bayes A. Infrastructure and rural development: Insights from a Grameen Bank village phone initiative in Bangladesh [J]. Agricultural Economics, 2001, 25 (2-3): 261-272.

[29] 张小林. 乡村空间系统及其演变研究：以苏南为例 [M]. 南京：南京师范大学出版社，1999.

[30] 郑国，叶裕民. 中国城乡关系的阶段性与统筹发展模式研究 [J]. 中国人民大学学报，2009，23（6）：87-92.

[31] 刘自强，周爱兰，鲁奇. 乡村地域主导功能的转型与乡村发展阶段的划分 [J]. 干旱区资源与环境，2012，26（4）:49-54.

[32] 邵帅，郝晋伟，刘科伟，等. 生产生活方式变迁视角下的城乡居民点体系空间格局重构研究：框架建构与华县实证 [J]. 城市发展研究，2016，23（5）:84-93.

[33] 刘科伟. 西北地区农村城镇化发展模式研究 [D]. 杨凌：西北农林科技大学，2004.

[34] 朱晓翔，朱纪广，乔家君. 国内乡村聚落研究进展与展望 [J]. 人文地理，2016，31（1）:33-41.

[35] 金其铭，陆玉麒. 聚落服务范围与县级聚落体系 [J]. 南京师大学报（社会科学版），1984（2）：87-94.

[36] 李红波，张小林，吴江国，等. 欠发达地区聚落景观空间分布特征及其影响因子分析：以安徽省宿州地区为例 [J]. 地理科学，2012，32（6）：711-716.

[37] 陈晓键，陈宗兴. 陕西关中地区乡村聚落空间结构初探 [J]. 西北大学学报（自然科学版），1993，23（5）：478-485.

[38] 贺艳华，唐承丽，周国华，等．论乡村聚居空间结构优化模式：RROD 模式 [J]．地理研究，2014，33（9）：1716-1727.

[39] 惠怡安，张阳生，徐明，等．试论农村聚落的功能与适宜规模：以延安安塞县南沟流域为例 [J]．人文杂志，2010（3）：183-187.

[40] 郭晓东，牛叔文，吴文恒，等．陇中黄土丘陵区乡村聚落空间分布特征及其影响因素分析：以甘肃省秦安县为例 [J]．干旱区资源与环境，2010，24（9）：27-32.

[41] 李君，李小建．综合区域环境影响下的农村居民点空间分布变化及影响因素分析：以河南巩义市为例 [J]．资源科学，2009，31（7）：1195-1204

[42] 龙花楼，邹健，李婷婷，等．乡村转型发展特征评价及地域类型划分：以"苏南—陕北"样带为例 [J]．地理研究，2012，31（3）：495-506.

[43] 单勇兵，马晓冬，仇方道．苏中地区乡村聚落的格局特征及类型划分 [J]．地理科学，2012，32（11）：1340-1347.

[44] 朱彬，张小林，马晓冬．苏北地区乡村聚落的空间格局及其影响因子分析 [J]．农业现代化研究，2014，35（4）：453-459.

[45] 海贝贝，李小建．1990 年以来我国乡村聚落空间特征研究评述 [J]．河南大学学报（自然科学版），2013，43（6）：635-642.

[46] 杜国明，杜蕾，薛剑，等．黑龙江省垦区与农区居民点体系对比研究 [J]．东北农业大学学报，2012，43（11）：133-139.

[47] 张京祥，张小林，张伟．试论乡村聚落体系的规划组织 [J]．人文地理，2002，17（1）：85-96.

[48] 曹恒德，王勇，李广斌．苏南地区农村居住发展及其模式探讨 [J]．规划师，2007，23（2）：18-21.

[49] 仇保兴．我国农村村庄整治的意义、误区与对策 [J]．城市发展研究，2006，13（1）：1-6.

[50] 娄永琪.系统与生活世界理论视点下的长三角农村居住形态[J].城市规划学刊，2005（5）：38-43.

[51] 马晓冬,李全林,沈一．江苏省乡村聚落的形态分异及地域类型[J].地理学报，2012，67（4）：516-525.

[52] 马利邦，郭晓东，张启媛．甘谷县乡村聚落时空布局特征及格局优化 [J]．农业工程学报，2012，28（13）：217-225.

[53] 潘娟,邱道持,尹娟. 不同兼业类型农户的居民点用地选址及影响因素研究[J].
西南师范大学学报（自然科学版），2012，37（9）：80-84.

[54] 刘灵坪. 16—20 世纪滇池流域的乡村聚落与人地关系：以柴河三角洲为例[J].
中国历史地理论丛，2012，27（1）：37-46.

[55] 龙花楼,刘彦随,邹健. 中国东部沿海地区乡村发展类型及其乡村性评价[J].
地理学报，2009，64（4）：426-434.

[56] 贺文敏. 退耕还林背景下陕北丘陵沟壑区乡村聚落变迁与发展研究[D]. 西安：
西安建筑科技大学，2014：203-222.

[57] 杨贵庆. 农村社区规划标准与图样研究[M]. 北京：中国建筑工业出版社，
2012.

[58] 郭晓东，马利邦，张启媛. 陇中黄土丘陵区乡村聚落空间分布特征及其基本类
型分析：以甘肃省秦安县为例[J]. 地理科学，2013，33（1）：45-51.

[59] 李立. 乡村聚落：形态、类型与演变：以江南地区为例[M]. 南京：东南大学
出版社，2007.

[60] 雷振东. 整合与重构：关中乡村聚落转型研究[M]. 南京：东南大学出版社，
2009.

[61] 范少言. 乡村聚落空间结构的演变机制[J]. 西北大学学报（自然科学版），
1994，24（4）：295-298，304.

[62] 郭晓东，张启媛，马利邦. 山地—丘陵过渡区乡村聚落空间分布特征及其影响
因素分析[J]. 经济地理，2012，32（10）：114-120.

[63] 邢谷锐，徐逸伦，郑颖. 城市化进程中乡村聚落空间演变的类型与特征[J].
经济地理，2007，27（6）：932-935.

[64] 周国华，贺艳华，唐承丽，等. 中国农村聚居演变的驱动机制及态势分析[J].
地理学报，2011，66（4）：515-524.

[65] 曾山山，周国华，肖国珍，等. 地理学视角下的国内农村聚居研究综述[J].
人文地理，2011，26（2）：68-73.

[66] 龙花楼. 论土地利用转型与乡村转型发展[J]. 地理科学进展，2012，31（2）：
131-138.

[67] 朱一中，隆少秋. 广州市城市边缘区农村聚落转型的调查研究：以增城市新塘
镇为例[M] // 郭济，刘玉浦. "落实科学发展观推进行政管理体制改革"研
讨会暨中国行政管理学会 2006 年年会论文集. 2006.

[68] 李红波，张小林. 城乡统筹背景的空间发展：村落衰退与重构 [J]. 改革，
2012（1）：148-153.

[69] 邢谷锐. 快速城市化地区乡村空间重构体系初探 [M] // 中国城市规划学会.
城市规划和科学发展：2009 中国城市规划年会论文集. 天津：天津科学技术
出版社，2009.

[70] 王勇，李广斌. 苏南乡村聚落功能三次转型及其空间形态重构：以苏州为例 [J].
城市规划，2011，35（7）：54-60.

[71] 韩非，蔡建明. 我国半城市化地区乡村聚落的形态演变与重建 [J]. 地理研究，
2011，30（7）：1271-1284.

[72] 周国华，贺艳华，唐承丽，等. 论新时期农村聚居模式研究 [J]. 地理科学进展，
2010，29（2）：186-192.

[73] 彭鹏，周国华. 农村聚居模式研究初探 [J]. 特区经济，2008（1）：132-
133.

[74] 虎陈霞，傅伯杰，陈利顶. 浅析退耕还林还草对黄土丘陵沟壑区农业与农村
经济发展的影响：以安塞县为例 [J]. 干旱区资源与环境，2006，20(4)：67-
72.

[75] 崔绍芳，王继军. 退耕还林（草）工程对安塞县商品型生态农业系统的影响效
应分析 [J]. 干旱地区农业研究，2013，31(1)：206-211.

[76] 王继军，权松安，谢永生，等. 流域生态经济系统建设模式研究 [J]. 生态
经济，2005，21（10）:136-140.

[77] 徐勇，Sidle R C，景可. 黄土丘陵区生态环境建设与农村经济发展问题探讨 [J].
地理科学进展，2002，21(2)：130-138.

[78] 董锁成，吴玉萍，王海英. 黄土高原生态脆弱贫困区生态经济发展模式研究：
以甘肃省定西地区为例 [J]. 地理研究，2003，22(5)：590-600.

[79] 李雅丽，陈宗兴. 陕北乡村聚落地理的初步研究 [J]. 干旱区地理，1994，
17(1)：46-52.

[80] 侯继尧，王军. 中国窑洞 [M]. 郑州：河南科学技术出版社，1999.

[81] 甘枝茂，岳大鹏，甘锐，等. 陕北黄土丘陵沟壑区乡村聚落分布及其用地特征 [J].
陕西师范大学学报（自然科学版），2004，32(3)：102-106.

[82] 尹怀庭，陈宗兴. 陕西乡村聚落分布特征及其演变 [J]. 人文地理，1995，
10(4)：17-24.

[83] 汤国安，赵牡丹. 基于 GIS 的乡村聚落空间分布规律研究：以陕北榆林地区为例 [J]. 经济地理，2000，20(5)：1-4.

[84] 王传胜，孙贵艳，朱珊珊. 西部山区乡村聚落空间演进研究的主要进展 [J]. 人文地理，2011，26(5)：9-14.

[85] 牛叔文，刘正广，郭晓东，等. 基于村落尺度的丘陵山区人口分布特征与规律：以甘肃天水为例 [J]. 山地学报，2006，24(6)：684-690.

[86] 张晓荣，周庆华. 多学科视角下的黄土沟壑区乡村聚居研究综述 [J]. 华中建筑，2017，35(9)：22-26.

[87] 郭晓东，牛叔文，刘正广，等. 陇中黄土丘陵区乡村聚落发展及其空间扩展特征研究 [J]. 干旱区资源与环境，2008，22(12)：17-23.

[88] 惠怡安. 陕北黄土丘陵沟壑区农村聚落发展及其优化研究 [D]. 西安：西北大学，2010.

[89] 郭晓东，马利邦，张启媛. 基于 GIS 的秦安县乡村聚落空间演变特征及其驱动机制研究 [J]. 经济地理，2012，32(7)：56-62.

[90] 李骞国，石培基，刘春芳. 黄土丘陵区乡村聚落时空演变特征及格局优化：以七里河区为例 [J]. 经济地理，2015，35(1)：126-133.

[91] 惠怡安，马恩朴，惠振江，等. 黄土残塬沟壑区镇村体系空间分布特征及引导策略：以延长县安沟乡为例 [J]. 西北大学学报（自然科学版），2014，44（1）：115-120.

[92] 周若祁，等. 绿色建筑体系与黄土高原基本聚居模式 [M]. 北京：中国建筑工业出版社，2007.

[93] 路遥. 生态消解之路：黄土沟壑里的村庄 [D]. 西安：西安建筑科技大学，2016.

[94] 周庆华. 黄土高原·河谷中的聚落：陕北地区人居环境空间形态模式研究 [M]. 北京：中国建筑工业出版社，2009.

[95] 刘晖. 黄土高原小流域人居生态单元及安全模式：景观格局分析方法与应用 [D]. 西安：西安建筑科技大学，2005.

[96] 于汉学. 黄土高原沟壑区人居环境生态化理论与规划设计方法研究 [D]. 西安：西安建筑科技大学，2007.

[97] 李钰. 陕甘宁生态脆弱地区乡村人居环境研究 [D]. 西安：西安建筑科技大学，2010.

[98] 周庆华. 河谷中的聚落：适应分形地貌的陕北城镇空间形态模式研究 [M]. 北京：中国建筑工业出版社，2017.

[99] 许五弟，魏诺. 河谷聚落之分形：理论模型与现实引导途径 [M]. 北京：中国建筑工业出版社，2017.

[100] 田达睿. 基于分形地貌的陕北黄土高原城镇空间形态及其规划方法研究：以米脂沟壑区为例 [D]. 西安：西安建筑科技大学，2016.

[101] 惠怡安，和钟，马恩朴，等. 基于社会网络的黄土丘陵沟壑区镇村体系认识：以延安市延长县安沟乡为例 [J]. 人文地理，2014，29(1)：108-112.

[102] 曾山山，周国华. 农村聚居的相关概念辨析 [J]. 云南地理环境研究，2011，23(3)：26-31.

[103] 张小林. 乡村概念辨析 [J]. 地理学报，1998，53(4)：365-371.

[104] 余侃华. 西安大都市周边地区乡村聚落发展模式及规划策略研究 [D]. 西安：西安建筑科技大学，2011.

[105] 左大康. 现代地理学词典 [M]. 北京：商务印书馆，1990.

[106] 查有梁. 什么是模式论？[J]. 社会科学研究，1994(2)：89-92.

[107] 吴良镛. 人居环境科学导论 [M]. 北京：中国建筑工业出版社，2001.

[108] 赵德芳，孙虎，延军平. 陕北黄土高原丘陵沟壑区生态经济发展模式 [J]. 水土保持研究，2008，15(6)：123-127.

[109] 张哲浩，杨永林. 让黄土地山青水绿：陕北黄土高原丘陵沟壑区水土保持见闻 [N]. 光明日报，2016-09-23(5).

[110] 郭力宇. 陕北黄土地貌南北纵向分异与基底古样式及水土流失构造因子研究 [D]. 西安：陕西师范大学，2002：21-23.

[111] 艾南山，陈嵘，李后强. 走向分形地貌学 [J]. 地理学与国土研究，1999，15(1)：92-96.

[112] 徐瑶. 首批地理国情监测成果公布　数据显示：12 年间陕北地区植被覆盖率由 31% 提升至 53%[N]. 中国测绘报，2013-12-06.

[113] 尹华. 陕西省退耕还林工程建设现状与发展对策研究 [D]. 杨凌：西北农林科技大学，2010.

[114] 王耀宗. 陕北黄土高原退耕还林还草工程生态效益评价 [D]. 杨凌：西北农林科技大学，2010.

[115] 杜英. 黄土丘陵区退耕还林生态系统耦合效应研究：以安塞县为例 [D]. 杨凌：

西北农林科技大学，2008.

[116] 王志刚，姚冰，王辉杰. 农业机械化作业水平的灰色关联分析：以陕西省为例 [J]. 农业展望，2013，9(2)：56-64.

[117] 秦燕,董娟. 清末民初陕北黄土高原上的村庄与自然环境 [J]. 甘肃社会科学，2008(5)：210-213.

[118] 刘潘星. 数据背景下陕北沟壑区基层村空间消解的基础性研究 [D]. 西安：西安建筑科技大学，2017.

[119] 赵恺，惠振江. 陕北黄土丘陵沟壑区农村适宜耕作半径研究 [J]. 山西建筑，2008，34(8)：14-16.

[120] 张玲玲. "学生进城"十年考 [N]. 陕西日报，2013-02-25.

[121] 饶旭鹏. 国外农户经济研究理论述评 [J]. 学术界，2010(10)：206-216.

[122] 黄宗智. 长江三角洲的小农家庭与乡村发展 [M]. 北京：中华书局，2000.

[123] 饶旭鹏. 国外农户经济理论研究述评 [J]. 江汉论坛，2011(4)：43-48.

[124] 李玉杰. 新农村建设中的农村妇女经济行为研究：以黑龙江省为例 [D].哈尔滨：东北林业大学，2013.

[125] 黄宗智. 制度化了的"半工半耕"过密型农业（上）[J]. 读书，2006(2)：30-37.

[126] 黄宗智. "家庭农场"是中国农业的发展出路吗？[J]. 开放时代，2014(2)：176-194.

[127] Lewis W A. Economic development with unlimited supplies of labour[J]. The Manchester School, 1954, 22(2)：139-191.

[128] 周秦. 基于二元结构理论劳动力转移动因验证的可持续城市化对策 [M]// 中国城市规划学会. 城市规划和科学发展:2009 中国城市规划年会论文集. 天津：天津科学技术出版社，2009.

[129] 黄宗智. 中国的隐性农业革命 [M]. 北京：法律出版社，2010.

[130] Jorgenson D W. The Development of a Dual Economy[J]. The Economic Journal, 1961, 71 (282)：309-334.

[131] 陈昭. 整合兼业与流动性的柔性城镇化模式 [D]. 南京：南京大学，2015.

[132] 舒尔茨. 改造传统农业 [M]. 2 版. 梁小民，译. 北京：商务印书馆，2006.

[133] Stark O, Taylor J E. Migration incentives, migration types: The role of relative derivation[J]. The Economic Journal,1991,101(408)：

1163-1178.

[134] 常宗耀. 乡村城市化：马克思的理论及其启示 [J]. 北方论丛，2010(3)：112-116.

[135] 任健. 马克思恩格斯的"乡村城市化"思想及当代启示 [J]. 兰州财经大学学报，2015，31(6)：26-29.

[136] 李泉. 中外城乡关系问题研究综述 [J]. 甘肃社会科学，2005 (4)：207-212.

[137] 陈昭. 柔性城镇化模式：基于乡村兼业和流动性的猜想 [J]. 城市规划，2016，40(9)：59-66.

[138] 赵民，游猎，陈晨. 论农村人居空间的"精明收缩"导向和规划策略 [J]. 城市规划，2015，39(7)：9-18.

[139] 马蕊. 榆林乡村旅游火了 [N]. 榆林日报，2015-09-20 (3).

[140] 张立. 新时期的"小城镇、大战略"：试论人口高输出地区的小城镇发展机制 [J]. 城市规划学刊，2012，(1)：23-32.

[141] 李郇，殷江滨. 劳动力回流：小城镇发展的新动力 [J]. 城市规划学刊，2012，(2)：47-53.

[142] 李晓江，尹强，张娟，等.《中国城镇化道路、模式与政策》研究报告综述 [J]. 城市规划学刊，2014(2)：1-14.

[143] 王建军，吴志强. 城镇化发展阶段划分 [J]. 地理学报，2014，64(2)：177-188.

[144] 陈彦光，罗静. 城市化水平与城市化速度的关系探讨：中国城市化速度和城市化水平饱和值的初步推断 [J]. 地理研究，2006，25(6)：1063-1072.

[145] 惠怡安，惠振江，马恩朴. 基于城乡统筹的陕西省生态脆弱区农村聚落发展模式研究 [C]// 陕西省社科界重大理论与现实问题研究优秀成果选编（2012—2013 年），2014.

[146] 霍永智，陕北白绒山羊标准化养殖新格局 [J]. 中国畜牧业，2015(19)：44-45.

[147] 高毅平，汤国安，周毅，等. 陕北黄土地貌正负地形坡度组合研究 [J]. 南京师大学报（自然科学版），2009，32(2)：135-140.

[148] 周毅. 基于 DEM 的黄土正负地形特征研究 [D]. 南京：南京师范大学，2008.

[149] 杨辉. 陕北黄土沟壑区县城公园绿地布局方法研究 [D]. 西安：西安建筑科技大学，2016.

[150] 赵思敏,刘科伟.欠发达地区农村居民点体系重构模式研究:以咸阳市为例 [J].
经济地理,2013,33(8):121-127.

[151] 邵晓梅,张洪业.鲁西北地区现状农业土地资源劳动力承载力模拟 [J].自
然资源学报,2004,19(3):324-330.

[152] 牛叔文,孙红杰,秦静,等.基于农业用地和地形约束的陇南山区适宜人口
规模估算 [J].长江流域资源与环境,2010,19(1):73-78.

[153] 金其铭.我国农村聚落地理研究历史及近今趋向 [J].地理学报,1988,
43(4):311-317.

[154] 张小利.基于旅游业增加值测度的我国旅游就业弹性分析 [J].经济经纬,
2014,31(3):72-77.

[155] 石培华.中国旅游业对就业贡献的数量测算与分析 [J].旅游学刊,2003,
18(6):45-51.

[156] 左冰.中国旅游产出乘数及就业乘数的初步测算 [J].云南财贸学院学报,
2002,18(6):30-34.

[157] 梁国华,路鹏,刘洋,等,非均质地形条件下公路网起伏修正系数研究 [J].公路,
2015,60(7):206-213.

[158] 杨辉,张晓荣,段德罡.陕南秦岭山区农村居民点空间布局优化方法 [J].规
划师,2016,32(5):131-135.

行政村调查问卷

一、基本信息

1. 村庄名称：_____

（1）共辖 _____ 个自然村，_____ 个村民小组，分别为：

_____ 村，自然村辖 _____ 个小组共 _____ 人，与村委会的距离 _____ 里；

_____ 村，自然村辖 _____ 个小组共 _____ 人，与村委会的距离 _____ 里；

_____ 村，自然村辖 _____ 个小组共 _____ 人，与村委会的距离 _____ 里；

_____ 村，自然村辖 _____ 个小组共 _____ 人，与村委会的距离 _____ 里；

_____ 村，自然村辖 _____ 个小组共 _____ 人，与村委会的距离 _____ 里。

（2）改革开放以来，新批的宅基地在村庄的位置 _____，原因 _____。

村庄是否进行过搬迁：□是，□否。

搬迁原因：□自然灾害，□生态保护，□交通不便，□重大项目建设
□新农村建设，□其他 _____。

2. 人口信息

（1）全村总户数 _____ 户，常住人口 _____ 人，暂住人口 _____ 人，老年人口（60岁以上） _____ 人。外出务工人口 ____ 人，其中，带小孩外出的比例 ____ %。

（2）户籍人口（16～60岁）中：

16岁以下，本地上学 _____ %，外地上学 _____ %。

16～25岁，本地上学 _____ %，外地上学 _____ %，本地务工（农） ____ %，外地名工 _____ %。

26～45岁，外出打工 _____ %，本地务工（农） _____ %。

46～60岁，外出打工 _____ %，本地务工（农） _____ %

60岁以上，外出打工 _____ %，本地务工（农） _____ %。

（3）常住人口中：

16岁以下 _____ 人，男性 _____ 人，女性 _____ 人。

16～25岁 _____ 人，男性 _____ 人，女性 _____ 人。

26～45岁 _____ 人，男性 _____ 人，女性 _____ 人。

46～60 岁 _____ 人，男性 _____ 人，女性 _____ 人。

60 岁以上 _____ 人，男性 _____ 人，女性 _____ 人。

（4）家里长期只有老人的家庭比例 _____ %；

家里长期只有老人和第三代的家庭比例 _____ %。

3. 总土地面积 _____ 亩。其中，耕地面积 _____ 亩，林地面积 _____ 亩，园地面积 _____ 亩，牧草地 _____ 亩。

4. 村域内资源

□矿产资源 _____，□风景名胜与文物古迹 _____。

二、经济状况

1. 本村主要经济来源（写到具体行业或产品）_____。

2. 制约本村经济发展的主要因素：□交通不便，□干旱缺水，□灾害，□其他 ____。

【农业生产】

3. 主要作物类型及播种面积：

（1）粮食作物：占农业收入比例 _____ %。

作物 1：_____，播种面积 _____ 亩，单产 _____ 斤／亩。

作物 1：_____，播种面积 _____ 亩，单产 _____ 斤／亩。

（2）经济作物：占农业收入比例 _____ %。

作物 1：_____，播种面积 _____ 亩，单产 _____ 斤／亩。

作物 1：_____，播种面积_____ 亩，单产 _____ 斤／亩。

（3）经济林果：占农业收入比例 _____ %。

作物 1：_____，播种面积 _____ 亩，单产 _____ 斤／亩。

作物 1：_____，播种面积 _____ 亩，单产 _____ 斤／亩。

（4）牧草：占农业收入比例 _____ %。

作物 1：_____，播种面积 _____ 亩，单产 _____ 斤／亩。

作物 1：_____，播种面积 _____ 亩，单产 _____ 斤／亩。

4. 土地经营方式：□农户自营，_____ 户，所占农户比例 ____ %，所占面积比例 ____ %；

□出租，_____ 户，所占农户比例 _____ %，所占面积比例 _____ %；

□农户自营，_____ 户，所占农户比例 ____ %，所占面积比例 ____ %。

5. 生产组织方式：

　　□一家一户分散经营，占农户比例 _____ %，作物种类 _____ 。

　　□农户合作组织，占农户比例 _____ %，作物种类 _____ 。

　　□其他 _____ 。

【第二、三产业发展】

6. 村庄附近对本村发展有较大影响的企业：□有，□无。

　　企业名称 _____ ，位置 _____ 。工人来源：□本村及周边村庄，□其他；本村在企业上班的 _____ 人，工资水平 _____ 元／月。

7. 村民在本村内从事生产活动：

　　规模养殖：□有，□无。如有，养殖种类 _____ ， _____ 户，规模 _____ 。

　　加工制造：□有，□无。如有，加工种类 _____ ， _____ 户，规模 _____ 。

　　服务业（商店、农家乐等）：□有，□无。如有，服务类别 _____ ， _____ 户，规模 _____ 。

【外出务工情况】

8. 外出务工人员占总人口比例 ____ %。主要务工地点及比例：

　　A. 县内。主要地点 _____ ，所占比例 ____ %，从事职业 _____ ；

　　B. 省内。主要地点 _____ ，所占比例 ____ %，从事职业 _____ ；

　　C. 省外。主要地点 _____ ，所占比例 ____ %，从事职业 _____ ；

　　D. 镇上。主要地点 _____ ，所占比例 ____ %，从事职业 _____ 。

9. 外出务工是否有培训：□有，□无。若有，培训组织机构：_____ 。

【经济收入】

10. 集体经济：□有，□无。

　　收入来源：□企业利润，□土地出租，□其他 _____ ；人均分配 _____ 元。

11. 村民收入：人均年纯收入 _____ 元。其中，□农业收入 ____ %，□外出打工收入 ____ %，□退耕补贴 ____ %，□其他 ____ %。

三、生活及住区情况

【房地情况】

1. 村庄占地 ____ 亩，户均宅基地 ____ 分，宅院以 ____ 居多（窑居或其他），人均住房面积 ____ m²。

2. 长期无人居住的有 ____ 户，原因 _____ 。

　　闲置宅基地处置方式：□空置，□出租，其他 _____ 。

长期在外居住农户的耕地处置方式：□撂荒，□出租，□其他 _____。

【基础设施】

3. 交通

（1）去镇上交通是否方便：□是，□否；道路状况：□公路，□水泥路，□土路。

最主要的交通方式：□自行车，□电动车或摩托车，□公交车，□步行，□其他 _____。

（2）去县城交通是否方便：□是，□否；道路状况：□公路，□水泥路，□土路。

最主要的交通方式：□自行车，□电动车或摩托车，□公交车，□步行，□其他 _____。

4. 生活用水：□通户自来水，□村内机井，□村户自备井，□其他。

5. 污水处理方式：□随意倾倒，□地面污水渠，□统一排污管道，□其他。

6. 垃圾处理方式：□村组固定地点倾倒、填埋，□村收集、镇转运、县处理，□农户分散倾倒处理，□其他 _____。

7. 生活主要能源：

□电，□沼气，□煤，□农作物秸秆，□天然气，□太阳能，□其他 _____。

沼气使用：□有，□无。现使用沼气 _____ 户，主要用途：□做饭，□取暖，□其他_____，存在问题 _____。

太阳能用户 _____ 户，占全村 ___ %。主要用途：□洗澡，□其他 _____。

【公共服务设施】

8. 教育设施：

（1）村内有无幼儿园？□有，□无。

若有，位于 _____ ;共 _____ 个班，_____ 学生。学生来源有无外村:□有，□无，若有，具体为 _____ 。

若无，本村幼儿在_____ 村上学。

（2）村内有无小学？□有，□无。

若有，位于 _____ ;属于□完全小学，□非完全小学（一年级～ ____ 年级），共 ____ 个班，_____ 人；有无外村生源：□有，□无，若有，具体为_____ _____。

若无，本村学生在 _____ 村（镇）上学。

上学方式：□通勤（□家长接送，□校车接送）；□寄宿。

（3）家长陪读情况

　　陪读的主要学习阶段：□幼儿园，□小学，□初中，□高中。

　　陪读的主要地点：□本县，□外县 ＿＿＿，□延安（或榆林）市，□其他 ＿＿＿。

　　陪读家长从事职业：□无业，□打工，□做生意，□其他 ＿＿＿＿＿。

　　陪读住宿主要为：□租房，□买房，□借宿亲戚家，□其他 ＿＿＿＿＿。

9. 医疗卫生：村内有卫生室 ＿＿＿＿＿ 个，私人诊所 ＿＿＿＿＿ 个。条件：□还行，□较差。

10. 文体设施：村内有哪些文体设施（可多选）：

　　□图书室，□体育运动场所，□文化广场，□党员活动室，□农技站。

11. 村内主要文化活动（可多选）：

　　□庙会，□其他＿＿＿＿＿＿＿。

12. 村干部对迁村并点集中居住的看法与建议

（1）是否愿意村庄迁移合并和集中居住：□是，□否；

　　若愿意，理想居住地点是 ＿＿＿＿＿，原因 ＿＿＿＿＿＿＿＿＿＿＿＿＿＿＿＿＿＿＿＿＿。

　　若不愿意，原因或顾虑是 ＿＿＿＿＿＿＿＿＿＿＿＿＿＿＿＿＿＿＿＿＿＿＿＿＿＿＿＿。

（2）对于村庄搬迁合并和集中居住的建议（如集中居住点的选址、如何调动农民积极性让农民自愿搬迁、土地及宅基地的处置、村庄管理的相关政策等）＿＿＿＿＿＿＿

＿＿。

农户调查问卷

一、村民家庭基本信息

家庭成员	性别	年龄	文化程度	职业	居住地	工作地	年收入	归家频率

二、退耕还林及其影响情况

1. 退耕前各类土地的拥有情况：耕地面积 ＿＿＿＿＿ 亩。

2. 退耕后各类土地的拥有情况：耕地面积 ＿＿＿＿＿ 亩，经济林地面积 ＿＿＿＿＿ 亩，天然林地面积 ＿＿＿＿＿ 亩，园地面积 ＿＿＿＿＿ 亩，牧草地面积 ＿＿＿＿＿ 亩

3. 退耕前（1999 年前后）家庭主要的经济来源是 ＿＿＿＿＿，家庭人口数 ＿＿＿＿＿。

4. 退耕后家庭的经济总收入：＿＿＿＿ 元，主要的经济来源是 ＿＿＿＿，收入 ＿＿＿＿ 元。其他经济收入包括：耕地经营收入 ＿＿＿＿ 元，林地经营收入 ＿＿＿＿ 元，牧草地经营收入 ＿＿＿＿ 元，打工收入 ＿＿＿＿ 元，退耕补贴 ＿＿＿＿ 元，其他 ＿＿＿＿ 元。

三、农业生产现代化相关情况

（一）农业生产的物质条件

1. 农业生产的产前、产中、产后有没有一个环节使用机械化设备：□有，□无。如有，农业生产类型 ＿＿＿＿＿＿＿＿＿，使用机械化设备 ＿＿＿＿＿＿＿＿＿＿＿＿＿。

2. 农业生产中有没有使用工业性生产资料（如除草剂、农药、化肥、地膜等）：□有，□无。如有，农业生产类型 _____，使用工业性生产资料_____
_____。

（二）农业经营管理状况

1. 是否参与规模经营：□是，□否。

    如是，农业生产类型 _____，经营规模 _____。

2. 是否参与任何农户合作组织：□是，□否。

    如是，参与的农业合作组织名称 _____ 。

3. 是否参与任何涉农工商业组织或企业（如农产品加工、农产品商贸物流组织或企业等）：□是，□否。如是，组织或企业名称 _____，收入 _____。

（三）农业收支状况

1. 农业种植生产中的收支状况：

    种粮食：纯收益 _____ 元／亩，其中，毛收益 _____ 元／亩，支出 _____ 元，包括税 _____ 元／亩；肥料、农药等 _____ 元／亩；浇地、翻地、整枝等支出 _____ 元／亩，其他支出 _____ 元／亩。

2. 农业养殖中的收支状况：纯收益 _____ 元／亩，其中，毛收益 _____ 元／亩，支出 _____ 元，包括牲畜仔 _____ 元，饲料 _____ 元，疫苗 _____ 元，其他 _____ 元。

四、村民家庭收支情况

（一）收入状况

1. 工资收入

    在外工作的家庭成员有 _____ 人，工资收入 _____ 元／年，占全家收入的 _____ %。
    家庭成员1：工资收入 _____ 元／年，主要从事职业 _____（包括在本地或外地从事工商业，或涉农的工商业），地点 _____，归家频率 _____。
    家庭成员2：工资收入 _____ 元／年，主要从事职业 _____（包括在本地或外地从事工商业，或涉农的工商业），地点 _____，归家频率 _____。

2. 耕地经营收入

（1）耕地总面积 _____ 亩。

（2）耕地使用状况：□摞荒，□自家耕种，□出租，□其他 _____；

①如自家耕种：（依次填写作物种类、种植面积、亩产）

粮食作物：_____，_____亩，_____斤／亩；_____，_____亩，_____斤／亩；

_____，_____亩，_____斤／亩；_____，_____亩，_____斤／亩。

经济作物：_____，_____亩，_____斤／亩；_____，_____亩，_____斤／亩；

_____，_____亩，_____斤／亩；_____，_____亩，_____斤／亩。

②如出租耕地：

出租面积_____亩，出租费用_____元／年；

出租对象：□本村村民，□外村村民，□农业企业，□其他_____；

若出租给农业企业规模经营，土地用途_____，经营品种_____。

3. 林地经营收入

（1）林地总面积_____亩。

（2）林地使用状况：□撂荒，□自家耕种，□出租，□其他_____。

如自家种植经济林：（依次填写作物种类、种植面积、亩产）

经济林：_____，_____亩，_____斤／亩；_____，_____亩，_____斤／亩；

_____，_____亩，_____斤／亩；_____，_____亩，_____斤／亩。

②如出租林地：

出租面积 _____ 亩，出租费用_____元／年；

出租对象：□本村村民，□外村村民，□农业企业，□其他_____；

若出租给农业企业规模经营，土地用途_____，经营品种_____。

4. 牧草地经营收入

（1）牧草地总面积_____亩。

（2）牧草地使用状况：□撂荒，□自家耕种，□出租，□其他_____。

如自家种植牧草：（依次填写作物种类、种植面积、亩产）

经济林：_____，_____亩，_____斤／亩；_____，_____亩，_____斤／亩；

_____，_____亩，_____斤／亩_____，_____亩，_____斤／亩。

②如出租牧草地：

出租面积_____亩，出租费用_____元／年；

出租对象：□本村村民，□外村村民，□农业企业，□其他_____；

若出租给农业企业规模经营，土地用途_____，经营品种_____。

5. 家庭养殖收入

种类1 _____，规模 _____，年毛收入 _____ 元。

种类2 _____，规模 _____，年毛收入 _____ 元。

种类3 _____，规模 _____，年毛收入 _____ 元。

种类4 _____，规模 _____，年毛收入 _____ 元。

6. 财产性收入：□有，□无。

如有出租类：

出租房屋_____间，月租金_____元／间，收入_____元。

出租其他财产_____，出租数量_____，收入_____元

7. 转移性收入

集体分红：□有，□无。如有：

（1）分红 _____ 元／（人·年），分红来源_____。

（2）分红 _____元／（人·年），分红来源_____。

政府补贴：□有，□无。如有：

（1）补贴类型 _____，补贴 _____ 元／月；

（2）补贴类型 _____，补贴 _____ 元／月。

（二）支出状况

年总支出_____ 元／年。其中，农业生产支出 _____ 元，占 ___ %；教育支出 _____ 元，占 ___ %；医疗支出 _____ 元，占 ___ %；食品支出 _____ 元，占 ___%；其他支出 _____ 元，占 ____%。

五、房地状况

1. 宅基地总面积 _____ 分地，或 _____ m²。

2. 房屋总建筑面积 _____ m²；房屋建筑形式是否为窑洞？_____。

3. 有没有其他闲置院落：□有，□无。

如有，闲置院落的建筑形式 _____，处置方式：□空置，□出租，□其他 _____。

4. 长期在外居住农户，院落处置方式：□空置，□出租，□其他 _____；耕地或其他土地资源的处置方式：□自己耕种，□托人耕种，□撂荒，□出租，□其他_____。

六、道路交通及出行

1. 道路交通

（1）对现状村庄内道路或街道是否满意？□是，□否（下面原因可多选）。

若不满意，不满意的原因：□未硬化，□路况差，□乱占道，□路太窄，□其他_____。

（2）对现状村庄与周边地区道路联系的便捷性是否满意？□是，□否（下面原因可多选）。

若不满意，不满意的原因：□可以修路但现状无道路，□现状有路但道路路况差，□地形限制下无法实现道路通达，□其他_____。

2. 生活出行

（1）去镇上采用的主要交通方式：□步行，□自行车，□电动车，□摩托车，□小汽车，□农用机车，其他 _____。

（2）去县上采用的主要交通方式：□步行，□自行车，□电动车，□摩托车，□小汽车，□农用机车，□短途公共汽车，其他 _____。

（3）您对现状生活出行状况是否满意？□是 □否。

若不满意，您认为最主要的原因：□可以修路但现状无道路，□现状有路但道路路况差，□地形限制下无法实现道路通达，□其他 _____。

3. 农作出行

（1）农作出行采用的主要交通方式：□步行，□农用机车，□步行＋农用机车，□其他_____。 若没有选择农用机车，主要原因是：□可以修路但现状无道路，□现状有路但道路路况差，□地形限制下无法实现道路通达，□其他_____。

（2）您对现状农作出行状况是否满意？□是，□否。

若不满意，您认为最主要的原因：□可以修路但现状无道路，□现状有路但道路路况差，□地形限制下无法实现道路通达，□其他_____。

（3）若农作时主要采用步行，目前您农作时的平均出行时间是：□＜15 min，□15～＜20 min，□20～＜25 min，□25～＜30 min，□≥30 min。

（4）若农作时主要采用步行，您认为适宜的最大出行时间是：□15 min～＜20 min，□20～＜25 min，□25～＜30 min，□30 min～＜35 min。

（5）若农作时主要采用步行，您认为可以接受的最大出行时间是：□20～＜25 min，□25～＜30 min，□30～＜35 min，□≥35 min。

（6）若农作时主要采用步行，目前您农作时的平均出行距离是：□＜1 km，□1～＜1.5 km，□1.5～＜2 km，□≥2 km。

（7）若农作时主要采用步行，您认为适宜的最大出行距离是：□1～＜1.5 km，□1.5～＜2 km，□2～＜2.5 km，□2.5～＜3 km。

（8）若农作时主要采用步行，您认为可以接受的最大出行距离是：□1.5～＜2 km，□2～＜2.5 km，□2.5～＜3 km，□≥3 km。

（9）若农作时主要采用农用机车，目前您农作时的平均出行时间是：□＜15 min，□15 ～＜20 min，□20 ～＜25 min，□25 ～＜30 min，□≥30 min。

（10）若农作时主要采用农用机车，您认为适宜的最大出行时间是多少：□15 ～＜20 min，□20 ～＜25 min，□25 ～＜30 min，□30 ～＜35 min。

（11）若农作时主要采用农用机车，您认为可以接受的最大出行时间是多少：□20 ～＜25 min，□25 ～＜30 min，□30 ～＜35 min，□≥35 min。

（12）若农作时主要采用农用机车，目前您农作时的平均出行距离是：□＜3 km，□3 ～＜4 km，□4 ～＜5 km，□≥5 km。

（13）若农作时主要采用农用机车，您认为适宜的最大出行距离是：□3 ～＜4 km，□4 ～＜5 km，□5 ～＜6 km，□6 ～＜7 km。

（14）若农作时主要采用农用机车，您认为可以接受的最大出行距离是：□＜5 km，□5 ～＜6 km，□6 ～＜7 km，□7 ～＜8 km，□≥8 km。

（15）若农作时主要采用步行＋农用机车，目前您农作时的平均出行时间是：□＜15 min，□15 ～＜20 min，□20 ～＜25 min，□25 ～＜30 min，□≥30 min。

（16）若农作时主要采用步行＋农用机车，您认为适宜的最大出行时间是：□15 ～＜20 min，□20 ～＜25 min，□25 ～＜30 min，□30 ～＜35 min。

（17）若农作时主要采用步行＋农用机车，您认为可以接受的最大出行时间是：□20 ～＜25 min，□25 ～＜30 min，□30 ～＜35 min，□≥35 min。

（18）若农作时主要采用步行＋农用机车，目前您农作时的平均出行距离是：□＜2 km，□2 ～＜3 km，□3 ～＜4 km，□≥4 km。

（19）若农作时主要采用步行＋农用机车，您认为适宜的最大出行距离是：□2 ～＜3 km，□3 ～＜4 km，□4 ～＜5 km，□5 ～＜6 km。

（20）若农作时主要采用步行＋农用机车，您认为可以接受的最大出行距离是：□＜4 km，□4 ～＜5 km，□5 ～＜6 km，□6 ～＜7 km，□≥7 km。

（21）您认为种植不同的农作物时，如蔬菜、水果、粮食或牧草，耕作时花费的工时、种植难度或到地耕种频率是否存在差别？□是，□否。

①如果存在差别，您认为种植＿＿＿＿＿＿＿＿时到地耕种的工时较长、频率较高、耕种难度较大；您认为种植＿＿＿＿＿＿＿＿时到地耕种的工时较长、频率较低、耕种难度较小。

②如果存在差别，您认为种植＿＿＿＿＿＿＿＿时耕作半径可以偏大，种植该类农作物时您能容忍的最大出行时间是：□20 ～＜25 min，□25 ～＜30 min，

□30～<35 min，□≥35 min；目前到地的交通方式是：□步行，□农用机车，□步行＋农用机车；能容忍的最大耕作距离是：□<2 km，□2～<3 km，□3～<4 km，□≥4 km。

③如果存在差别，您认为种植_____时耕作半径可以偏小，种植该类农作物时您能容忍的最大出行时间是：□20～<25min，□25～<30 min，□30～<35 min，□≥35 min；目前到地的交通方式是：□步行，□农用机车，□步行＋农用机车；能容忍的最大耕作距离是：□1.5～<2 km，□2～<2.5 km，□2.5～<3 km，□≥3 km。

七、公共服务设施需求与满意度

（一）教育

1. 家中是否有小孩上小学？□有，□无。

　　若有，小孩一：年龄____岁，年级_____，上学地点_____，学费_____元／年；□住校，□通勤（□家长接送，□校车接送，□自行），□有家长陪读。

　　小孩二：年龄____岁，年级_____，上学地点_____，学费_____元／年；□住校，□通勤（□家长接送，□校车接送，□自行），□有家长陪读。

2. 如果村庄内或周边有教育质量较好的小学，孩子入学后您选择采用哪种方式就读：□通勤，□住校。

3. 如果选择通勤就读，您选择主要采用何种交通方式进行每日的接送：□步行，□使用自行车、电动车或摩托车，□校车，□其他_____。（可多选）

4. 如果选择通勤就读，您可以接受的最大接送时间：□10～<15 min，□15～<20 min，□20～<30 min，□≥30 min。

5. 如果选择通勤就读，您觉得适宜的最大接送时间范围：_____min。

6. 如果选择通勤就读，主要选择步行接送孩子，您能接受的最大距离是：□<1 km，□1～<1.5 km，□1.5～<2 km，□≥2 km。

7. 如果选择通勤就读，主要选择步行接送孩子，您觉得适宜的最大距离范围：_____ _____km。

8. 如果选择通勤就读，主要选择使用自行车、电动车或摩托车接送孩子，您能接受的最大距离是多少？□<3 km，□3～<4 km，□4～<5 km，□≥5 km。

9. 如果选择通勤就读，主要选择使用自行车、电动车或摩托车接送孩子，您觉得适宜的最大距离范围：_____km。

（二）其他公共服务设施

1. 您看病经常使用的医疗设施是：□县医院，□乡镇卫生院，□当地私人诊所，□村卫生所，□其他_____。

2. 您对农村医疗服务是否满意？□满意，□不满意。如不满意，原因是：□距离远，□不方便，□医生少，□医术差，□服务差，□收费贵，□设备差。

3. 村中有无图书室？□有，□无。
   ①若有，您常去图书室吗？□常去，□不常去。
   ②若不常去，则不常去的原因：□无喜欢的书，□不爱看书，□不方便去（距离远，太忙顾不上去）。

4. 村中主要文化娱乐活动是（多选）：
   □电影，□棋牌，□跳舞，□其他_____。

5. 您经常在哪里购买基本生活日用品（包括蔬菜、食品）？□本村内，□周边村_____，□本镇，□其他镇_____，□县城。
   ①是否方便：□方便，□不方便。
   ②若不方便，则不方便的原因：□距离远，□品种少，□其他_____。

6. 您觉得村庄最需要改善或增加的公共设施是：□小学，□医卫，□信号塔，□其他_____。

八、对于迁村并点集中居住的看法

1. 您对现状居住条件的看法：□满意，□不满意，□较满意。若不满意，不满意的原因：_____。

2. 是否愿意集中居住？□是，□否。
   如愿意，希望选址在：□原址，□交通方便的集中居住区或新农村_____，□进入城镇_____。
   如不愿意，原因是：□缺乏财力，□习惯于现状，□耕作不便，□其他_____。

3. 若您要进城落户，是否愿意流转宅基地、自留地或承包地？□是，□否。

4. 您是否愿意接受"宅基地换商品房，承包地换社会保障"这一鼓励有条件农村人口进城落户的政策？□是，□否。

5. 您认为在促进集中居住方面政府应该增加哪些优惠政策？
   _____。

图表来源

4　陕北黄土丘陵沟壑区乡村基本聚居单元的概念、类型与空间模式

式研究》绘制

图 4-15　小流域建设空间枝状布局形态

图片来源：参考文献《黄土高原·河谷中的聚落——陕北地区人居环境空间形态模式研究》绘制

图 4-16　河谷川道区农地分布形态拾取图　　　　　图片来源：作者自绘

图 4-17　河谷川道区乡村基本聚居单元农业生产空间构成示意图

　　　　　　　　　　　　　　　　　　　　　　　图片来源：作者自绘

图 4-18　河谷川道区村庄分布形态拾取图　　　　　图片来源：作者自绘

图 4-19　河谷川道区现代乡村生活空间构成示意图　图片来源：作者自绘

图 4-20　河谷川道区乡村聚居单元空间模式——带状向心集聚模式

　　　　　　　　　　　　　　　　　　　　　　　图片来源：作者自绘

表 4-1　乡村基本聚居单元的主要类型及基本特征　资料来源：作者自绘

表 4-2　乡村小学与城镇小学的通勤出行时间分布调查统计表　资料来源：作者自绘

表 4-3　资源条件与乡村基本聚居单元主导产业类型对照表

资料来源：参考文献《城镇化进程中黄土沟壑区基层村绿色消解模式与对策研究》

表 4-4　米脂县农业产业园建设一览表

　　　　　　　　　　　　资料来源：《米脂县城市总体规划（2014—2030 年）》

表 4-5　特大型村和大型村公共服务设施配置项目标准

　　　　　　　　　资料来源：根据《乡村公共服务设施规划标准》（CECS 354:2013）整理

5　陕北黄土丘陵沟壑区乡村基本聚居单元的规模

图 5-1　合理农业生产半径下的乡村基本聚居单元空间范围示意图

　　　　　　　　　　　　　　　　　　　　　　　图片来源：作者自绘

图 5-2　陕北乡村不同农作物单位面积耗工量统计图　图片来源：作者自绘

图 5-3　陕北乡村典型农作物管护难度的调查统计图　图片来源：作者自绘

图 5-4　陕北白绒山羊标准化养殖小区实景

　　　　　　　　　　　图片来源：参考文献《陕北白绒山羊标准化养殖新格局》

图 5-5　乡村基本聚居单元区划边界与镇域、村域、小流域分水岭边界的关系示意图

　　　　　　　　　　　　　　　　　　　　　　　图片来源：作者自绘

图 5-6　2000—2016 年陕西省人口出生率统计图　　图片来源：作者自绘

图 5-7　乡村基本聚居单元人口规模预测方法的综合分析　图片来源：作者自绘